基础生物统计学

吴伟坚 许益镌 何余容 陈科伟 编

科学出版社

北京

内 容 简 介

生物统计学是数理统计的原理和方法在生物科学中的具体应用。在生命科学领域的科研和生产实践中产生大量的数量资料,生物统计学可以帮助研究工作者从大量繁杂的数量资料中整理和分析出准确的信息。本书系统地介绍了数理统计学的基本原理和方法,重点介绍了数量资料的整理,描述性统计量,抽样分布,假设检验的原理,t 检验、方差分析、简单相关与回归,χ^2 适合性和独立性检验,同时对试验设计及其统计分析进行了叙述。

本书附录部分就如何利用 Excel 和 SPSS 解决描述统计、t 检验、单向和双向方差分析及相关和回归分析等相应章节的实例进行了介绍,有利于读者更好地解决科研中遇到的数理统计问题。

本书可供高等院校生命科学类和种植业类专业的本科生作为教材使用,也可供生命科学类专业的科研工作者、教师和研究生参考。

图书在版编目(CIP)数据

基础生物统计学 / 吴伟坚等编. —北京:科学出版社,2015
ISBN 978-7-03-045243-6

Ⅰ. ①基… Ⅱ. ①吴… Ⅲ. ①生物统计 Ⅳ. ①Q-332

中国版本图书馆 CIP 数据核字(2015)第 170144 号

责任编辑:王玉时 / 责任校对:郑金红
责任印制:张 伟 / 封面设计:铭轩堂

科 学 出 版 社 出版
北京东黄城根北街 16 号
邮政编码:100717
http://www.sciencep.com

北京盛通数码印刷有限公司 印刷
科学出版社发行 各地新华书店经销

*

2015 年 8 月第 一 版 开本:787×1092 1/16
2023 年 1 月第七次印刷 印张:13
字数:308 000

定价:59.00 元
(如有印装质量问题,我社负责调换)

前　言

　　生物统计学(Biostatistics)是数理统计学的一个分支,是应用数量统计学的原理和方法来分析和解释生物界各种现象和试验调查资料的一门学科。虽然这门学科较年轻,是在 1925 年由 K. Pearson(1857～1936)和 R.A. Fisher(1890～1962)所创建,其发祥地是在英国的乐桑试验站(Rothamsted Experimental Station in Harpenden)。但它发展很快,引人入胜,应用甚广,是生物学研究不可缺少的学科课程。

　　生物统计学发展到今天,已被引入到各个生物学领域。本学科是在正确试验设计的基础上,正确地收集整理试验数据、正确地进行统计推断并作出正确的科学结论的原理和方法。数理统计学研究的对象是随机变量,而随机变量在不同的条件下由于偶然因素影响,具有不确定性。正如生物统计学的缔造者 R. A. Fisher 所指出的:"统计学家不是炼金人,不期望从无价值的材料中产生黄金,她像一个化学家能准确地分析出材料固有的效价并提取其含量,此外并无别的……数理统计学的工作只是为了对事物的固有本质作出正确的判断。"

　　本书是在植物保护专业"生物统计学"教科书的基础上,参考国内外一些生物统计学教材编写而成的。植物保护专业的生物统计学教材源于华南农业大学尹汝湛教授编写的《昆虫试验统计》,后经多次修订为《生物统计学——应用于植保科学》。尹汝湛教授和古德就教授为植物保护专业生物统计学的教材建设倾注了大量的心血。为了适应现代高等教育的发展和现代生物统计学教学的要求,编者几年前便萌生了写作这样一本教材的念头,当时,在华南农业大学昆虫学科前辈的指导下,开始编写新的教案,并且已在华南农业大学植物保护专业本科生中讲授过本书的大部分内容。

　　本书共分九章,系统地介绍了生物统计学的基本原理和方法,重点介绍了数量资料的整理、描述性统计量、概率分布、抽样分布、假设检验的原理、t 检验、方差分析、简单相关与回归、χ^2 适合性和独立性检验,同时对试验设计及其统计分析进行了叙述。附录部分就如何利用 Excel 和 SPSS 解决描述统计,t 检验、单向和双向方差分析以及相关和回归分析等相应章节的实例进行了介绍。吴伟坚编写了第一至第八章和附录 B、C;许益镌编写了第九章和附录 A,参与了第二章、第五章的编写;何余容参与了第九章和附录 C 的编写；陈科伟参与了第一章、第二章和第三章的编写。每章均附有习题，本书的例题和习题主要源于尹汝湛教授的《昆虫试验统计》和编者近年发表的论文。

本书在出版过程中得到科学出版社和华南农业大学昆虫学科的大力支持，在此一并感谢。

本书可供高等院校生命科学类和植物生产类专业的本科生作为教材使用，也可供生命科学类专业的科研工作者、教师和研究生参考。

由于编者水平有限，本书难免有错漏和不足之处，诚望读者不吝赐教，以便下次修订时完善。

编　者

2015 年 1 月于广州

目　　录

第一章 引　言

§1.1　数理统计学的定义

在各个领域的研究中,都会碰到数量资料,而且常常会遇到类似下面的一些问题。例如:一种新的农药,如何判断它是否有效? 慢性铅中毒患者的血压正常吗? 如何抽检几百或几千株植株来估计某种病害的流行程度? 温度对某种昆虫产卵量的影响是否存在? 昆虫的人工饲料配方有没有明显改进? 如何以最少的资源和人力来得到我们所需要的某种信息? 等等。这一类问题的共同特点,就是人们只能得到他所关心的事情的不完全信息,或者是单个实验的结果有某种不确定性。

取得数量资料的方法一是全面调查,二是抽样调查。全面调查有时不可能做到,如农药污染了河水,不可能调查全部河水农药的含量。可能做到的往往又代价太大,如2010年开始的中国第六次全国人口普查,前后历时3年,共600多万名普查员参加,花费近80亿元,社会各界投入的人财物力及时间成本巨大。又如,为了知道灯泡合格与否或它的使用寿命,我们常常需要对它做破坏性检验,此时我们显然不能把所有的灯泡都检验一下,而只能满足于对少数几个样品的抽检,这样获得的信息显然是不完全的。再比如,要检验某病原物对植物的致病性,一般来说,接种过病原物的植物不一定全发病,而未接种的也不会全不发病。那么发病与不发病的差别究竟到多大时我们才能认为接种的病原物是有致病性呢? 同时,即使我们采用完全一样的实验条件再次进行实验,发病与不发病的植物数量也会有所变化,这说明类似实验的结果具有某种内在的不确定性。要想在这种情况下正确判定病原的致病性,就涉及我们如何评价一些并不确定的实验结果的问题。

要从这样一些问题中得出科学的、可靠的结论,就必须依靠数理统计学。不同的学者曾给数理统计学下过很多定义,如:①数理统计学是一门理论和应用的学科,它用来创造、发展并应用一些技术,使归纳推断所产生的不确定性得到度量;②数理统计学是一门关于数量资料的收集、整理、分析和解释的学科;③数理统计学是一门以概率论为基础,以样本为根据,运用数学模型推断总体的学科。

统计推断是数理统计学的基本任务,为什么要进行统计推断? 如果每刻每单位容量的河水的农药含量是完全相等,或者每个人的身高体重完全一致,那么问题就非常简单了,因为可以用一小部分的数据去推断研究对象的总体,也就不需要数理统计这门学科了。可事实并非如此,世界万物的状态总是参差不齐,多姿多彩的。万物状态间的差别是由两种误差造成的:①条件误差:人所能控制或确定的因素的变化而引起的变差;②随机误差:受偶然的无法控制的因素的影响而引起的变差。

在自然界和现实生活中,事物都是相互联系和不断发展的,在它们彼此间的联系和发展中,根据事物间是否存在必然的因果联系,可以分成截然不同的两大类现象,即确定性的现象和不确定性的现象。确定性现象是在一定条件下,必定会导致某种确定的结果。举例来说,在标准大气压下,水加热到100℃,就必然会沸腾,事物间的这种联系是属于必然性的。通常的自然科学各学科就是专门研究和认识这种必然性的,寻求这类必然现象的因果关系,把握它们之间的数量规律。

不确定性现象是指,在一定条件下,事物的结果是不确定的,可能出现也可能不出现。举例来说,同一个工人在同一台机床上加工同一类型零件若干个,它们的尺寸总会有一些差异。又如,在同样条件下,进行小麦品种的人工催芽试验,各种子的发芽情况也不尽相同,有强弱和早晚的分别。为什么在相同的情况下,会出现这种不确定的结果呢? 这是因为,我们说的"相同条件"是针对一些主要条件来说的,除了这些主要条件外,还有许多次要条件和偶然因素是人们无法事先一一掌握的。正因为这样,我们在这一类现象中,就无法用必然性的因果关系对个别现象的结果事先预计出确定的答案。事物间的这种关系是属于偶然性的,这种现象叫做偶然现象,或者叫做随机现象。

在自然界以及人们的生产生活中,随机现象十分普遍,也就是说随机现象是大量存在的。比如:同种昆虫不同个体的体重、同一条生产线上生产的灯泡的寿命等,都是随机现象。因此,我们说:随机现象就是在同样条件下,多次进行同一试验或调查同一现象,所得结果不完全一样,而且无法准确地预测下一次所得结果的现象。随机现象这种结果的不确定性,是由于一些次要的、偶然的因素影响所造成的。

随机现象从表面上看,似乎是杂乱无章的、没有什么规律的现象。但实践证明,如果同类的随机现象大量重复出现,它的总体就呈现出一定的规律性。大量同类随机现象所呈现的这种规律性,随着我们观察次数的增多而愈加明显。比如掷硬币,每一次投掷很难判断是哪一面朝上,但是如果多次重复地掷这枚硬币,就会越来越清楚地发现它们正、反面朝上的次数大体相同。

我们把这种由大量同类随机现象所呈现出来的集体规律性,叫做统计规律性。概率论和数理统计就是研究大量同类随机现象的统计规律性的数学学科。

在一般的科学研究中,随机误差和条件误差往往是混在一起,甚至会把随机误差误认为条件误差。从这个意义上来讲,数理统计学的任务有二:①进行合理的试验设计,减少随机误差;②对随机误差作出适当的估计,从而辨认出是否存在条件误差及条件误差的大小。

由于随机误差的普遍存在,数理统计学渗透到科学技术的每个领域和生活的各个方面。随机误差是数理统计学研究的主要内容,而概率论正是研究这种误差本身的普遍性和规律性的学科,故概率论又是数理统计学的重要依据和基础。

数理统计学在很多领域都被证明了是必不可少的工具,即所谓的工具性学科。工具(tool)泛指生产、生活中使用的器具或用以达到某种目的的东西或手段。天文学家根据统计方法预言天空物体的未来位置;遗传分离定律是由统计方法确定下来的;人寿保险费与赔偿金额是以统计记录为基础的生命表核定的;工程师们发现抽样调查方法在控制产品质量方面的价值是无法估量的;商业领导人和政府的智囊团使用统计方法作出决策。

生物统计学便是数理统计学这种工具在生物学中的应用。生物学是一门实验科学,不管你从事的是生物学的哪一个分支,都不可能完全脱离试验或野外调查。而试验或调查所得到的结果几乎无例外地都带有或多或少的不确定性,即试验误差。在这种情况下不用数理统计学是不可能得到正确的结论的。作为一个实验科学工作者,离开了数理统计学就寸步难行。希望读者通过学习,能够掌握常用的数理统计方法,尤其是它们的条件、适用范围、优缺点等,从而能够应用它们去解决实践中遇到的问题。

§1.2 数理统计学的发展简史

统计是一个古老而时髦的名词。古老：它是作为国家的计算和统计开始的，我们可从亚里士多德的《国家事物》和《圣经》等书籍中找到这些记载。在奴隶社会和封建社会，统计意味着财富统计、人口统计和税收统计等，即国力统计；从数理统计学（Statistics）、统计学家（statist）和国家（state）三个名词中也可看到数理统计的渊源所在。时髦：现国家各级政府均设有统计局，我们常常听到不少的统计数据：人口、粮食产量、物价指数、国民生产总值、失业率等，这些均属社会经济统计范畴。前苏联科学院、苏联中央统计局和苏联高教部于1954年3月召开的联合科学会议上曾把社会经济统计和数理统计严格区别开来，分别列入社会科学和自然科学中，认为社会经济统计的基础是马克思主义哲学和政治经济学。事实上两者均研究数量资料，两者间并无不可逾越的鸿沟。

概率论产生于17世纪，本来是应保险事业的发展而产生的，但是来自于赌博者的需求，却是数学家们思考概率论问题的源泉。早在1654年，有一位法国知识分子赌徒梅累（Mere）向当时的数学家帕斯卡（Blaise Pascal）提出一个使他苦恼了很久的问题："两个赌徒相约赌若干局，谁先赢 m 局就算赢，全部赌本就归谁。但是当其中一个人赢了 $a(a<m)$ 局，另一个人赢了 $b(b<m)$ 局的时候，赌博中止。问：赌本应该如何分法才合理？"此后，帕斯卡在1642年发明了世界上第一台机械加法计算机。三年后，也就是1657年，荷兰著名的天文、物理兼数学家惠更斯（Christiaan Huygens）企图自己解决这一问题，结果写成了《论机会游戏的计算》一书，这就是最早的概率论著作。概率论是根据大量同类随机现象的统计规律，对随机现象出现某一结果的可能性作出一种客观的科学判断，对这种出现的可能性大小作出数量上的描述；比较这些可能性的大小、研究它们之间的联系，从而形成的一整套数学理论和方法。

16～18世纪，赌博盛行促成了概率论的诞生（以 Jakob Bernoulli 的《猜测术》为标志）；殖民扩张、航海业和保险业的发展使人口统计学（Demography）得到很大的发展；高斯（Gauss）从重复测量一个数量误差的研究中导出了 Laplace-Gauss 方程；孟德尔的豌豆杂交试验，气象学、社会学、天文学等许多学科大量应用了概率论的原理和方法。

19世纪，Karl Pearson 花了大半个世纪研究数理统计。Karl Pearson 原为数学物理学家，后来研究遗传学，提出了相关与回归的概念，发展了 χ^2 检验，在文献中引进了"均差"、"标准差"等名词并创办了 *Biometrika* 杂志。William Sealy Gosset（Pearson 的学生）以"Student"为笔名在 Biometrika 上发表了许多关于小样本抽样方面的文章。

20世纪：Ronald Aylmer Fisher 及其学生们受 Pearson 和 Gosset 的影响，对数理统计学的发展作出了巨大的贡献，如提出零假设的概念，提出 F 检验和方差分析等。

数理统计学作为一门学科的诞生是以 Fisher 于1925年写的一本著作 *Statistical Methods for Research Workers* 为标志的，故数理统计学是20世纪初的产物，曾被美国一家杂志评为20世纪对人类影响最大的25门学科之一。

根据数量资料提供的信息作出的判断，对日常生活的影响与日俱增。数理统计这一科学序列，已成为处理每个有数量资料出现的领域的必不可少的工具。今天，建立在以概率论为基础的现代统计学，在物理学、生物学、化学、医学与农学等自然科学中，在经济学、教育学和社会学等社会科学中，在政府和企业中，都被证明是不可或缺的助力。

数理统计学的应用范围不尽相同，但所用的基本原理和基本方法则大部分是相同的。

第二章 数据分析导论

§2.1 变量和数据的类型

生物统计学中所需要研究和处理的数据属于变量(variable)。对不同的个体或单位具有的同一性状进行观察的结果,可以获得不一定相同的观察值,则这个性状就称为变量,每一个观察值称为该变量的数据(variate)。生物学上有各种各样的变量,这些变量可以包括形态学上的测量如高度、长度等,生物体内某种化学物质的含量,某种生物过程中不同指标间的比率,某种行为出现的频率和用于生物研究方面的电、光学仪器上的读数,等等。例如,昆虫的体重、虫口密度、昆虫取食量和交配次数、昆虫过冷却点温度、各虫态的历期和单位面积作物产量等,都是变量。变量通常可划分为以下三种类型:定量变量(quantitative variables)、序列变量(ranked variables)和属性变量(categeorical data 或 qualitative variables)。定量变量又分为离散型变量(discrete variables)和连续型变量(continuous variables)。

2.1.1 定量变量

1. 离散型变量

离散型变量中每个数据都是整数,因此数据间的差异也必然是整数,亦称为计数资料(count data)。因为观察时只能一一点数而不能称量。例如,每个调查单位有虫 0 头、1 头、2 头……但是应该指出,经过统计加工的指标,如平均数,则可以是非整数。例如,每个单位平均有虫 1.5 头。

2. 连续型变量

当数据由大到小顺序排列时,每两个数据之间总有可能取多于一个中间数值的变量叫做连续型变量。例如,长度、重量、面积和容量等都属于连续型变量。连续型变量亦称为测量资料(measure data),因为它只能量和度而不能一一点数。它的原始数据是以截取一定小数位数的近似值来表示的。

2.1.2 秩次变量

将已有的计数资料或测量资料或上述等级资料,重新按数值由小到大顺序排列,然后依次给予每值一个秩序值,如1、2、3……秩次变量可以运用特定的方式进行统计分析(属非参量方法)。

2.1.3 属性变量

1. 二项变量

二项变量也叫名义变量。调查得来的数据只有两种类型,非此即彼,如雌或雄、存活或死亡、寄生或非寄生、发芽或不发芽等。通常是以其中之一方调查单位数占全部调查单位数的比率（百分比）来表示，称为死亡率、雌（雄）性百分率、化蛹率、寄生率、发芽率等。有些情况可人为地运用 0-1 化处理。

2. 等级变量

按一定的分级标准，把调查对象的表现分为若干等级，每个等级定出级值，如 1、2、3、4、5，或 1、3、5、7、9 等。于是，调查时将每个观测对象评定一个级值，加以记录，以后可将等级资料如同上述的计数资料或测量资料一样进行统计分析。这种做法优点在于简化工作，评级的标准是很灵活多样的，既可据已有的计数资料或测量资料的大小来划分等级范围，也可以据难于以数值表示的特征，如色、香、味、作物长势、虫害程度概况等来分级。昆虫的龄态当然也可以作为分级标准以表示发育进度。

§2.2　总体和样本

一个变量的全部数据构成总体（population）。总体也可以理解为某一性状的全部观测值，如一块稻田上全部的三化螟卵块。总体也可以理解为全部观测单位，总体的含量通常以 N 表示。

一个变量的一部分数据（又称变员数），即总体的一部分，被抽出来代表总体的，叫做样本（samples）。取得样本的方法叫做取样技术。样本通常是由多个取样单位集合而成的，因此，取样技术是指如何决定取样单位的大小形状、个数及位置等。通常要求取样单位要按随机的原则，即让总体内每个调查单位被选取的机会同等。按随机的原则取得的样本称为随机样本（random sample）。我们处理的样本，通常都要求是随机样本。来自随机样本的数据叫做随机变量（random variable）。统计学所研究的对象就是随机变量。

对总体内所有的调查单位都一一加以观察，叫做全面调查。这样得来的信息，当然最能接近总体的真实情况。但是，实施全面调查往往是很困难，甚至是不可能的。因此只能取样，考察样本，通过样本的信息估计总体的实际情况。通常总体属于未知，而样本则来自实测。为此，提高样本的代表性极为重要。但是，从样本得到的信息同总体实况之间总有或大或小的距离，这个差异叫取样误差，取样误差小则表示样本的代表性高。

样本含量（sample size）指的是样本内取样单位的个数，也指样本内数据的个数，一般以 n 表示。通常含量在 30 以上的样本叫做大样本，30 以下的叫小样本。大样本和小样本在分析方法上是不同的。随着样本含量增大，其所含信息对总体的代表性相对提高。但在许多情况下，只能就较小的样本进行研究。从总体的资料计算出来的特征数，如平均数和标准差等，叫做总体特征数。总体特征数又叫做参量或参数（parameter）。参量是定值，是不变的，因此也叫真值，常以希腊字母 μ、σ 等表示。从样本资料计算出来的特征数，叫做统计量（statistic）。统计量是用来估计总体的真值的，因此属于估计值（estimator），常以字母 $\bar{x}$、S 等表示（图 2.1）。同一个总体的不同的样本，它们的统计量可以不相同。即使是同一个总体，也可以有来自不同样本的不一定相同的估计值。至于估计的精确度则同取样误差有密切的关系。从同一个总体所取得的多个样本的统计量，可以被视作一个新的总体的数据，即由统计量构成的总体。它的数据的分布称为抽样分布（sampling distribution）。

总体

随机变量 → 参量: μ、σ^2、N

↓

样本含量为 n 的随机样本产生数据 x_i

↓

样本数据整理得统计量: $\bar{x}$、S^2、n

↓

频数分布表和图示

↓

数据分析(各假设检验)

↓

有关总体的结论或推断

图 2.1 　统计分析的基本过程

总体与样本的关系是统计学上非常重要的基本知识,在分析过程中,千万不要把总体与样本混为一谈,或只见样本而不知有总体,把样本等同于总体。

§2.3 数据的整理

本节讨论如何整理和表达实际观测得来的样本资料,着重点是显示样本内变员数的分布状况。这里说的是实际观测值的分布,请不要与第三、四章中所介绍的理论分布混淆。

从调查得来的样本原始资料,数值有大有小,调查和记录有先有后,常常看起来是一堆杂乱无章数据,不容易看出观测值分布的趋势,更不便于计算和分析。为此,对原始资料加以整理是很必要的。数据表达的方式通常有频数分布表、统计表与统计图等。

2.3.1 频数分布表

在数据整理工作中最重要的工作是制作频数分布表。第一步是制"依次表",也就是把各个变员数按由小到大的顺序排列起来,使原始资料系统化。第二步是分组归纳各个变员数至适当的组。落在某一个值或某一组的下限与上限之间的变员数称为频数(frequency)。频数分布表的结构其实很简单,主要的是两列,其一是分组的准则,其二是频数。有时还有第三列,叫比率,是百分比值,它是根据绝对频数计算而得,因此,也叫相对频数(频率)。有了这项相对频数,就便于表内各组之间的相互比较,也便于不同频数分布表之间的相互比较。连续型数据的频数分布表是按组限来分组的,为了进一步计算和图示,往往设立"组中值"这一列,作为各组变员数的代表值。

所谓分组准则,有几种情况,最简单的是直接地依据属性或名义来分组,如作物田类名称或品种,时间上的月份、年份,虫害的轻、重,作物器官或产品色、香、味方面的性状等。表 2.1是通过一次调查结果制作的以某种昆虫虫(龄)态分布为例的频数分布表,其中每个虫态的个体数就是频数,这种频数分布表广泛应用于虫害预测预报的发育进度调查和生命表技术。

表 2.1 　某昆虫各虫态个体数量频数分布表

虫态	频数(f)	比率/%
1 龄幼虫	2	2.86
2 龄幼虫	13	18.57
3 龄幼虫	30	42.86
4 龄幼虫	12	17.14
5 龄幼虫	4	5.71
预蛹	2	2.86
蛹	5	7.14
蛹壳	2	2.86
合计	70	100.00

　　常见的频数分布表是按数值来分组的,有两种情况:①按单位频数的组值(或级值)分组;②按一定区间,即组限(包括下限和上限)分组。离散型数据大多数以组值分组,个别情况应用组限分组,但连续型数据则一定按组限分组。

1. 离散型数据的频数分布表

【例2.1】　调查200丛水稻遗株,每丛内越冬三化螟(*Tryporyza incertulas*)幼虫数量的原始调查资料如下:

1,1,0,0,2,0,0,1,0,2,1,0,1,1,0,1,0,0,3,0,2,1,0,0,1,0,1,0,0,1,0,1,0,1,0,0,
0,0,5,0,1,0,0,0,0,4,2,0,0,3,0,4,1,3,1,4,0,1,2,6,0,3,2,1,0,2,0,0,1,1,0,0,0,0,
0,0,0,0,2,0,1,0,0,0,0,0,0,0,0,0,0,0,0,0,0,0,0,0,0,0,0,0,0,0,0,0,0,0,0,0,0,0,
2,0,1,0,1,0,0,1,0,0,0,0,0,0,0,0,1,0,0,1,1,1,0,0,0,0,1,1,1,0,
0,1,1,1,0,1,0,0,0,1,1,0,0,0,0,0,1,0,1,1,1,0,0,0,0,0,0,0,1,1,0,0,0,0,0,1,0,0,0,0,
0,1,0,1,1,0,0,0,0,0,1,0

可列出频数分布表(表2.2)。

表2.2　200丛水稻遗株内越冬三化螟幼虫数量频数分布表

x(组值)	f(频数)	比率/%
0	134	67.0
1	48	24.0
2	9	4.5
3	4	2.0
4	3	1.5
5	1	0.5
6	1	0.5
合计	200	100.0

　　这样的表叫做闭式表。有时因为高值组的频数很少,但组数多,就整理成开式表。例如表2.2可写成如表2.3的开式表。

表2.3　200丛水稻遗株内越冬三化螟幼虫数量频数分布表

x(组值)	f(频数)	比率/%
0	134	67.0
1	48	24.0
2	9	4.5
3	4	2.0
4	3	1.5
≥5	2	1.0
合计	200	100.0

【例2.2】 某些果树的果实受害虫为害后,可按受害程度分级,按级值定义调查后可列成表2.4的频数分布表。

表2.4 某果树果实受害虫为害程度情况

受害等级(级值 x)	各级受害果实数(频数 f)	比率/%
0	20	5.56
1	40	11.11
2	100	27.77
3	120	33.33
4	60	16.67
5	20	5.56
合计	360	100.00

有时资料太繁杂,相同的观测值过少,为了使频数分布表呈紧缩形式,易于看出分布的特点,可以"组限"来分组。

【例2.3】 1956年广州市石牌区的第五代三化螟53个卵块含卵粒数的资料,以30粒卵为一组,可列成表2.5的频数分布表。

表2.5 第5代三化螟卵块含卵粒数的频数分布表(广州石牌,1956)

每卵块含卵粒数(组限 x)	卵块数(频数 f)	比率/%
1～30	0	0
31～60	4	7.55
61～90	11	20.75
91～120	14	26.42
121～150	11	20.75
151～180	7	13.21
181～210	4	7.55
211～240	2	3.77
合计	53	100.00

2. 连续型数据的频数分布表

连续型数据的频数分布表总是依据组限来分组的,每组下限至上限的距离叫组距,各组的组距相同。为了便于数据的归类,往往把第一组的下限稍定小一点。第一组的下限确定后,把第一组的下限加上组距,即得第一组上限,以后各组的上、下限都可以连续地推导出来。由于资料是连续的,为了便于变员数的归类,相邻两组的上限和下限的写法有多种形式。如下介绍的是其中一种,即把每组的上限写成比其应有的值(即次组下限的值)略小些,即可写成0.9或0.99这样带小数的形式。例如,组距为10,第一组下限为0,各组可写成如下形式(表2.6)。

表 2.6 连续型数据频数分布表组限划分格式

组次	下限	上限	频数
1	0	9.9	2
2	10	19.9	4
3	20	29.9	6
⋮	⋮	⋮	⋮

至于组距的大小,要按资料的具体情况和分组数多少而适当决定。可以以 10、20、30 等为组距,适合于一般计数习惯,但也不应受习惯限制。至于分组数的多少,以 6～20 组为适当,同时要考虑样本含量(n),可按表 2.7 分组。

表 2.7 分组数与样本含量关系

样本含量	宜分组数
40～60	6～8
60～100	7～10
100～200	9～12
200～500	12～17
＞500	17～20

以组限分组的频数分布表中的 x 为组中值,组中值＝下限＋组距/2,而组距＝上限－下限。下面介绍一个制作连续型变量的频数分布表的例子。

【例 2.4】 在广州天河区称量 106 头越冬三化螟幼虫体重(单位:mg),原始资料如下:

13.0 18.4 19.4 23.3 24.3 24.7 25.1 25.2 25.6 26.0 27.6 28.0 28.2
28.2 28.3 28.3 28.5 29.1 29.3 29.8 30.1 30.2 30.3 30.4 30.5 30.7
31.0 31.7 31.8 32.0 32.8 32.8 33.1 34.3 35.2 35.3 35.6 35.8 35.9
36.3 36.3 36.3 36.6 37.0 37.3 37.5 38.0 38.6 38.6 38.6 38.8 39.2
39.3 40.0 40.2 40.3 40.3 40.3 40.6 40.8 41.3 41.6 41.8 41.8 41.8
42.0 42.4 42.5 42.9 42.9 43.1 43.3 43.7 43.8 44.2 44.2 46.1 47.0
47.3 47.9 48.0 48.1 48.3 51.6 52.1 52.9 53.3 53.3 54.5 56.4 58.5
59.1 59.3 59.4 60.0 60.5 61.1 62.5 63.8 69.7 71.8 72.7 76.2 76.7
79.6 86.2

现以 6 mg 为组距,分成 13 组,第一组下限为 10 mg,制作频数分布表如表 2.8 所示。

表 2.8 越冬三化螟幼虫体重(mg)(广州天河,1963)

组限	x(组中值)	f(频数)	比率/%
10～15.9	13	1	0.94
16～21.9	19	2	1.89
22～27.9	25	8	7.55
28～33.9	31	22	20.75

组限	x(组中值)	f（频数）	比率/%
34～39.9	37	20	18.87
40～45.9	43	23	21.70
46～51.9	49	8	7.55
52～57.9	55	6	5.66
58～63.9	61	9	8.49
64～69.9	67	1	0.94
70～75.9	73	2	1.89
76～81.9	79	3	2.83
82～87.9	85	1	0.94
合计		106	100.00

3. 制作频数分布表的意义

由以上几个频数分布表可以看出,原来表面上看来很不规律的变量资料,经过整理、制作成频数分布表后,竟然不是杂乱无章的,而变员数的分布总是有一定的趋势。最常见的情况是频数两头小、中间大,也有头大尾巴长、递增型等状态。由此可见,样本资料的分布在一定程度上体现了变量的规律性。

变量是集中性和分散性的辩证统一。这两个特点是变量规律性中最基本和最本质的东西。分散是主导的一面,没有分散就不称其为变量了。然而各个变员数又有力求集中的一面,虽然集中的程度、位置和形状因具体变量资料而有所不同。我们把样本资料整理成频数分布表,第一个目的就是要使它呈现出离散趋势和集中趋势的状况,给人们以清晰的印象,从而初步掌握这个变量的特点。当然,由于取样误差的干扰,样本数据的分布不可能充分地、完整地代表总体数据的真实分布,但仍可以看出总体分布的趋势。

制作频数分布的第二个目的是便于图示、计算和分析。在试验研究中,为了解变量的离散趋势和集中趋势,不应仅仅应用平均数、最小值和最大值这三者来表示,这不足以充分表示变量分布的特点。譬如,某地在第一代三化螟产卵盛期,用石油乳剂混和乐果(石乐合剂)喷施卵块做试验,试图减少蚁螟孵化从而减少枯心苗数量。结果,经施药的卵块所形成的枯心苗群与对照群相比,枯心苗数大大地减少了。如果只用最小、最多和平均数这三个数值表示,试验(每群枯心苗数)如表 2.9 所示:

表 2.9　石乐合剂喷施三化螟卵块后水稻枯心群苗数调查

处理	枯心群苗数		
	最小	最多	平均
施药	0	34	11.35
对照	15	126	57.91

这样的数据是不便于对试验结果作进一步分析的,用以表示试验结果也是不能令人满

意的。人们要问,经过施药后,各群枯心苗数的分布有什么变化,即施药群和对照群在枯心苗数的分布趋势上有何差异?但是,如果列出两方的频数分布表(表 2.10),加以对比,它们的差异情况就清楚多了,变量的分布特征显示更明显。

表 2.10 石乐合剂喷施三化螟卵块后水稻枯心群苗数频数分布表

每群枯心苗数	施药		对照	
	群数	比率/%	群数	比率/%
0	8	14.82	—	—
1~10	18	33.33	0	0
11~20	19	35.18	2	2.99
21~30	8	14.82	5	7.46
31~40	1	1.85	8	11.94
41~50	0	0	12	17.91
51~60	0	0	19	28.35
61~70	0	0	7	10.45
71~80	0	0	3	4.48
81~90	0	0	1	1.49
91~100	0	0	5	7.46
101~110	0	0	2	2.99
111~120	0	0	1	1.49
121~130	0	0	2	2.99
合计	54	100.00	67	100.00

由上可见,两类枯心群不仅仅是变异范围的不同。施药群的每群枯心苗数大都偏小,在分布上紧紧挤在一起,以含枯心苗 1~20 株的群最多,占 68.5%;对照群每群枯心苗数大都偏大,分布较为分散,以含枯心苗 41~60 株的群最多,占 46.3%。

2.3.2 统计表

制作统计表(table)和统计图(graph)是进一步整理和表述数据资料的重要手段,其功能在于概括材料和便于比较,避免运用文字叙述时易出现的词语重复,达到简明扼要、指出要点的目的。当然,单一的资料通常不用制表和图,只用文字叙述就可以了。同时,在研究报告中,既然列出了表和图,就没有必要再用文字全面去复述其内容,或者只将重要的数据重提一下就可以了。

表述植保科学的研究结果,常常需要制表和图,目前科学研究报告中通用的表格形式为三线表(Microsoft Word 中"表格自动套用格式"中的"简明型 1")。如三线表不能完整地表达,可加一辅助线(表 2.11)。表内数字一般为 $\bar{x} \pm SE$(SE 为标准误);表内单位采用科技论文的通用格式,如:猎物密度/头;平均产量/kg;播种天数/d;套种间隔/m;LC$_{50}$/(mg/L);酶浓度/(g/L)等。例如,表 2.11 表述了不同虫态中华微刺盲蝽(*Campyloma chinensis*)对棉蚜(*Aphis gossypii*)的捕食功能反应。

表 2.11 中华微刺盲蝽对棉蚜的捕食量 * (头/d)

中华微刺盲蝽虫态	棉蚜密度/头					
	5	10	15	20	25	30
4 龄幼虫	5.00±0.00	7.00±1.41	11.00±0.41	10.75±1.19	13.00±1.63	17.00±2.16
5 龄幼虫	4.50±0.50	8.50±0.65	8.50±2.06	13.50±0.87	13.75±2.63	15.00±2.68
成虫	4.75±0.25	8.50±0.29	10.75±1.65	15.25±1.44	17.25±2.36	20.75±1.60

* $\bar{x} \pm SE$

下面以表 2.11 为例阐述制表时应注意的一些事项。

1) 表号:置于表的左上角,在文章中按表出现先后编号,如"表1"、"表2"……注意不应写成"(表1)"、"(表2)",即不要加括号。

2) 标题:表的标题必不可少,制表不写标题是不对的。标题必须简明扼要地说明该表的内容。标题置于表的顶部中央,即在表号的右方并与之保持一定的间隔。该表的资料产生的地点和时间可用括号注于标题之后,如(广州,1984)、(广东南雄县,1992)等。

3) 标目:统计表的标目分为纵行标目和横行标目。纵行标目置于顶线之下,横行标目置于表的最左方。一般横行标目相当于文句的主语部分,纵行标目相当于文句的宾语部分,用以引述表身中的数字。标目所用文字要简明扼要,必要时其后用括号加注单位,如(月/日)、(mg)、(头/m²)、(d)、(%)等。加注单位多为纵行标目。如果全表数字属于同一单位的,则可用括号注于标目之后,而不要分别注于各标目之后。标目如要注释,应在标目文字的右上角标以 * 、** 或[1]、[2]等符号,以与表注对照。注释文字绝对不能填入表内。多级标目宜于纵行,最好不要超过三级。"对照"作为横标目,应列于最下方。其他标目应按重要程度、数量大小、时间先后等顺序排列。

4) 表内线条。表的顶横线和底横线应用粗线条,表身内纵线可用细线隔开,表内左右两侧不需要纵线,这是开式的表,是现代自然科学文献通用的格式。至于横线,除顶端和底线是必不可少的外,各级标目之间横线的有无是不强求的,但要求各列的数字对齐。

5) 表内数字。表身内的数字应列于相应的位置,小数点、个位数、十位数等应上下相对,即在同一垂直线上。表身内不宜夹杂文字。如某格缺资料时,以短横线"—"表明。

6) "备考"栏。"备考"置于表的最右方,备考二字作为一个纵标目。如非必要,不应设置备考栏,更不应设置空白的备考栏。凡有关横行标目或全表的共通的注释文字,不应置于备考栏内,而应置于脚注。

7) 表注。表注置于表的底线下方,以小字体表述。除用 * 、** 或[1]、[2]等符号带头加注文字以与标目右上角的符号相应外,凡全表共通需要说明的事项,如调查日期、调查面积、作物品种、栽种日期、施肥日期等都注释于脚注内,切忌将标目置于表内,以免"事项重出",使表繁复臃肿,不得要领。

8) 资料来源。文章作者首次发表的表,不用注明资料来源,但引用其他文献的,必须注明来源,可详细列出文献出处,或注明本文章参考文献的编号。

9) 一个表不可太复杂,宁可分为两三个小表。但有时限于具体情况,表很长,甚至占几页的篇幅,这时要在每页的表首之前重复写标题,并且在其后写上"(续表)"字样。

2.3.3　统计图

在许多情况下,数值资料需要图示,因为有时用统计表表示资料的特征还是不够清楚,也不便于多个资料的迅速相互比较,特别是在资料复杂、数据很多的情况下,统计表显出不足之处。图示的作用和优点有:① 资料形象化,使读者对数量资料的概况容易掌握,一目了然;不似统计表的数据那样呆板,往往读者看完之后还要想一想才能理解。② 能显示使数据的消长变化,即是动态的;而统计表中是单个数字,表示动态是不够的。③ 几个数量资料可以绘于同一个图中进行比较,这是统计表所不及的。但统计图也有不足之处,它表示数值资料的倾向,但表示具体数值却不如统计表。

在一个报告或文章中,一种资料可以制表,也可以制图,通常只列出一种就可以了,不必两者都列出,但也不能一概而论,要看资料的性质和我们表达资料特点的要求。如果表和图都必须要列出的,通常先有表而后制图。图是根据表的资料而制作的,图示最重要的依据是频数分布表。

统计图形有多种多样的,特别是当今计算机技术广泛应用的时代,给统计图形的制作提供了更加方便的工具。以下介绍几种常见的统计图。

(1) 条形图(bar charts):排列在统计表的列或行中的数据可以绘制成条形图,条形图显示各个项目之间的比较情况。条形图主要的图示目的为定性资料(与以名义或属性分组的频数分布表对应)的比较(图 2.2)。

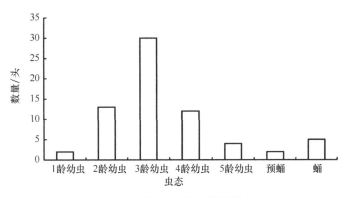

图 2.2　某昆虫各虫态数量分布

(2) 折线图(line charts):折线图可以显示随时间(根据常用比例设置)而变化的连续数据,因此非常适用于显示在相等时间间隔下数据的趋势。在折线图中,类别数据沿水平轴均匀分布,所有值数据沿垂直轴均匀分布。折线图主要图示数量资料的时间动态(图 2.3)。

(3) 面积图(area charts):面积图强调数量随时间而变化的程度,也可用于引起人们对总值趋势的注意。面积图是在折线下方作填充而成(图 2.4)。

(4) 直方图(histogram charts):直方图是由一系列高度不等的纵向条纹或线段表示数据分布的情况。一般用横轴表示数据类型,纵轴表示分布情况。用直方图可以解析出资料的规律性,比较直观地看出产品特性的分布状态,对于资料分布状况一目了然,便于判断其总体特性分布情况。以例 2.4 数据资料绘制的直方图如图 2.5 所示。

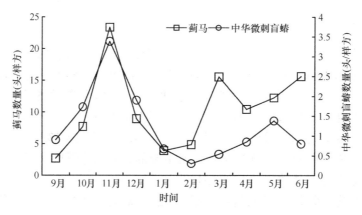

图 2.3　霍香蓟上中华微刺盲蝽和蓟马的种群动态(广州,2003)

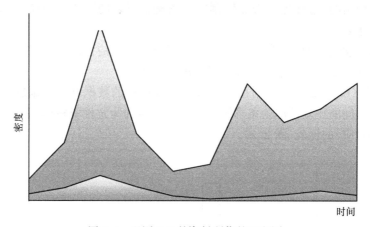

图 2.4　以图 2.3 的资料所作的面积图

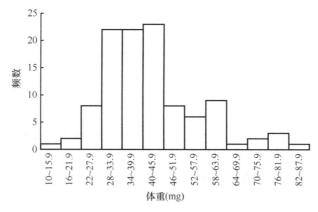

图 2.5　106 头越冬三化螟幼虫体重分布图

　　(5)圆图(pie charts):适合用来表示计数资料和属性资料的次数分布。作图时,把饼图的全面积看成 1,求出各观测值次数占观测值总数的百分率,按构成比将圆饼分成若干份,以扇面面积大小分别表示各个观察值的比例,如图 2.6 所示。

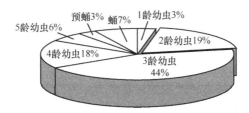

图 2.6　某昆虫各虫态占总虫数的百分比

（6）误差图（error charts）：对于某一个参数，测量出很多组数据后，使用图表表示出该组数据的误差，主要是提供误差的大小、范围和稳定情况，如图 2.7 所示。

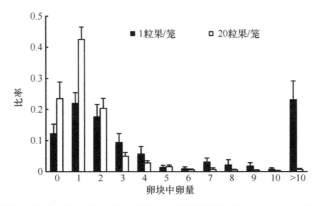

图 2.7　不同寄主密度条件下橘小实蝇卵块中产卵频数比率（$\bar{x} \pm SE$）（Xu et al.，2012）

（7）散点图（scatter chart）：散点图可以表示因变量 y 随自变量 x 而变化的大致趋势，据此可以选择合适的函数对数据点进行拟合。散点图是用两组数据构成多个坐标点，考察坐标点的分布，判断两变量之间是否存在某种关联或总结坐标点的分布模式，如图 2.8 所示。

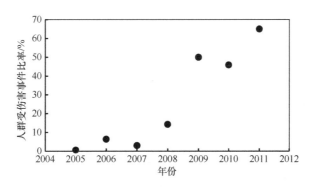

图 2.8　红火蚁新闻报道中伤人事件概率的变化趋势（Xu et al.，2013）

§2.4　特征数

上节所述的频数分布可以使我们获得关于变量资料集中和变异的概况，但还很难掌握其数量上的特征。为此，有必要从资料变员数本身计算出用来描述其集中程度和变异程度的特征数。本节将介绍特征数的类别和它们的计算方法。

在这里再次强调总体和样本的区别及它们之间的关系。总体的特征数属于参量,而样本的特征数属于统计量。总体的特征数往往难以估计,属于未知,而依靠从该总体抽得的样本所计算得到的样本特征数来估计相应的总体特征数。本节所述的大都是关于样本特征数的计算。总体特征数和样本特征数的计算公式中符号及其含义各有不同。

表示集中程度的特征数称为平均数,其包括如下几种:算术平均数(arithematic mean)、加权平均数(weighted mean)、众数(mode)、中位数(median)、几何平均数(geometric mean)等,其中算术平均数和加权平均数应用较广。众数在害虫研究方面有一定意义。至于其他几种在植保科学研究中用得较少。近几十年来,在动物生态学研究中有一个表示集中程度的指标叫做平均拥挤度(mean crowding),本节将作介绍。

表示变异程度的特征数亦有多种,常见的有:极差(range)、方差(variance)和标准差(standard deviation)、变异系数(coefficient of variability)和相对变异(relative variation)等。

2.4.1 集中程度的度量

1. 算术平均数

算术平均数也称为均数(mean),应用很广泛。它不仅能较好地表示变量集中程度趋势的特征,而且经常充当数量资料(总体或样本)的代表。

算术平均数的计算方式很简单,它是一个变量资料中各个数据的总和除以数据个数所得的商。其单位名称与原资料的相同。通常,总体平均数以 μ 表示,样本平均数以 $\bar{x}$ 表示,读作 x bar,而 $x_1, x_2, x_3, \cdots, x_n$ 表示各观察值。我们实际上经常计算的是 $\bar{x}$。计算的具体方法视样本的大小、分组与否和分组情况而不同。

(1) 基本公式。

总体的算术平均数 μ:

$$\mu = \frac{\sum_{i=1}^{N} x}{N} = \frac{\sum x}{N} \tag{2.1}$$

式中,N 是总体内数据的个数,x 是数值。几条运算规则如下:

$$\sum xy = x_1 y_1 + x_2 y_2 + \cdots + x_n y_n$$

$$\sum (x \pm y) = (x_1 \pm y_1) + (x_2 \pm y_2) + \cdots + (x_n \pm y_n) = \sum x \pm \sum y$$

$$\sum ax = ax_1 + ax_2 + \cdots + ax_n = a \sum x \, (a \text{ 为常量})$$

$$\sum a = na$$

$$\sum_{i=1}^{n} \sum_{j=1}^{k} x_{ij} = (x_{11} + x_{12} + \cdots + x_{1k}) + (x_{21} + x_{22} + \cdots + x_{2k}) + \cdots + (x_{n1} + x_{n2} + \cdots + x_{nk})$$

样本算术平均数 $\bar{x}$:

$$\bar{x} = \frac{\sum_{i=1}^{n} x_i}{n} = \frac{\sum x}{n} \tag{2.2}$$

式中，n 是样本内数据的个数，即样本含量；x 是观察值。

上述基本公式常用于不分组资料，尤其是数据个数不多的资料，常不必分组。

【例 2.5】 20 头越冬三化螟幼虫体重（mg）资料为

| 55.3 | 34.7 | 63.3 | 42.6 | 30.4 | 33.6 | 54.3 | 71.6 | 60.7 | 30.4 |
| 36.6 | 24.6 | 25.4 | 38.6 | 39.6 | 37.5 | 47.0 | 45.5 | 22.2 | 28.5 |

$$\overline{x} = \frac{\sum x}{n} = \frac{55.3 + 34.7 + \cdots + 28.5}{20} = \frac{822.4}{20} = 41.12 (\text{mg})$$

（2）加权平均法公式。

样本内观察值个数多，经过分组、制成频数分布表之后，计算平均数时可不必采用上述基本公式，而应采用加权平均法公式。

$$\overline{x} = \frac{\sum_{i=1}^{k} f_i x_i}{n} \qquad (i = 1, 2, \cdots, k)$$

可简写为

$$\overline{x} = \frac{\sum f x}{n} \tag{2.3}$$

式中，k 表示组次；f_i 表示第 i 组的频数；x_i 指第 i 组的组值或组中值；f 亦称"权重"；f 乘 x 称为"加权"（weighted）。

离散型变量经分组，常设组值 x。按式（2.3）计算的结果与用式（2.2）计算结果应完全相同。

【例 2.6】 见例 2.1 的资料，利用频数分布表计算平均数（表 2.12）：

表 2.12 200 丛水稻遗株内越冬三化螟幼虫数量

x	f	fx
0	134	0
1	48	48
2	9	18
3	4	12
4	3	12
5	1	5
6	1	6
合计	200	101

$$\overline{x} = \frac{\sum f x}{n} = \frac{101}{200} = 0.505 (\text{头})$$

至于连续型变量资料的频数分布表，设有组中值以代表各组内的变员数。在应用加权平均法时，式（2.3）中的 x 是指组中值，计算结果所得平均数只是一个近似值，与用基本公式（2.2）所计算出的结果会有误差，因为在昆虫研究工作中用得较少，举例从略。

2. 众数

众数(mode)是一个样本中频数最大,即重复出现最多的数据,以 M_o 表示。在分组的资料中,众数往往可以直接观察得到。按组值分组的频数分布表中最大频数组的组值就是众数。按组限分组的频数分布表,频数最大的组称为众数组,真正的众数理应位于此组内,有多种推算理论众数的方法,这里介绍其中1种:

$$M_o = x_0 + \frac{\Delta_1}{\Delta_1 + \Delta_2} \cdot d \tag{2.4}$$

其中:M_o 为众数;x_0 为众数组的下限;Δ_1 为众数组频数与前一组频数之差;Δ_2 为众数组频数与后一组频数之差;d 为组距。

【例2.7】 利用例2.4的频数分布表计算众数。

$$M_o = 40 + \frac{3}{3+15} \times 6 = 41 \text{ (mg)}$$

3. 中位数

中位数(median)是分位数的一种,以 M_d 表示。如果样本含量 n 为奇数,M_d 为第 $(n+1)/2$ 个数;如果 n 为偶数,M_d 为中间两数的平均值。例如:样本3、6、8、20、30,$M_d=8$;样本3、6、8、11,$M_d=(6+8)/2=7$。

4. 平均拥挤度

1967年,Lloyd为动物生态研究提出了一个新的表示集中程度的指标,称为平均拥挤度(mean crowding)。平均拥挤度的定义:在同一样方中,平均每个个体拥有多少个其他个体,即平均每个个体与多少个其他个体在同一样方中。平均拥挤度以 $\overset{*}{x}$ 表示。

Lloyd当时用框调查某种昆虫,共取37个点,记录每点虫数如下:

0、2、0、0、1、0、2、0、2、0、0、0、0、0、2、0、2、0、1、1、1、2、1、1、0、0、3、1、0、3、1、2、0、1、0、1、0。

上数列记为 x_i,其平均数为:

$$\bar{x} = \frac{\sum\limits_{i=1}^{n} x_i}{n} = \frac{0+2+\cdots+0}{37} = \frac{30}{37} = 0.811(\text{头/框})$$

可以看出,这个平均数是把有虫框和无虫框拉平计算的,它受极值(最大值和最小值)的严重影响,实际上平均数并不能完全反映资料的真实情况。如果我们从另一角度去考察,就每框内每头虫的伙伴数(每框每头虫别的同框虫数)来计算,可得到另一数列 x_j 如下:

(1、1)(0)(1、1)(1、1)(1、1)(1、1)(0)(0)(0)(1、1)(0)(0)(2、2、2)(0)(2、2、2)(0)(1、1)(0)(0)

设此数列的数据个数为 k,这时 $k=30$,此列的平均数即为平均拥挤度:

$$\overset{*}{x} = \frac{\sum\limits_{j=1}^{k} x_j}{k} = \frac{1+1+\cdots+0}{30} = \frac{26}{30} = 0.867 \text{ [别的个体 /(框·头)]}$$

用 x_i 数列可直接计算平均拥挤度,公式为:

$$\overset{*}{x} = \frac{\sum x(x-1)}{\sum x} = \frac{\sum x^2 - \sum x}{\sum x} = \frac{\sum x^2}{\sum x} - 1 \tag{2.5}$$

如果已有频数分布表,则:

$$\overset{*}{x} = \frac{\sum fx^2}{\sum fx} - 1 \tag{2.6}$$

以 Lloyd 调查的资料为例:

$$\overset{*}{x} = \frac{\sum x^2}{\sum x} - 1 = \frac{0^2 + 2^2 + \cdots + 0^2}{0 + 2 + \cdots + 0} - 1 = 0.867 \left[\text{别的个体}/(\text{框}\cdot\text{头})\right]$$

平均拥挤度在昆虫生态学中应用较多,一是将 $\overset{*}{x}/\overline{x}$ 作为一个聚集强度指标,二是通过分析 $\overset{*}{x}$ 与 $\overline{x}$ 的相关和回归关系研究昆虫的空间分布。

2.4.2　分散和变异程度的度量

如前所述,平均数是样本中各个数据的代表值,它的代表性强弱,同各数据的变异程度有密切的关系。变异程度大的,平均数的代表性就弱,反之亦然。因此,两个样本的平均数可以相同(表 2.13),但代表性就不一定相同。由此可见,要更全面地描述样本的特征,只求平均数显然是不够的,必须同时测定其变异程度。

表 2.13　平均数的代表性

样本	平均数 $\overline{x}$	变异程度	$\overline{x}$ 的代表性
5、5、5、5、5、5、5、5、5、5	5	小	强
0、0、50、0、0、0、0、0、0、0	5	大	弱

1. 极差

极差(range)又称为全距,用 R 表示:$R = x_{\max} - x_{\min}$。极差只使用了最大和最小两个值,因此并不能完全反映数量资料的变异程度。

2. 方差和标准差

因为极差不能完全反映数量资料的变异程度,所以必须找一个标准值,用这个值与各个数据逐一进行比较,人们发现这个标准值采用 $\overline{x}$ 是最合适的。而各个数据与 $\overline{x}$ 的差值即离均差(deviates):$x_1 - \overline{x}, x_2 - \overline{x}, \cdots, x_n - \overline{x}$。如果把离均差相加,则 $\sum(x - \overline{x}) = 0$,因为:

$$\sum(x - \overline{x}) = \left[x_1 - \frac{\sum x}{n}\right] + \left[x_2 - \frac{\sum x}{n}\right] + \cdots + \left[x_n - \frac{\sum x}{n}\right]$$

$$= (x_1 + x_2 + \cdots + x_n) - n \cdot \frac{\sum x}{n} = \sum x - \sum x = 0$$

这时有两种处理方法可使其和不为 0,一是把离均差先取绝对值再求和:

$\sum |x - \overline{x}| \neq 0$。取平均得：$MD = \dfrac{\sum |x - \overline{x}|}{n}$，$MD$ 为平均绝对离差，简称平均差。

二是取其平方和：$\sum (x - \overline{x})^2 \neq 0$，即离均差平方和，简称平方和（sum of square）。因为带着绝对值运算是不方便的，所以舍弃绝对离差而采用离均差平方和。

$\sum (x - \overline{x})^2$ 还应该求其平均值，以消除数据个数的影响，$\sum (x - \overline{x})^2$ 的平均数即为方差（variance）。

总体方差：

$$\sigma^2 = \frac{\sum (x - \mu)^2}{N} \tag{2.7}$$

样本方差：

$$S^2 = \frac{\sum (x - \overline{x})^2}{n - 1} \tag{2.8}$$

S^2 即为样本离均差平方和的平均值，简称均方（mean square），也就是样本方差，是总体方差 σ^2 的估计值。$n-1$ 称为自由度（degree of freedom）。为什么要用 $n-1$？因为在 n 个离均差中，受 $\sum (x - \overline{x}) = 0$ 的限制，只有 $n-1$ 个是可以自由变动的。也就是说 $\overline{x}$ 在一定值的条件下，n 个数据中，有 $n-1$ 个可以任意取值，它们的值一旦确定之后，最后一个数据非是某一个定值不可，否则不可能保持 $\overline{x}$ 不变。如此类推，如果某一统计量受 k 个条件限制，则自由度 $df = n - k$，自由度以英文字母 df 表示。

方差的正平方根即为标准差（standard deviation），即

$$S = \sqrt{\frac{\sum (x - \overline{x})^2}{n - 1}} \tag{2.9}$$

样本标准差的计算方法：

（1）不分组资料：式(2.9)经变换可得下式，以方便计算：

$$\sum (x - \overline{x})^2 = \sum (x^2 - 2x\overline{x} + \overline{x}^2) = \sum x^2 - 2\overline{x} \sum x + \sum \overline{x}^2$$

$$= \sum x^2 - 2\overline{x} n\overline{x} + n\overline{x}^2 = \sum x^2 - \frac{(\sum x)^2}{n}$$

即

$$S = \sqrt{\frac{\sum x^2 - \dfrac{(\sum x)^2}{n}}{n - 1}} \tag{2.10}$$

【例 2.8】 利用例 2.5 的 20 头越冬三化螟幼虫体重资料，计算标准差。

$$S = \sqrt{\frac{\sum x^2 - (\sum x)^2 / n}{n - 1}} = \sqrt{\frac{55.3^2 + 34.7^2 + \cdots + 28.5^2 - 822.4^2 / 20}{20 - 1}}$$

$$= \sqrt{\frac{37459.24 - 33817.09}{19}} = 13.85 (\text{mg})$$

（2）分组资料：

$$S = \sqrt{\frac{\sum fx^2 - \frac{(\sum fx)^2}{n}}{n-1}} \qquad (2.11)$$

式中,f 为权重,是频数分布表中的频数;x 为各组的组值或组中值(如为组中值,计算结果为近似值)。

【例 2.9】　以下是 45 个小区三化螟卵块资料,利用频数分布表(表 2.14)计算标准差。

表 2.14　45 个小区三化螟卵块频数分布表

组值(x)	频数(f)	fx	fx^2
0	19	0	0
1	14	14	14
2	10	20	40
3	2	6	18
合计	45	40	72

$$S = \sqrt{\frac{\sum fx^2 - (\sum fx)^2/n}{n-1}} = \sqrt{\frac{72 - 40^2/45}{45-1}} = 0.91 \text{ (块)}$$

标准差的统计学意义:

1) 标准差越大,资料的变异程度越大,平均数的代表性越小;反之亦然。

2) 与算术平均数一样,标准差的计算要通过每个变员数,因而受到每个变员数的影响,尤其是最大值和最小值的影响。

3) 标准差的得名基于一个重要特征,即离均差平方和是最小值量,故标准差是最稳定的、最能准确表达变异程度的指标。

设常数 $a \neq \bar{x}$,$a - \bar{x} = \pm\Delta$,$\Delta > 0$,即:$a = \bar{x} \pm \Delta$,

$$\sum(x-a)^2 = \sum(x-\bar{x}\pm\Delta)^2 = \sum[(x-\bar{x})\pm\Delta]^2$$
$$= \sum(x-\bar{x})^2 \pm 2\Delta\sum(x-\bar{x}) + n\Delta^2 = \sum(x-\bar{x})^2 + n\Delta^2$$

移项得:

$$\sum(x-\bar{x})^2 = \sum(x-a)^2 - n\Delta^2$$

所以:

$$\sum(x-\bar{x})^2 < \sum(x-a)^2$$

4) 标准差与平均数一起表述的一些理论分布具有重要的意义。

3. 标准误

标准误(standard error,SE)即平均数总体的标准差(详见第四章),计算公式如下:

$$SE = S_{\bar{x}} = \frac{S}{\sqrt{n}} \qquad (2.12)$$

标准差和标准误的区别:标准差是样本内数据 x_i 偏离样本平均数 $\bar{x}$ 的程度的指标;标准误是样本平均数 $\bar{x}$ 偏离总体平均数 μ 的程度的指标。科技论文中表格数据一般使用 $\bar{x} \pm$

$\overline{SE}$;误差图也可采用 $\bar{x} \pm SE$（图 2.7）。

4. 变异系数

标准差具有原来变量的单位。两个总体或样本的变异程度如要相互比较，由于不同单位或单位虽相同而均数不同和数量水平不同，就不能单独以标准差直接比较。如果改变为相对值，即百分比，就便于直观地比较了。这个百分比指标叫做变异系数（coefficient of variation，CV），样本的变异系数计算公式为：

$$CV = \frac{S}{\bar{x}} \times 100\% \tag{2.13}$$

【例 2.10】 50 个玉米穗的平均长度为 15.5 cm，标准差是 2.1 cm；200 个红薯的平均重量是 72 g，标准差是 7.2 g，问这两个样本的变异程度哪个较大？

玉米穗长的变异系数：$CV = \dfrac{12}{15.5} \times 100\% = 13.54\%$

红薯重量的变异系数：$CV = \dfrac{7.2}{72} \times 100\% = 10\%$

因此，玉米穗长的变异系数大于红薯重量的变异系数。

【例 2.11】 1980 年粤北三化螟第三代和第四代卵块含卵粒数的平均数和标准差如下：

第三代：平均数（粒/块）=128.90   标准差 = 32.13   （$n = 30$）

第四代：平均数（粒/块）=176.33   标准差 = 51.36   （$n = 30$）

问这两个世代的螟卵块所含的卵粒数的变异程度哪个大些？

第三代的变异系数：$CV = \dfrac{32.13}{128.90} \times 100\% = 24.93\%$

第四代的变异系数：$CV = \dfrac{51.36}{176.33} \times 100\% = 29.13\%$

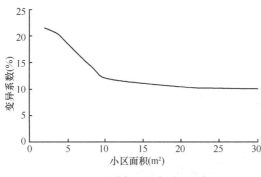

图 2.9 不同小区的水稻面积与产量的变异系数间的关系

由此看来，粤北三化螟第四代卵块所含卵粒数的变异程度比第三代的大些。

除了以上用来比较不同单位和不同性质或单位相同的数据外，变异系数还被用来估计样方变异的大小。例如，在测量水稻产量时，可以根据不同小区面积与小区中产量的变异系数的趋势来决定小区的面积为多大才合理。图 2.9 是不同小区面积与产量的变异系数的关系图。由图可知，从小区面积为 $10 \sim 30$ m² 的变异系数都在 10% 左右变动。因此，人们认为，在取样调查水稻产量时，样方面积为 10 m² 即可达到要求。

5. 相对变异

相对变异这个指标在昆虫生态学研究中有着重要的意义，代表符号为 RV，其计算公式如下：

$$RV = \frac{SE}{\bar{x}} \times 100\% \tag{2.14}$$

由上式可见,RV 即是样本标准误与平均数的比值。近 50 年来,在生命表的研究中,要求各次取样控制一定大小的误差,多数学者同意所控制的标准误的值在样本平均数的 10% 以内为最佳,也就是说 $RV \leqslant 10\%$。在测报和作防治决策时,则要求 $RV = 25\%$。

【例 2.12】　例 2.4 中 106 头越冬三化螟幼虫体重的平均值为 41.58 mg,标准误为 1.35 mg,则上述越冬三化螟幼虫体重的相对变异值为:

$$RV = \frac{1.35}{41.58} \times 100\% = 3.25\%$$

习　题

1. 设变量 X 有 5 个观察值,$x_1 = 9, x_2 = 3, x_3 = 1, x_4 = 13, x_5 = 8$,计算下列各项目:
① $\sum x$;② $\sum\limits_{i=1}^{3} x_i$;③ $\sum (x - \bar{x})$;④ $\sum |x - \bar{x}|$;⑤ $\sum (x - \bar{x})^2$;⑥ $\sum x^2$;
⑦ $(\sum x)^2$;⑧ $\sum (x - 10)^2$。

2. 某种椿象低温反应试验,在 $-8.5\,°C$ 条件下处理 15 min,以 10 头为一组,共 100 组,以下为每组的死亡虫数:

4、4、4、3、5、7、6、6、0、1、0、0、3、3、3、3、4、2、2、2、4、3、5、2、4、3、3、3、3、1、1、3、4、3、3、5、2、3、1、0、3、5、5、3、4、2、1、2、4、3、0、4、5、2、3、1、2、3、5、3、5、4、3、2、1、1、4、4、1、1、3、1、1、1、2、2、3、1、1、3、3、3、3、2、1、1、1、2、1、2、2、1、2、2、2、2、2、2、1

①列出频数分布表;②利用基本公式计算 $\bar{x}$;③利用频数分布表计算 $\bar{x}$;④计算平均拥挤度;⑤指出众数;⑥利用基本公式计算标准差;⑦利用频数分布表计算标准差;⑧计算标准误;⑨计算变异系数。

3. 某柑橘病害病斑长度(mm)调查,随机取出 55 个病斑样本,记录如下:

18.4、11.4、14.3、12.6、9.4、11.1、20.4、15.7、17.6、14.8、10.7、15.3、11.7、13.9、18.9、9.6、7.9、23.7、21.3、17.3、16.8、7.9、9.1、11.4、16.8、10.7、15.1、15.1、13.3、16.2、9.5、11.3、7.6、18.4、12.7、11.4、14.6、13.6、18.5、4.9、14.9、13.6、11.3、23.3、10.9、18.2、27.3、17.8、13.6、16.2、8.3、9.9、12.4、11.4、9.6

① 按病斑长度由小到大列出顺序表;② 制作频数分布表(提示:组数定 8 组;组距 3mm;第一组下限 3.5mm);③ 利用基本公式计算 $\bar{x}$;④ 利用频数分布表计算 $\bar{x}$;⑤ 利用基本公式计算标准差;⑥ 利用频数分布表计算标准差;⑦ 计算标准误;⑧ 用两种方法计算的 $\bar{x}$ 和标准差相等吗? 为什么?

第三章 概 率 分 布

事件:在一定条件下,必然出现的现象称为必然事件;在一定条件下,必然不出现的现象称为不可能事件;而在一定的条件下,可能出现、也可能不出现的现象称为随机事件(random phenomenon),相应的试验称为随机试验。随机事件的概念非常重要,数理统计的核心内容就是研究随机事件的规律性。

概率:事件的概率表示了一次试验某一个结果发生的可能性大小。若要全面了解试验,则必须知道试验的全部可能结果及各种可能结果发生的概率,即必须知道随机试验的概率分布(probability distribution)。

为了深入研究随机试验,我们先引入随机变量(random variable)的概念。

随机变量:如果对于随机试验的每一可能的结果都有一个实数 X 与之对应,且 X 又是随着试验结果不同而变化的一个量,那么称 X 为随机变量(random variable)。

【例 3.1】 在 0、1、2、3、4、5 这 6 个数字中随机地抽取 1 个数字。试验的结果是 1 个数量,可能取值是 0、1、2、3、4、5,而且取得每个数字的概率均为 1/6:

可能值 x　　0　　1　　2　　3　　4　　5

概率 p　　　1/6　1/6　1/6　1/6　1/6　1/6

因为变量有离散型(discrete)和连续型(continuous)之分,故概率分布随之就有离散型随机变量概率分布和连续型随机变量概率分布。

§3.1 离散型随机变量

对离散型随机变量 X 来说,我们感兴趣的不仅是它取哪些值 x_i,而且也要知道它取这些值的概率大小。

定义 3.1 令 X 为离散型随机变量,X 的概率分布 f 为:

$$p(x) = P(X = x_i) = p(x_i) \qquad (i = 1, 2, 3 \cdots \cdots)$$

$\{ p(x_i), i = 1, 2, 3 \cdots \cdots \}$ 称为随机变量 X 的概率分布(probability distribution)或密度函数(density function)。其中,x_i 为所有实数。

另外要注意:$p(x) \geqslant 0$ 对于大多数实数 $p(x) = 0$,因为 X 为离散型随机变量;概率之和为 1,即 $\sum\limits_{all\ x} p(x) = 1$。

【例 3.2】 投掷一颗均匀的骰子,以出现的点数为离散型随机变量,给出此变量的概率分布。

解:因为骰子是均匀的,所以出现每一面的概率是相等的,其概率密度见表 3.1:

表 3.1 投掷骰子 1 次不同点数出现的概率

随机变量(x)	1	2	3	4	5	6
概率密度[$p(x)$]	1/6	1/6	1/6	1/6	1/6	1/6

表中未列的 X 值所对应的概率为 0,例如 $p(0)=0$、$p(9)=0$ 等,而 $\sum p(x)=1$。

【例 3.3】 投掷一颗均匀的骰子 2 次,以出现的点数之和为离散型随机变量,给出此变量的概率分布。

解:有 36 种可能,每种可能的概率为 1/36,离散型随机变量的取值范围为:2、3、…、12(2 次点数之和),所以其概率密度如表 3.2 所示。

表 3.2 投掷骰子 2 次所得点数之和的概率

随机变量(x)	2	3	4	5	6	7	8	9	10	11	12
概率密度[$p(x)$]	1/36	2/36	3/36	4/36	5/36	6/36	5/36	4/36	3/36	2/36	1/36

也可以直方图表示其概率分布(图 3.1)。

从图 3.1 可知,点数"7"出现的次数最多,以 7 为中点向两侧对称分布。

假如投掷一颗均匀的骰子 1000 次或投掷一对均匀的骰子 5000 次,其平均值的期望值是多少?

定义 3.2 离散型随机变量平均数的期望值为:$\mu=E(x)=\sum_{all\ x} xp(x)$,即 x 为概率密度的权重。

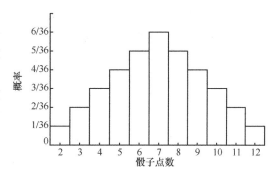

图 3.1 投掷一颗均匀的骰子 2 次的概率分布

【例 3.4】 计算例 3.2 和例 3.3 的 x 的数学期望。

解:对于例 3.2:

$$\mu=E(x)=\sum_{x=1}^{6}xp(x)=\frac{1+2+3+4+5+6}{6}=3.5$$

对于例 3.3:

$$\mu=E(x)=\sum_{x=2}^{12}xp(x)=2\times\frac{1}{36}+3\times\frac{2}{36}+\cdots+12\times\frac{1}{36}=7$$

随机变量的数字特征最重要的有两个,一个是上面讲的数学期望,它代表了随机变量的平均值;另一个就是方差,它代表了随机变量对其数学期望的离散程度。

定义 3.3 若 $E[X-E(X)]^2$ 存在,则称它为随机变量的方差,并记为 $D(X)$,而 $\sqrt{D(X)}$ 称为 X 的根方差或标准差。

证明:$\sigma^2=D(X)=E[X-E(X)]^2=E\{X^2-2X\cdot E(X)+[E(X)]^2\}$
$\qquad\qquad =E(X^2)-2E(X)\cdot E(X)+[E(X)]^2=E(X^2)-[E(X)]^2$
$\qquad\qquad =E(X^2)-\mu^2$

这是一个很重要的公式,在计算随机变量的方差时常常会用到。

【例 3.5】 计算例 3.2 和例 3.3 的方差。

解:对于例 3.2:

$$\sigma^2 = D(X) = E[X - E(X)]^2 = 15.167 - 3.5^2 = 2.917$$

对于例 3.3:

$$\sigma^2 = D(X) = E[X - E(X)]^2 = 54.833 - 7^2 = 5.833$$

密度函数解决了离散型随机变量特定值的概率,但很多数理统计问题需要知道其累积概率,即只知道 $P(X = x)$ 还不够,还需知道 $P(X < x)$,即分布函数 $F(x)$。

定义 3.4 设 X 为概率密度为 p 的离散型随机变量,X 的分布函数(cumulative distribution function)$F(x)$ 可定义为:

$$F(x) = P(X < x) = \sum_{x_1 < x} p(x_1)$$

显然,此时 $F(x)$ 是一个跳跃函数,它与分布列是互相唯一确定的。因此都可用来描述 X。

【例 3.6】 计算例 3.3 的分布函数。

解:分布函数如表 3.3 所示:

表 3.3　投掷一颗均匀的骰子 2 次的概率分布函数

x	2	3	4	5	6	7	8	9	10	11	12
$p(x)$	1/36	2/36	3/36	4/36	5/36	6/36	5/36	4/36	3/36	2/36	1/36
$F(x)$	1/36	3/36	6/36	10/36	15/36	21/36	26/36	30/36	33/36	35/36	36/36

据上表,小于或等于 8 点的概率为:$P(x \leqslant 8) = F(8) = 26/36$;介于 3 点和 7 点之间的概率为 $P(3 < X < 7) = F(7) - F(3) = (21/36) - (3/36) = 18/36$。

§3.2　二项分布

二项分布(the binomial distribution):二项分布是一种离散型随机变量概率的理论分布。在生物学研究中经常碰到非此即彼的二项总体现象,如动物的雌与雄、生与死、寄生与非寄生、发芽与不发芽都是以"非此即彼"的两种情况出现,这种对立事件构成的总体称为二项总体,其概率分布称为二项分布。

3.2.1　二项变量和 0-1 分布

二项变量通常用"0-1"量化,以 1 表示事件 A,0 表示对立事件 $\overline{A}$。"0-1"化的二项变量 0 和 1 的概率分布即为"0-1"分布:

x_i:　0　　　　1

p_i:　q　　　p　　　　　　　$p + q = 1$

或:$P(x = k) = p^k q^{1-k}$

其概率模型是进行一次随机试验,成功的概率为 p,失败概率为 $q = 1 - p$,若令 x 为成功次数,则 x 服从 0-1 分布。

0-1 分布的数字特征:

(1) 数学期望：

$$E(X) = 1 \times p + 0 \times q = p$$

(2) 方差：

$$D(X) = E[X - E(X)]^2 = (1-p)^2 \cdot p + (0-p)^2 \cdot q = q^2 p + p^2 q = pq$$

3.2.2　贝努里(Bernoulli)试验和二项分布

Bernoulli 试验：在同一条件下重复做同一实验，如果每次试验结果的发生与其他每次试验结果的发生都是独立的，那么叫重复独立试验。特别地，如果每次试验所可能发生的结果只有 2 个，即为 Bernoulli 试验。从二项变量总体取样（进行重复独立试验）就是 Bernoulli 试验。

这时 A 出现的 $n+1$ 种可能情况是有规律的，这种规律就是二项式 $(q+p)^n$ 展开的各项，即下式中的各项：

$$P(x=r) = C_n^r p^r q^{n-r} \qquad (r = 0, 1, 2, \cdots, n)$$

称它二项分布，是因为它是 n 次二项式 $(p+q)^n$ 的展开式的第 $r+1$ 项。上式共有 $n+1$ 项，依此对应 A 出现 0、1、2、$\cdots$、n 次的概率。上式亦称为 Bernoulli 公式。实际上二项分布就是事件 A 在 n 次 Bernoulli 试验中发生 r 次的概率。如果是 1 次 Bernoulli 试验，即为"0-1"分布。

定义 3.5　具有概率函数：$P(x=r) = (q+p)^n = C_n^r p^r q^{n-r} = q^n + C_n^1 q^{n-1} p + C_n^2 q^{n-2} p^2 + \cdots = 1$ 的离散型随机变量 x 称为遵从二项分布的随机变量。其中，$C_n^r = \dfrac{n!}{r!\,(n-r)!}$。在数理统计学上称为二项系数（即杨辉三角或 Pascal 三角）。

二项分布有 2 个参数：n 和 p。n 为亚样本含量；p 可以是先验概率或经验概率。如果抽取了 N 个亚样本，每个亚样本的含量为 n，则按二项分布，出现 0、1、2、$\cdots$、n 个事物发生某种特性的理论频数 f'（即符合二项分布规律的理论频数）为 N 与各项概率之积：$f' = Np$ $(x=r)$，即 $N(q+p)^n$ 之展开各项。

【例 3.7】　某昆虫的性比为 $1:1$，计算 5 头该昆虫中出现雌虫的概率密度和分布函数。

解：$P(雌) = P(A) = p = 0.5$；$P(雄) = P(\overline{A}) = q = 0.5$。据定义 3.5，$n=5$ 时，雌虫出现的概率为：

$$P(x=r) = (q+p)^n = C_n^r p^r q^{n-r} = C_5^r 0.5^r 0.5^{5-r}$$

概率密度为：

$$P(x=0) = \frac{5!}{0!\,(5-0)!} 0.5^0 0.5^5 = 0.03125$$

$$P(x=1) = \frac{5!}{1!\,(5-1)!} 0.5^1 0.5^4 = 0.15625$$

$$P(x=2) = \frac{5!}{2!\,(5-2)!} 0.5^2 0.5^3 = 0.31250$$

$$P(x=3) = \frac{5!}{3!\,(5-3)!} 0.5^3 0.5^2 = 0.31250$$

$$P(x=4) = \frac{5!}{4!\,(5-4)!} 0.5^4 0.5^1 = 0.15625$$

$$P(x=5) = \frac{5!}{5!\ (5-5)!}0.5^5 0.5^0 = 0.03125$$

概率密度和分布函数可总结如表 3.4：

表 3.4　5 头昆虫中出现雌虫的概率分布函数

x	0	1	2	3	4	5
$p(x)$	0.03125	0.15625	0.31250	0.31250	0.15625	0.03125
$F(x)$	0.03125	0.18750	0.50000	0.81250	0.96875	1.00000

3.2.3　二项分布的数字特征

1. 数学期望

$$E(X)\sum_{k=0}^{n} P_k \cdot k = \sum_{k=1}^{n} C_n^k \cdot p^k \cdot q^{n-k} \cdot k$$

$$= \sum_{k=1}^{n} \frac{n}{k} C_{n-1}^{k-1} \cdot p^k \cdot q^{n-k} \cdot k$$

$$= np \sum_{k=1}^{n} C_{n-1}^{k-1} p^{k-1} q^{n-k}$$

令 $k'=k-1$，则

$$E(X) = np \sum_{k'=0}^{n-1} C_{n-1}^{k'} p^{k'} q^{(n-1)-k'}$$

$$= np(p+q)^{n-1} = np$$

2. 方差

$$P(X=i) = p_i = C_n^i p^i q^{n-i} \qquad (i=0,1,2,\cdots,n)$$

$$E(X) = np$$

$$E(X^2) = \sum_{i=0}^{n} i^2 p_i = \sum_{i=1}^{n} i[(i-1)+1]C_n^i p^i q^{n-i}$$

$$= \sum_{i=2}^{n} i(i-1)\frac{n(n-1)}{i(i-1)} C_{n-2}^{i-2} p^i q^{n-i} + \sum_{i=1}^{n} iC_n^i p^i q^{n-i}$$

是均值，令 $k=i-2$，则

$$E(X^2) = n(n-1)p^2 \sum_{k=0}^{n-2} C_{n-2}^k p^k q^{(n-2)-k} + np$$

$$= n(n-1)p^2 + np$$

故

$$D(X) = E(X^2) - [E(X)]^2$$

$$= n(n-1)p^2 + np - n^2 p^2$$

$$= np - np^2$$

$$= npq$$

3.2.4 二项分布的形态

（1）如 p 不等于 q，分布不对称；如果 p 极小，n 趋向无穷大，二项分布以 Poisson 分布为极限分布。

（2）如 $p=q=0.5$，分布对称，当 n 趋向无穷大，二项分布逼近正态分布（图 3.2）。

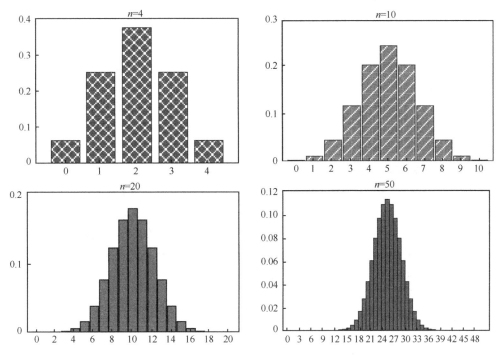

图 3.2 不同 n 值下对称的二项分布

§3.3 Poisson 分布

定义 3.6 在二项分布中，当事件出现概率特别小（$p \to 0$），而实验次数又非常多（$n \to \infty$），使 $np \to \lambda$（常数）时，二项分布就趋近于泊松分布（Poisson distribution），为：

$$P(x) = \frac{\lambda^x}{x!} e^{-\lambda} \quad (x=0,1,2\cdots\cdots)$$

历史上，Poisson 分布是作为二项分布的近似引入的，但是目前它的意义已远远超出了这一点，成为概率论中最重要的几个分布之一。许多随机现象服从 Poisson 分布，如电话交换台接到的呼叫数；汽车站的乘客人数；射线落到某区域中的粒子数；细胞计数中某区域里的细胞数；等等。可以证明，若随机现象具有以下的三个性质，则它服从泊松分布（以电话呼叫为例）：

（1）平稳性：在（$t_0, t_0 + \Delta t$）中来到的呼叫平均数只与时间间隔 Δt 的长短有关，而与起点 t_0 无关。它说明现象的统计规律不随时间变化。

（2）独立增量性（无后效性）：在（$t_0, t_0 + \Delta t$）中来到 k 个呼叫的可能与 t_0 以前的事件独立，即不受它们的影响。它说明在互不相交的时间间隔内过程的进行是相互独立的。

（3）普通性：在充分小的时间间隔内，最多来一个呼叫。即：令 $P_k(\Delta t)$ 为长度 Δt 的时

间间隔中来 k 个呼叫的概率,则:

$$\lim_{\Delta t \to 0} \frac{\sum_{k=2}^{\infty} P_k(\Delta t)}{\Delta t} = 0$$

它表明在同一瞬间来两个或更多的呼叫是不可能的。显然具有这样特性的现象是相当普遍的。这一点从一个侧面说明了 Poisson 分布的重要性。

如果改用细胞计数为例,则上述三条性质可描述如下:

(1) 平稳性:在记数板上某一区域中观察到细胞平均数只与区域的大小有关,与这一区域位于板上的位置无关。这说明细胞出现在板上任何位置的可能性都是相等的。

(2) 独立增量性:在某一区域中观察到 k 个细胞的可能性与区域外细胞的多少无关,不受它们的影响。这说明细胞出现在何处与任何其他细胞无关,细胞间既不会互相吸引,也不会互相排斥。

(3) 普通性:每个细胞都可与其他细胞区分开来,不会有两个或几个细胞重叠在一起,使我们对细胞无法准确计数。

生物学中能够符合上述条件的事例是相当多的,如水中细菌数,三化螟、玉米螟的卵块数,从远处飘来的花粉、孢子数,荒地上某种植物初生幼苗数等。关键是这些细菌、卵块、花粉、种子等互相间既不能有吸引力,也不能有排斥力,这样它们的分布就会服从 Poisson 分布。反之,若细菌呈团块状出现,卵孵化后,或植物长大后由于自疏现象而互相间保持一定距离,则它们的分布就不会是 Poisson 分布了。

Poisson 分布的性质:

(1) 各项概率之和为 1:

$$\sum_{r=0}^{\infty} e^{-m} \frac{m^r}{r!} = e^{-m} \sum_{r=0}^{\infty} \frac{m^r}{r!} = e^{-m} e^m = 1$$

(2) Poisson 分布的特征数:

1) Poisson 分布的数学期望:

$$P_r = \frac{m^r}{r!} e^{-m} \qquad (r = 0, 1, 2 \cdots \cdots)$$

$$E(X) = \sum_{r=0}^{\infty} r \frac{m^r}{r!} e^{-m} = \sum m \frac{m^{r-1}}{(r-1)!} e^{-m}$$

$$= m e^{-m} \sum_{r=1}^{\infty} \frac{m^{r-1}}{(r-1)!} = m e^{-m} e^m = m$$

2) Poisson 分布的方差:

$$P(X=i) P_i = \frac{m^i}{i!} e^{-m} \qquad (i = 0, 1, 2 \cdots \cdots)$$

$$E(X) = m$$

$$E(X^2) = \sum_{i=0}^{\infty} i^2 P_i = \sum_{i=1}^{\infty} i(i-1) \frac{m^i}{i!} e^{-m} + \sum_{i=1}^{\infty} i \frac{m^i}{i!} e^{-m} = m^2 + m$$

$$D(X) = E(X^2) - [E(X)]^2 = m^2 + m - m^2 = m$$

结论:总体方差=总体平均数;样本方差=样本平均数。

【例 3.8】 在玉米田中随机调查 56 穴玉米(以穴为取样单位)中的玉米螟卵块数,表

3.5 是调查结果的实际频数和计算的符合 Poisson 分布的理论频数：

表 3.5 玉米螟卵块数的实际频数和 Poisson 分布理论频数

x（每穴卵块数）	f（实际频数）	fx	f'（理论频数）
0	26	0	23.77
1	19	19	20.37
2	7	14	8.73
3	1	3	2.49
$\geqslant 4$	3	12	0.64

在具体计算时，先从实际调查数据计算平均数 m，

$$m = \frac{\sum fx}{N} = \frac{48}{56} = 0.8571$$

然后，求取各组理论频数。56 穴中，发现有 $0,1,2,3$ 和等于或大于 4 个卵块的遵从 Poisson 分布的理论穴数依次为以下各项之值：

第一项 $f'_{r=0} = N \cdot e^{-m} = 56 \times e^{-0.8571} = 56 \times 0.4244 = 23.77$

第二项及以后各项可用递推法求得。其递推公式为：

$$f'_r = f'_{r-1} \cdot \frac{m}{r}$$

$$f'_{r=1} = N \cdot e^{-m} \cdot m = f_{r=0} \cdot m = 23.77 \times 0.8571 = 20.37$$

$$f'_{r=2} = f'_{r=1} \times \frac{m}{2} = 20.37 \times \frac{0.8571}{2} = 8.73$$

$$f'_{r=3} = f'_{r=2} \times \frac{m}{3} = 8.73 \times \frac{0.8571}{3} = 2.49$$

$$f'_{r\geqslant 4} = N - (f'_{r=0} + f'_{r=1} + f'_{r=2} + f'_{r=3}) = 56 - (23.77 + 20.37 + 8.73 + 2.49) = 0.64$$

§3.4 连续型随机变量

连续型随机变量(continuous random variables)X 可取某个区间 $[c,d]$ 或 $(-\infty,\infty)$ 中的一切值，且存在可积函数 $f(x)$，使

$$F(x) = \int_{-\infty}^{x} f(x)\,dx$$

$f(x)$ 称为 X 的（分布）密度函数，$F(x)$ 称为 X 的分布函数。显然

$$P(a \leqslant X < b) = F(b) - F(a) = \int_a^b f(x)\,dx$$

这样，有了 $f(x)$，就可以计算 X 落入任何一个区间的概率，而

$$0 \leqslant P(X=C) \leqslant \lim_{k\to 0} \int_c^{c+k} f(x)\,dx = 0$$

故

$$P(X=C) = 0$$

即连续型随机变量取任意个别值的概率都是 0。这与离散型随机变量是完全不同的，而且

这还说明,一个事件的概率为 0,并不一定是不可能事件。同样,一个事件概率为 1,也不一定是必然事件。

例如,昆虫的体重可认为服从连续分布,由前述说明,体重取某具体数值如 0.8g 的概率为 0,这意味着昆虫虽然很多,但不可能找到一头昆虫体重精确地等于 0.8g。另一方面,从昆虫种群中随意找一头,它的体重总有一个具体值,如为 0.7g,体重取 0.7g 的概率当然也为 0,但现在却有一头昆虫的体重为 0.7g,说明概率为 0 的事件不一定是不可能事件。同时,由于体重为 0.7g 的概率为 0,因此体重不等于 0.7g 的概率为 1。但由于前述至少有一头体重为 0.7g,这样体重不等于 0.7g 的昆虫中将不包括这头昆虫,也就不可能是全空间,即不是必然事件了。

对连续随机变量的数学期望采用下面的定义:

定义 3.7 设连续型随机变量 X 的分布密度函数为 $f(x)$,当积分 $\int_{-\infty}^{\infty} x f(x) \mathrm{d}x$ 绝对收敛时,我们称它的极限为 X 的数学期望(或均值),记为 $E(X)$。若积分不绝对收敛,则称 X 的数学期望不存在。

§3.5　正态分布

正态分布(normal distribution)的密度函数为:

$$f(x) = \frac{1}{\sqrt{2\pi}\,\sigma} \mathrm{e}^{-\frac{(x-\mu)^2}{2\sigma^2}} \qquad (-\infty < x < +\infty)$$

其中,$\sigma > 0$,μ 与 σ 均为常数。其分布函数为:

$$F(x) = \frac{1}{\sqrt{2\pi}\,\sigma} \int_{-\infty}^{x} \mathrm{e}^{-\frac{(y-\mu)^2}{2\sigma^2}} \mathrm{d}y \qquad (-\infty < x < +\infty)$$

正态分布通常记为 $N(\mu, \sigma^2)$。若 $\mu = 0$,$\sigma^2 = 1$,则称为标准正态分布,记为 $N(0,1)$。它的密度函数和分布函数分别用 $\varphi(x)$ 和 $\Phi(x)$ 表示:

$$\varphi(x) = \frac{1}{\sqrt{2\pi}} \mathrm{e}^{-\frac{1}{2}x^2} \qquad (-\infty < x < +\infty)$$

$$\Phi(x) = \frac{1}{\sqrt{2\pi}} \int_{-\infty}^{x} \mathrm{e}^{-\frac{1}{2}y^2} \mathrm{d}y \qquad (-\infty < x < +\infty)$$

正态分布也可以作为二项分布的极限。当 $n \to \infty$ 时,若 q,p 均不趋于 0,此时的二项分布以 $N(np, npq)$ 为极限(注意,若 p 或 q 趋于 0,则二项分布以 Poisson 分布为极限)。正态分布是概率论中最重要的分布。一方面,这是一种最常见的分布,如测量的误差、炮弹的落点、人的身高和体重、同样处理的实验数据等,都近似服从正态分布。一般来说,若影响某一数量指标的随机因素很多,而每个因素的影响又都不太大,则这个指标就服从正态分布。这一点我们还要在后边的定理中讲到。另一方面,正态分布在理论研究中也非常重要,后边的许多统计方法都是建立在随机变量服从正态分布的基础上的,所以对正态分布的特性一定要非常熟悉。

图 3.3 为正态分布密度函数曲线。从图中可见,$f(x)$ 在 $x = \mu = 0$ 处达到最大值,整个图形关于直线 $x = \mu$ 对称。σ 越大则曲线越平,σ 越小,曲线越尖。

在实际应用中,我们更常使用的是标准正态分布曲线。它的密度函数曲线和分布函数曲线见图3.4。

从图3.4中可看出标准正态分布密度函数 $\varphi(x)$ 的曲线有以下特征:

（1）$x=0$ 时,$\varphi(x)$ 达到最大值。

（2）x 取值离原点越远,$\varphi(x)$ 值越小。

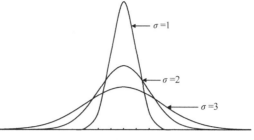

图 3.3　正态分布密度函数曲线

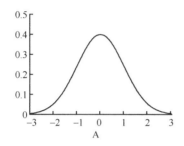
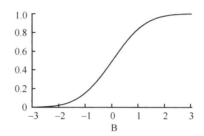

图3.4　标准正态分布密度函数曲线(A)和分布函数曲线(B)

（3）关于 y 轴对称,即 $\varphi(x)=\varphi(-x)$。

（4）在 $x=\pm1$ 有两个拐点。

（5）曲线与 x 轴间所夹面积为1。

标准正态分布函数 $\Phi(x)$ 的曲线是密度函数积分后的图形,它在 x_0 点的取值为 x_0 点左方密度函数曲线与 x 轴所夹的面积。分布函数曲线有以下特征:

（1）关于点 $(0,0.5)$ 对称,该点也是它的拐点。

（2）曲线以 $y=0$ 和 $y=1$ 为渐近线。

（3）$\Phi(1.96)-\Phi(-1.96)=0.95$。

（4）$\Phi(2.58)-\Phi(-2.58)=0.99$。

后两个数值在统计推断中有重要应用,应熟记(图3.5)。

上述特征特别是密度函数 $\varphi(x)$ 的特征在计算函数值时常有应用,应结合图形直观印象加以熟记。

由于正态分布的重要性,它的密度函数及分布函数的数值都已被编成表格备查(附录表C1)。这些表格用法与一般数学常用表用法相同,不再赘述。需要注意的是多数表中只给出 $x\geqslant0$ 的 $\varphi(x)$ 和 $\Phi(x)$ 值,这是因为依它们的对称性,有:

$$\varphi(-x)=\varphi(x),\Phi(-x)=1-\Phi(x)$$

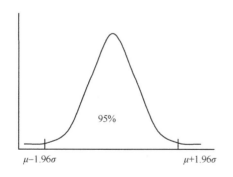
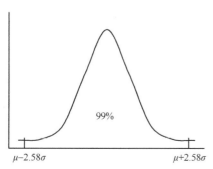

图 3.5　正态曲线下的特殊面积

因此可容易地算出 x 任意取值时 $\varphi(x)$ 和 $\Phi(x)$ 的值。

由于上述表格均只限于标准正态分布表,对于服从一般正态分布的随机变量 X,需先把它标准化,然后再查表。标准化方法如下:

设 $X \sim N(\mu, \sigma^2)$,令 $U = \dfrac{X - \mu}{\sigma}$,则 $U \sim N(0, 1)$,即:

$$P(X < x_0) = P\left(U < \frac{x_0 - \mu}{\sigma}\right) = \Phi\left(\frac{x_0 - \mu}{\sigma}\right)$$

这样,只要先计算 $\dfrac{x_0 - \mu}{\sigma}$ 的值,就可以从标准正态分布表中查出所需要的数值了。

在查表过程中,下述一些关系式也是十分有用的。它们大多基于 $\varphi(x)$ 的对称性,要在理解的基础上记忆它们,只有真正理解了才能牢固记忆且灵活应用。这些关系式包括:

令 $X \sim N(0, 1)$,则:

$$P(0 < X < x_0) = \Phi(x_0) - \frac{1}{2}$$
$$P(X > x_0) = \Phi(-x_0)$$
$$P(|X| > x_0) = 2\Phi(-x_0)$$
$$P(|X| < x_0) = 1 - 2\Phi(-x_0)$$
$$P(x_1 < X < x_2) = \Phi(x_2) - \Phi(x_1)$$

【例 3.9】 已知水稻穗长服从 $N(9.978, 1.441^2)$,求下列概率:①穗长 $<6.536\text{cm}$;②穗长 $>12.128\text{cm}$;③穗长在 8.573cm 与 9.978cm 之间。

解:

$$P(X < 6.536) = \Phi\left(\frac{6.536 - 9.978}{1.441}\right) = \Phi(-2.39) = 0.00842$$

$$P(X > 12.128) = \Phi\left(-\frac{12.128 - 9.978}{1.441}\right) = \Phi(-1.49) = 0.06811$$

$$P(8.537 < X < 9.978) = \Phi\left(\frac{9.978 - 9.978}{1.441}\right) - \Phi\left(\frac{8.537 - 9.978}{1.441}\right)$$
$$= \Phi(0) - \Phi(-1) = 0.50000 - 0.15866 = 0.34134$$

所以,穗长 $<6.536\text{cm}$、$>12.128\text{cm}$,以及在 8.573cm 与 9.978cm 之间概率分别为 0.00842、0.06811 和 0.34134。

正态分布的数学期望:

$$f(x) = \frac{1}{\sqrt{2\pi}\,\sigma} e^{-\frac{1}{2\sigma^2}(x-\mu)^2}$$

$$E(X) = \int_{-\infty}^{\infty} x f(x) \mathrm{d}x = \int_{-\infty}^{\infty} \frac{x}{\sqrt{2\pi}\,\sigma} e^{-\frac{1}{2\sigma^2}(x-\mu)^2} \mathrm{d}x$$

令 $t = \dfrac{x - \mu}{\sigma}$,则 $x = \sigma t + \mu$,

$$E(X) = \int_{-\infty}^{\infty} \frac{\sigma \cdot t + \mu}{\sqrt{2\pi}\,\sigma} e^{-\frac{1}{2}t^2} \mathrm{d}(\sigma \cdot t + \mu)$$

$$= \frac{\sigma}{\sqrt{2\pi}} \int_{-\infty}^{\infty} t \cdot e^{-\frac{1}{2}t^2} \mathrm{d}t + \frac{\mu}{\sqrt{2\pi}} \int_{-\infty}^{\infty} e^{-\frac{1}{2}t^2} \mathrm{d}t$$

前一项被积函数为奇函数,所以积分值为 0;后一项是标准正态分布的密度函数,积分值为 1。因此有:

$$E(X) = \mu$$

$$E(X-\mu)^2 = \int_{-\infty}^{\infty} (X-\mu)^2 \frac{1}{\sqrt{2\pi}\sigma} e^{-\frac{(x-\mu)^2}{2\sigma^2}} dx \quad (\diamondsuit\, z = \frac{x-\mu}{\sigma})$$

$$= \int_{-\infty}^{\infty} z^2 \frac{\sigma^2}{\sqrt{2\pi}} e^{-\frac{1}{2}z^2} dz$$

$$= \frac{\sigma^2}{\sqrt{2\pi}} \int_{-\infty}^{\infty} -z\, d(e^{-\frac{1}{2}z^2})$$

$$= \frac{\sigma^2}{\sqrt{2\pi}} \left[(-z e^{-\frac{1}{2}z^2}) \Big|_{-\infty}^{\infty} + \int_{-\infty}^{\infty} e^{-\frac{1}{2}z^2} dz \right]$$

$$= \frac{\sigma^2}{\sqrt{2\pi}} \sqrt{2\pi}$$

$$= \sigma^2$$

其他一些数学特征

1. 中位数

定义:中位数是同时满足 $P(X \geqslant x) \geqslant \frac{1}{2}$,$P(X \leqslant x) \geqslant \frac{1}{2}$ 的 x 值。

注意:在离散型的情况下,中位数可能不唯一。

如:X:　　1　　5　　7

　　P:　　0.1　0.4　0.5

中位数为 $[5,7]$ 中任意数。

2. 众数

定义:若 X 为离散型,则使 $P(X=x_i) = p_i$ 达到最大值的 x_i 称为众数;若 X 为连续型,则使其密度函数 $f(x)$ 达到最大值的 x 称为众数。

在上面的例子中,众数为 7。显然众数也可能不唯一。

3. 变异系数

由于方差、标准差的大小均与所取的单位有关,不能客观反映随机变量本身的特征,我们引入变异系数的概念:

定义:令 $CV = \dfrac{\sigma}{\mu}$,称为随机变量 X 的变异系数。

这是一个没有单位的数,使用它可以更好地直观比较各随机变量的离散程度,但一般不用于统计检验。

4. 偏态系数(偏度)

定义:三阶中心矩除以标准差的立方称为随机变量的偏态系数,记作 C_s。即:

$$C_s = \frac{C_3}{\sigma^3}$$

5. 峰态系数(峭度)

定义:四阶中心矩除以标准差的 4 次方再减 3,称为峰态系数,记作 C_e。即:

$$C_e = \frac{C_4}{\sigma^4} - 3$$

$C_e > 0$,密度函数图形尖;$C_e < 0$,密度函数图形平。

正态分布的偏度和峭度均为 0,这一性质常用于检验一个观测到的分布是否服从正态分布。

§3.6　大数法则与中心极限定理

如果一列随机变量 $X_1, X_2, \cdots, X_n$ 互相独立,且有相同的边际分布函数,则称它们为独立同分布的随机变量。连续掷币,有放回摸球等许多实验都可产生独立同分布随机变量列。

定义3.8　若对任何的 $x_1, x_2, \cdots, x_n$,有:$F(x_1, x_2, \cdots, x_n) = F_1(x_1) \cdot F_2(x_2) \cdot \cdots \cdot F_n(x_n)$,称随机变量列是相互独立的。其中,$F_1, F_2, \cdots, F_n$ 分别为 $X_1, X_2, \cdots, X_n$ 的边际分布函数,而 F 为其联合分布函数。即:

对离散型:$P(X_1 = x_1, X_2 = x_2, \cdots, X_n = x_n) = P(X_1 = x_1) \cdot P(X_2 = x_2) \cdot \cdots \cdot P(X_n = x_n)$;对连续型:$f(x_1, x_2, \cdots, x_n) = f_1(x_1) \cdot f_2(x_2) \cdot \cdots \cdot f_n(x_n)$。

若各 X_i 还有共同的分布函数,则称它们为独立同分布的随机变量。

大数法则(law of large numbers):$X_1, X_2, \cdots, X_n$ 是独立同分布的随机变量,且数学期望存在。设 $E(X_i) = a$,则对任意 $\varepsilon > 0$,有:

$$\lim_{n \to \infty} P\left(\left| \frac{S_n}{n} - a \right| \geqslant \varepsilon \right) = 0$$

其中,$S_n = \sum_{i=1}^{n} X_i$。

中心极限定理(the central limit theorem):设 $X_1, X_2, \cdots, X_n$ 是独立同分布的随机变量,且 $E(X_i)$、$D(X_i)$ 存在,则对一切实数 $a < b$,有:

$$\lim_{n \to \infty} P\left(a < \frac{S_n - nE(X_i)}{\sqrt{nD(X_i)}} < b \right) = \int_a^b \frac{1}{\sqrt{2\pi}} e^{-\frac{1}{2}u^2} \, du$$

其中,$S_n = X_1 + X_2 + \cdots + X_n$。

这两个定理是许多数理统计方法的基础,它们的证明超出了本书的范围。大数法则实际是说,只要实验次数足够大,样本均值就会趋近于总体的期望;而中心极限定理则证明许多小的随机因素的叠加会使总和的分布趋近于正态分布。正因为如此,统计中才能把绝大多数样本看成是取自正态总体。

另外,中心极限定理还说明不管原来的总体分布是什么,只要 n 足够大,即可把样本均值 $\bar{x}$ 视为服从正态分布。

习　　题

1. 已知某溶液每毫升所含细菌数服从参数为 8 的 Poisson 分布,现任取 1 mL 检验,问:

①恰有 5 个细菌的概率;②含有细菌数大于 5 的概率。

2. 设昆虫产 r 个卵的概率为 $P_r = \dfrac{m^r}{r!} \mathrm{e}^{-m}$，又设一个虫卵能孵化为幼虫的概率是 P_1，若卵的孵化是独立的,问此昆虫下一代有 L 头幼虫的概率。

3. 已知 $X \sim N(5,16)$，求 $P(X \leqslant 10)$，$P(X \leqslant 0)$，$P(0 \leqslant X \leqslant 15)$，$P(X \geqslant 5)$，$P(X > 15)$ 的值。

4. 已知 $X \sim N(0,25)$，求 x_0，使得:①$P(X \leqslant x_0) = 0.025$;②$P(X \leqslant x_0) = 0.01$;③$P(X < x_0) = 0.95$;④$P(X > x_0) = 0.90$。

5. 设一苗圃的垂叶榕($Ficus\ benjamina$) 苗株高服从 $N(63.33, 2.88^2)$，计算下列概率:①株高小于 60cm;②株高大于 69cm;③株高在 $62 \sim 64$ cm 之间;④株高落在 $\mu \pm 1.96\sigma$ 之间。

6. 某害虫的寄生天敌调查资料如表 3.6(每 10 头害虫为一取样单位,共调查 100 个单位,发现 264 头害虫被寄生)。求:① 符合二项分布的理论频数;② 符合 Poisson 分布的理论频数。

表 3.6 某害虫被天敌寄生情况

每取样单位内害虫被寄生数(x)	单位数(f)
0	4
1	21
2	22
3	28
4	14
5	8
6	2
$\geqslant 7$	1

第四章 抽样分布

从已知的总体中以一定的样本容量进行随机抽样,由样本的统计数所对应的概率分布称为抽样分布。抽样分布是统计推断的理论基础。如果从容量为 N 的有限总体抽样,若每次抽取容量为 n 的样本,那么一共可以得到 N 取 n 的组合个样本(所有可能的样本个数)。抽样所得到的每一个样本可以计算一个平均数,全部可能的样本都被抽取后可以得到许多平均数。如果将抽样所得到的所有可能的样本平均数集合起来便构成一个新的总体,平均数就成为这个新总体的变量。由平均数构成的新总体的分布,称为平均数的抽样分布。随机样本的任何一种统计数都可以是一个变量,这种变量的分布称为统计数的抽样分布。

下面我们就介绍一些常用统计量的理论分布。如无特别说明,假设所有样本均来自正态总体。

§4.1 定义

4.1.1 抽样的目的

为了收集必要的资料,对所研究的对象(总体)的全部元素逐一进行观测,往往不很现实。一种情形是研究的总体元素非常多,搜集数据费时、费用大、不及时而使所得的数据无意义(如在质量检验中,全部检查使废品数量又增加了许多)。另一种情形是检查具有破坏性,如在对昆虫卵块、炮弹、灯管、砖等检查时会对检查对象造成一定程度的破坏。因此必须进行抽样。

4.1.2 简单随机抽样

不同的抽样方式,样本与总体的关系不一样,构成不同的抽样技术,本书全部都是指简单随机抽样(simple random sample)。

首先介绍一下有关样本随机性的知识。把总体看成随机变量 X,对其进行 n 次观测,得到一个容量为 n 的样本:$x_1^{(1)}, x_2^{(1)}, \cdots, x_n^{(1)}$。如另作 n 次观测,则会得到由不同的观测结果 $x_1^{(2)}, x_2^{(2)}, \cdots, x_n^{(2)}$ 所组成第二个样本。如继续下去,会得到很多不同的样本,从容量为 N 的总体中抽取容量为 n 的样本,则有 C_N^n 个。

尽管我们实际中只抽取一个样本,但是在观测之前,样本的出现具有随机性。因此,样本的每一个观测值,如第一个观测值,在观测之前就是一个随机变量,记作 x,观测得到它的取值记作 x_1,第二个、第三个观测值依次类推。所以一个容量为 n 的样本,在观测之前,就是一个 n 维向量,即 $(x_1, x_2, \cdots, x_n)$。

简单随机抽样是指这 n 个随机变量组成样本时,要具备以下两个条件:① 这 n 个随机变量与总体 X 具有相同的概率分布;② 它们之间相互独立。

定义 4.1 **简单随机样本**:从有限总体中采用有放回地抽样;从无限总体中或总体的个

体数目较大时,采用无放回地抽样,这种抽样称为简单随机抽样,抽得的样本称为简单随机样本。简单随机抽样是一组相互独立且与总体同分布的随机变量,记作 $x_1,x_2,\cdots,x_n$。

若 $x_1,x_2,\cdots,x_n$ 为一简单随机样本,其总体分布为 $N(\mu,\sigma^2)$,统计量 u 为:

$$u=a_1x_1+a_2x_2+\cdots+a_nx_n$$

其中,$a_1,a_2,\cdots,a_n$ 为常数,则 u 也为正态随机变量,且

$$\left.\begin{array}{l} E(u)=\mu\sum_{i=1}^{n}a_i \\[3mm] D(u)=\sigma^2\sum_{i=1}^{n}a_i^2 \end{array}\right\} \tag{4.1}$$

显然,若取 $a_i=\dfrac{1}{n}(i=1,2,\cdots,n)$,则 $u=\overline{X}$ 为样本均值。此时,$E(\overline{X})=\mu,D(\overline{X})=\dfrac{1}{n}\sigma^2$。

4.1.3　样本统计量与抽样分布

前面采取的简单随机抽样,样本具有随机性,样本的随机数 $\overline{X}$、S^2 等也会随着样本的不同而不同,故它们是样本的函数,记为 $g(x_1,x_2,\cdots,x_n)$,称为样本统计量。

统计量的概率分布称为抽样分布(sample distribution)。

§4.2　样本平均数的抽样分布

样本平均数的抽样分布(sampling distribution of sample mean)是数理统计学中最重要的抽样分布。样本平均数抽样分布的步骤为:① 从总体含量为 N 的总体中抽取含量为 n 的随机样本;② 计算每个样本的平均数 $\overline{X}$;③ 列出所有 $\overline{X}$ 所对应的频数。

【例4.1】　一均匀骰子有 6 面,即总体含量 $N=6$,样本空间为 $\{1,2,3,4,5,6\}$,这个总体具有以下参数:

$$\mu=\frac{\sum x}{N}=\frac{21}{6}=3.5,\quad \sigma^2=\frac{\sum(x-\mu)^2}{N}=\frac{17.5}{6}$$

总体的分布为均匀分布(图4.1)。

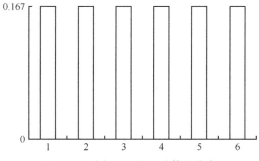

图4.1　均匀 6 面骰子总体的分布

为研究样本平均数的抽样分布,现投上述骰子 2 次,计算每 2 次投掷出现的点数的平均数,结果见表4.1。

表 4.1　投掷一均匀 6 面骰子的可能样本($n=2$)及其平均数(括号内)

第一次投掷	第二次投掷					
	●	●●	●●●	●●●●	●●●●●	●●●●●●
●	1,1(1.0)	1,2(1.5)	1,3(2.0)	1,4(2.5)	1,5(3.0)	1,6(3.5)
●●	2,1(1.5)	2,2(2.0)	2,3(2.5)	2,4(3.0)	2,5(3.5)	2,6(4.0)
●●●	3,1(2.0)	3,2(2.5)	3,3(3.0)	3,4(3.5)	3,5(4.0)	3,6(4.5)
●●●●	4,1(2.5)	4,2(3.0)	4,3(3.5)	4,4(4.0)	4,5(4.5)	4,6(5.0)
●●●●●	5,1(3.0)	5,2(3.5)	5,3(4.0)	5,4(4.5)	5,5(5.0)	5,6(5.5)
●●●●●●	6,1(3.5)	6,2(4.0)	6,3(4.5)	6,4(5.0)	6,5(5.5)	6,6(6.0)

从表 4.1 可知,投掷一均匀 6 面骰子的可能样本($n=2$)有 $6^2=36$ 个,样本平均数最小为 1,最大为 6,其中样本平均为 3.5 的频数最大,样本平均数的分布可列成一频数分布表(表 4.2,图 4.2)。

表 4.2　投掷骰子 2 次获得的样本平均数的抽样分布

样本平均数($\bar{x}$)	频数(f_i)	相对频率
1.0	1	0.028
1.5	2	0.056
2.0	3	0.083
2.5	4	0.111
3.0	5	0.139
3.5	6	0.166
4.0	5	0.139
4.5	4	0.083
5.0	3	0.056
5.5	2	0.056
6.0	1	0.028
合计	36	1.000

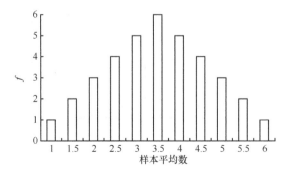

图 4.2　投掷骰子 2 次获得的样本平均数的抽样分布

从表 4.2 可计算平均数分布的特征数：

$$\mu_{\bar{x}} = \frac{\sum f\bar{x}}{\sum f} = \frac{1 \times 1.0 + 2 \times 1.5 + \cdots + 1 \times 6.0}{36} = \frac{126}{36} = 3.5$$

比较 6 面骰子的总体平均数有：$\mu_{\bar{x}} = \mu$。

$$\sigma_{\bar{x}}^2 = \frac{\sum f(\bar{x} - \mu_{\bar{x}})^2}{\sum f} = \frac{1 \times (1.0 - 3.5)^2 + \cdots + 1 \times (6.0 - 3.5)^2}{36} = \frac{52.5}{36} = \frac{17.5}{12}$$

比较 6 面骰子的总体方差有：$\sigma_{\bar{x}}^2 = \frac{\sigma^2}{n}$，即 $\sigma_{\bar{x}} = \frac{\sigma}{\sqrt{n}}$。

上述结论可从理论上证明，设总体 $X \sim N(\mu, \sigma^2)$，$x_1, x_2, \cdots, x_n$ 是总体 X 的随机样本，样本平均数 $\bar{x} = \sum x / n$，则容易推出 $\bar{x}$ 的抽样分布的均值和方差为

$$E(\bar{x}) = \mu \sum \frac{1}{n} = \mu, \quad D(\bar{x}) = \sigma^2 \sum \frac{1}{n^2} = \frac{\sigma^2}{n}$$

证明：

$$E(\bar{x}) = E\frac{x_1 + x_2 + \cdots + x_n}{n} = \frac{1}{n}E(x_1 + x_2 + \cdots + x_n)$$

$$= \frac{1}{n}[E(x_1) + E(x_2) + \cdots + E(x_n)] = \frac{1}{n}n\mu = \mu$$

$$D(\bar{x}) = D\left(\frac{x_1 + x_2 + \cdots + x_n}{n}\right) = \frac{1}{n^2}D(x_1 + x_2 + \cdots + x_n)$$

$$= \frac{1}{n^2}n\sigma^2 = \frac{\sigma^2}{n}$$

当 X 不服从正态分布时，根据中心极限定理，$\bar{X}$ 随 n 的增加而近似正态分布，即对于足够大的 n，有 $P\left(\frac{\bar{X} - \mu}{\sigma / \sqrt{n}} \leqslant u\right) = \frac{1}{\sqrt{2\pi}}\int_{-\infty}^{u} e^{-\frac{x^2}{2}} dx$。

上述关于均值和方差的公式以及中心极限定理都是对无限总体而言的。

定理 4.1

Ⅰ：从正态总体 $X \sim N(\mu, \sigma^2)$ 抽样：①$\bar{X}$ 的分布亦为正态；②$\mu_{\bar{x}} = \mu$；③$\sigma_{\bar{x}}^2 = \frac{\sigma^2}{n}$。

Ⅱ：从非正态总体抽样：① 随样本含量 n 的增大，$\bar{X}$ 的分布逐渐趋向正态，一般而言，当 $n \geqslant 30$ 时，$\bar{X}$ 的分布已很接近正态（中心极限定理）；②$\mu_{\bar{x}} = \mu$；③$\sigma_{\bar{x}}^2 = \frac{\sigma^2}{n}$。

【例 4.2】 设某瓶装农药的体积符合正态分布，平均数为 32.2 ml，标准差为 0.3 ml。求某消费者买到一瓶超过 32 ml 农药的概率。

解：设随机变量 x 为一瓶农药的体积，

$$P(x > 32) = P\left(\frac{x - \mu}{\sigma} > \frac{32 - 32.2}{0.3}\right) = P(z > -0.67) = 0.7486$$

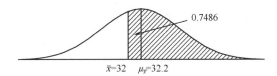

图 4.3　农药体积平均数的抽样分布

如果问题变为:求一箱农药(4 瓶)中平均每瓶超过 32ml 的概率。

解:定义随机变量为每瓶农药体积。

$$P(\bar{x} > 32) = P\left[\frac{\bar{x} - \mu_{\bar{x}}}{\sigma_{\bar{x}}} > \frac{32 - 32.2}{0.3/\sqrt{4}}\right] = P(z > -1.33) = 0.9082$$

不同 n 值农药体积平均数的抽样分布如图 4.4 所示。

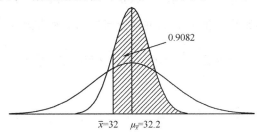

图 4.4　n 取值不同时农药体积平均数的抽样分布

§4.3　总体平均数的置信区间

假定 θ 是总体 X 的未知参数,用来自总体 X 的样本 $(x_1, x_2, \cdots, x_n)$ 构造一个适当的统计量 $\hat{\theta} = g(x_1, x_2, \cdots, x_n)$ 去估计未知参数,就称为未知参数 θ 的点估计方法,$\hat{\theta}$ 为点估计值。

点估计有明显的局限性。点估计虽然在估计总体实况上有一定的意义,但它是不完整的、不稳定的,因为点估计忽略了取样误差和取样单位数 n 对它的影响。如以点估计值简单地等同于总体真值或把几个点估计值简单地相互比较,都是错误的。

既然总体参量的点估计值有偏差,就有必要对这种偏差的范围作出估计,即区间估计。在一定置信度下的置信区间(confidence interval)是指总体参量以多大的把握落入(位于)某个以下限和上限构成的数量范围之中。

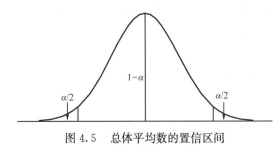

图 4.5　总体平均数的置信区间

设总体分布有一未知参量 θ,若由样本确定的两个统计量 $\theta_1(x_1, x_2, \cdots, x_n)$ 及 $\theta_2(x_1, x_2, \cdots, x_n)$,对于给定的 α 满足 $P(\theta_1 < \theta < \theta_2) = 1 - \alpha$,那么称区间 (θ_1, θ_2) 是 θ 的 $100(1 - \alpha)\%$ 置信区间,θ_1、θ_2 称为 θ 的 $100(1 - \alpha)\%$ 置信下限和上限,百分比 $100(1 - \alpha)\%$ 称为置信度、置信概率或置信系数(confidence coefficient)(图 4.5)。

α 通常取 2 个值,$\alpha = 0.05$ 和 $\alpha = 0.01$。α 称估计不确定概率,在统计检验中又称显著水准(平),属小概率事件。

4.3.1　总体方差已知

由于 α 通常取 2 个值 $\alpha=0.05$、$\alpha=0.01$，从 §3.5 可知：

$$P\left(-1.96\leqslant\frac{\overline{x}-\mu}{\sigma/\sqrt{n}}\leqslant 1.96\right)=0.95$$

$$P\left(-2.58\leqslant\frac{\overline{x}-\mu}{\sigma/\sqrt{n}}\leqslant 2.58\right)=0.99$$

即

$$P\left(\overline{x}-1.96\frac{\sigma}{\sqrt{n}}\leqslant\mu\leqslant\overline{x}+1.96\frac{\sigma}{\sqrt{n}}\right)=0.95,95\%\ \text{置信区间为}:\overline{x}\pm 1.96\frac{\sigma}{\sqrt{n}};$$

$$P\left(\overline{x}-2.58\frac{\sigma}{\sqrt{n}}\leqslant\mu\leqslant\overline{x}+2.58\frac{\sigma}{\sqrt{n}}\right)=0.99,99\%\ \text{置信区间为}:\overline{x}\pm 2.58\frac{\sigma}{\sqrt{n}}。$$

【例 4.3】　广东省阳山县某河滩有一片枫杨林，从中抽取 10 棵测定其高度（单位：cm），数据如下：1050、1100、1080、1120、1200、1250、1040、1130、1300、1200。若枫杨高度服从正态分布 $N(\mu,8)$，试求枫杨平均高度的 95% 置信区间。

解：

$$\overline{x}=\frac{\sum x}{n}=\frac{11470}{10}=1147(\text{cm})$$

95% 的置信区间为 $\overline{x}\pm 1.96\sigma_{\overline{x}}$，即：

$$1147-1.96\times\sqrt{\frac{8}{10}}<\mu<1147+1.96\times\sqrt{\frac{8}{10}}$$

$$1145.25(\text{cm})<\mu<1148.75(\text{cm})$$

4.3.2　总体方差未知

在总体方差未知的情况下，如果以样本方差 S^2 代替总体方差 σ^2，即统计量 $\frac{\overline{x}-\mu}{\sigma/\sqrt{n}}$ 变为 $\frac{\overline{x}-\mu}{S/\sqrt{n}}$，后者成为统计量 t。统计量 t 的分布是 William Sealy Gosset(1908) 提出的。当时，Gosset 在爱尔兰为一家名为 Guinness 的酒厂工作，他发现当时人们的数学知识似乎不能解决诸如样本的标准离差等问题，Gosset 从弄乱的卡片中抽样、计算并累积经验的频数分布，所得结果发表于 *Biometrika*(1908)，署名"Student"。今天"Student t"成为数理统计学的基本工具；"Student 分布化"(Studentize) 在数理统计学中是个常见的形容词。

尽管原总体 X 为正态，$\overline{X}$ 总体亦为正态，从而 u 分布为正态，但 t 分布却不一定为正态，因为 t 值公式中有 2 个统计量 $\overline{x}$ 和 S 在变动。

t 分布的形状与计算标准差 S 时的自由度 $df=n-1$ 有关。当 $n>30$ 特别是 $n>50$ 时，t 分布逼近正态分布；当 df 趋向无穷大时，t 分布与正态分布无异（图 4.6）。

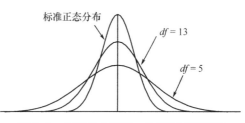

图 4.6　不同自由度的 t 分布与标准正态分布的比较

关于 t 值表(附录表 C2)：

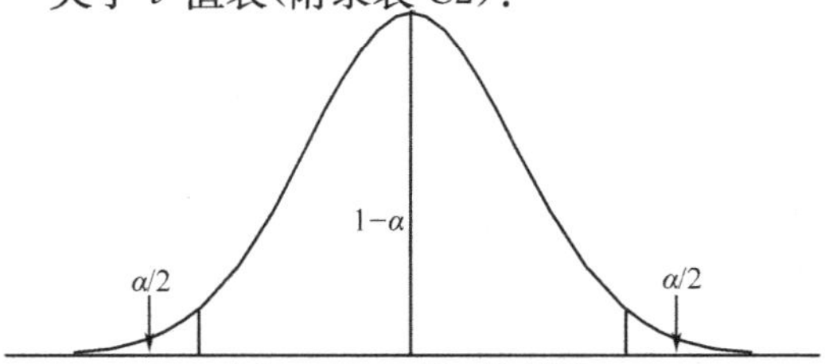

图 4.7　双尾 t 临界值

(1) 双尾表：概率 α 为双尾面积之和(图 4.7)。

即：$P(t \geqslant t_a) = \int_{t_a}^{\infty} f(t)\mathrm{d}t = \alpha/2$，

$P(t \leqslant -t_a) = \int_{-\infty}^{-t_a} f(t)\mathrm{d}t = \alpha/2$。

例如：$df = 15$，双尾 $\alpha = 0.05$，查 t 值表得 $t_{0.05} = 2.131$，即 $P(t \geqslant 2.131) = P(t \leqslant -2.131) = 0.025$。

(2) 单尾表：单尾表的 α 是指在曲线右侧尾部下面积为 α 时相应的 t 值，如果 df 和 α 给定，则有：$P(t \geqslant t_a) = \int_{t_a}^{\infty} f(t)\mathrm{d}t = \alpha$。

例如：$df = 13$，单尾 $\alpha = 0.05$，查 t 值表得 $t_{0.05} = 1.771$，即 $P(t \geqslant 1.771) = 0.05$。

t 分布的应用：① t 分布用于小样本($n < 30$)的情况下，推断观察到的样本均值是否取自均值为 μ 的总体，前提是原总体为正态分布。② 原总体非正态，但样本含量足够大($n > 30$)，用正态近似的方法推断观察到的样本平均数是否来自平均值为 μ 的总体。③ 特别指出：统计量 t 是用来研究样本的平均值而不是样本所含的各个值本身；如果总体非正态，且 $n < 30$，不能用 t 分布解决上述问题，而须用其他方法。

关于小样本问题和大样本问题：设总体 X 的分布函数表达式已知，对于任一自然数 n，如能求出给定统计量 $T(x_1, x_2, \cdots, x_n)$ 的分布函数，这分布称为统计量 T 的精确分布，求出统计量 T 的精确分布，对于统计学中的所谓小样本问题的研究是非常重要的。但要在原总体 X 服从正态分布时，才能确定统计量的精确分布，如统计量 t、F 等。

(1) 小样本问题：在样本含量 n 比较小($n < 30$)的情况下所讨论的各种统计问题。

(2) 大样本问题：当 X 不为正态时，统计量的精确分布就难以求出，这样就要加大样本含量($n > 30$)，用统计量当 $n \to \infty$ 时的极限分布(中心极限定理)来讨论各种统计问题，这就是所谓的大样本问题。

下面讨论总体方差未知时总体平均数的置信区间。从图 4.7 可知：

$$P(-t_a \leqslant t \leqslant t_a) = 1 - \alpha$$

即

$$P\left(-t_a \leqslant \frac{\bar{x} - \mu}{S_{\bar{x}}} \leqslant t_a\right) = 1 - \alpha$$

整理得：

$$P(\bar{x} - t_a S_{\bar{x}} \leqslant \mu \leqslant \bar{x} + t_a S_{\bar{x}}) = 1 - \alpha$$

即置信区间为 $[\bar{x} - t_a S_{\bar{x}}, \bar{x} + t_a S_{\bar{x}}]$。

大样本方法：即使原总体非正态，当样本含量 n 充分大时，统计量 $\bar{X}$ 的分布趋向正态，可用正态近似的方法。

【例 4.4】　已知 106 头越冬三化螟幼虫体重资料，样本平均数 $\bar{X} = 41.58$ mg，标准差 $S = 13.94$ mg，求总体平均数 μ 的 95% 和 99% 置信区间。

解：$n > 30$，属大样本，可直接按正态近似法计算置信区间。

总体平均体重 μ 的 95% 置信区间为

$$\bar{x} - 1.96 \times S_{\bar{x}} \leqslant \mu \leqslant \bar{x} + 1.96 \times S_{\bar{x}}$$

$$41.58 - 1.96 \times \frac{13.94}{\sqrt{106}} \leqslant \mu \leqslant 41.58 + 1.96 \times \frac{13.94}{\sqrt{106}}$$

$$38.93(\mathrm{mg}) \leqslant \mu \leqslant 44.22(\mathrm{mg})$$

总体平均体重 μ 的 99% 置信区间为

$$\bar{x} - 2.58 \times S_{\bar{x}} \leqslant \mu \leqslant \bar{x} + 2.58 \times S_{\bar{x}}$$

$$38.09(\mathrm{mg}) \leqslant \mu \leqslant 45.07(\mathrm{mg})$$

小样本方法：$n < 30$ 时，严格地说，要求原总体为正态，但在实际应用中，原总体为正态的情况几乎不存在，所以只要是近似正态或分布图大致为对称钟状，均可用小样本方法，t_α 按自由度 $df = n - 1$ 查 t 值表。

【例4.5】 已知20头越冬三化螟幼虫体重资料，样本平均数 $\bar{x} = 41.02$ mg，标准差 $S = 13.74$ mg。求总体平均体重 μ 的 95% 和 99% 置信区间。

解：$n < 30$，属小样本，原总体为正态，求置信区间时，不能用正态近似法，而应按自由度查 t 值表求得相应的 t 值。

$$S_{\bar{x}} = \frac{S}{\sqrt{n}} = \frac{13.74}{\sqrt{20}} = 3.072$$

总体平均数 μ 的 95% 置信区间为

$$\bar{x} - t_{0.05} \times S_{\bar{x}} \leqslant \mu \leqslant \bar{x} + t_{0.05} \times S_{\bar{x}}$$

$$41.02 - 2.093 \times 3.072 \leqslant \mu \leqslant 41.02 + 2.093 \times 3.072$$

$$34.59(\mathrm{mg}) \leqslant \mu \leqslant 47.45(\mathrm{mg})$$

总体平均数 μ 的 99% 置信区间为

$$\bar{x} - t_{0.01} \times S_{\bar{x}} \leqslant \mu \leqslant \bar{x} + t_{0.01} \times S_{\bar{x}}$$

$$41.02 - 2.861 \times 3.072 \leqslant \mu \leqslant 41.02 + 2.861 \times 3.072$$

$$32.23(\mathrm{mg}) \leqslant \mu \leqslant 49.81(\mathrm{mg})$$

§4.4　总体方差的置信区间

正如估计总体平均数置信区间一样，总体方差落在一个什么区间也是我们所关心的。一个样本的样本方差 S^2 可以计算，但每个样本所计算出来的 S^2 是不同的。为了建立总体方差的置信区间，涉及方差的随机变量，这个统计量是 $\dfrac{(n-1)S^2}{\sigma^2}$。

如果样本含量为 n 的样本从方差为 σ^2 的总体中抽出，而每个样本的 $(n-1)S^2/\sigma^2$ 都计算出来，那么这个抽样分布称为自由度为 $n-1$ 的 χ^2 分布。

如图4.8所示，χ^2 分布和上节的 t 分布一样，亦为曲线族，其形态由自由度决定。附录 C 中的表 C3 提供了一些重要的 χ^2 分布下的面积。

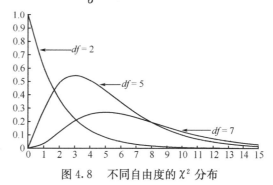

图 4.8　不同自由度的 χ^2 分布

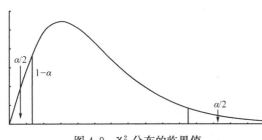

图 4.9 χ^2 分布的临界值

为方便起见,可把临界值写为 χ^2_α,α 为左尾概率,若与 t 分布一样除两尾外中间部分概率为 $1-\alpha$(图 4.9,请与图 4.7 比较),那么两尾的临界值可写为 $\chi^2_{\frac{\alpha}{2}}$ 和 $\chi^2_{1-\frac{\alpha}{2}}$。

从图 4.9 可知:

$$P(\chi^2_{\frac{\alpha}{2}} \leqslant \chi^2 \leqslant \chi^2_{1-\frac{\alpha}{2}}) = P\left[\chi^2_{\frac{\alpha}{2}} \leqslant \frac{(n-1)S^2}{\sigma^2} \leqslant \chi^2_{1-\frac{\alpha}{2}}\right] = 1-\alpha$$

整理得:

$$P\left[\frac{(n-1)S^2}{\chi^2_{\frac{\alpha}{2}}} \geqslant \sigma^2 \geqslant \frac{(n-1)S^2}{\chi^2_{1-\frac{\alpha}{2}}}\right] = 1-\alpha$$

即总体方差的置信区间为

$$\left[\frac{(n-1)S^2}{\chi^2_{1-\frac{\alpha}{2}}}, \quad \frac{(n-1)S^2}{\chi^2_{\frac{\alpha}{2}}}\right]$$

【例 4.6】 一新品种苹果要求果实的重量较均匀,现测定 25 个成熟苹果的样本方差为 $S^2 = 4.25\ \mathrm{g}^2$,试计算该苹果品种重量总体方差的 95% 置信区间。

解:其总体方差 95% 置信区间为

$$\frac{(n-1)S^2}{\chi^2_{1-0.025}} \leqslant \sigma^2 \leqslant \frac{(n-1)S^2}{\chi^2_{0.025}}$$

$$df = 25-1 = 24$$

查表 C3 得:$\chi^2_{0.975}(24) = 39.4$,$\chi^2_{0.025}(24) = 12.4$,所以:

重量总体方差的 95% 置信区间的下限:$L_1 = \dfrac{(25-1) \times 4.25}{39.4} = 2.59\mathrm{g}^2$

重量总体方差的 95% 置信区间的上限:$L_2 = \dfrac{(25-1) \times 4.25}{12.4} = 8.23\mathrm{g}^2$

§4.5 总体百分比值的置信区间

如果抽样分布能精确地或近似地计算,其他参数的置信区间同样可以估计,下面讨论二项分布总体百分比值的置信区间估计。

【例 4.7】 曾调查 5000 粒小菜蛾卵,发现被某种赤眼蜂寄生的只有 50 粒,则小菜蛾卵的寄生率为:$\hat{p} = \dfrac{x}{n} = \dfrac{50}{5000} = 0.01$。现问小菜蛾卵总体寄生率的 95% 置信区间。

解:从 §4.2 可知,二项分布 p 的总体方差为 $\sigma^2 = p(1-p)$,即其标准误为 $\sqrt{\dfrac{p(1-p)}{n}}$,

如果总体 p 未知,而样本 $\hat{p}$ 是 p 的无偏估计值,那么其样本标准误为 $\sqrt{\dfrac{\hat{p}(1-\hat{p})}{n}}$,所以参照

§3.2,以 $\hat{p}$ 替代 $\overline{x}$,以 $\sqrt{\dfrac{\hat{p}(1-\hat{p})}{n}}$ 替代 $\dfrac{S}{\sqrt{n}}$ 可得总体百分比值置信区间为

$$\left[\hat{p}-t_\alpha\sqrt{\dfrac{\hat{p}(1-\hat{p})}{n}},\hat{p}+t_\alpha\sqrt{\dfrac{\hat{p}(1-\hat{p})}{n}}\right]$$

因为在二项分布中,只有当 $p=q=0.5,n\to\infty$ 时,才以正态分布为极限分布,所以上式的应用有一个条件:$n\hat{p}>5$ 且 $n(1-\hat{p})>5$。

在本例:$n\hat{p}=5000\times0.01=50>5,n(1-\hat{p})=5000\times0.99=4950>5$。95% 的置信区间为

$$\left[\hat{p}-1.96\sqrt{\dfrac{\hat{p}(1-\hat{p})}{n}},\hat{p}+1.96\sqrt{\dfrac{\hat{p}(1-\hat{p})}{n}}\right]$$

$$\left[0.01-1.96\sqrt{\dfrac{0.01\times0.99}{5000}},0.01+1.96\sqrt{\dfrac{0.01\times0.99}{5000}}\right]$$

即

$$0.007\leqslant p\leqslant0.013$$

小菜蛾卵的总体寄生率的 95% 置信区间为 0.7% ~ 1.3%。

习 题

1. 从正态总体 $N(65,18^2)$ 中随机抽样,试描述 $\overline{X}$ 的抽样分布。

2. 调查 55 个病斑的资料,得平均数 $\overline{x}=14.02$ mm,标准差 $S=4.46$ mm。估计田间病斑总体平均数 μ 和总体方差 σ^2 的 95% 和 99% 置信区间。

3. 曾测定 11 头某害虫在温度为 30℃ 时蛹的历期(d):8、8、9、9、9、10、10、10、10、10、10。设该蛹历期总体符合正态分布,试估计蛹总体历期的 95% 和 99% 置信区间。

4. 从一稻田取 90 株水稻调查铁甲虫成虫的数量,得 $\overline{x}=5.78$ 头/株,$S=2.543$ 头/株,如果防治指标有 3 种:①5 头/株;②6 头/株;③7 头/株。请就以上 3 种防治指标作出是否施药防治的决策,并说明理由。(注:置信区间的上限超出防治指标需要进行防治)。

5. 水稻纹枯病在水稻孕穗期的株发病率 10%。今调查 200 株水稻,得发病株 19 株,请估计水稻纹枯病总体发病率的 95% 和 99% 置信区间。

6. 设 $X\sim N(20,40)$,现从该总体抽取样本含量为 16 的样本,问样本平均数介于 17 和 23 之间的概率是多少?

7. 设总体 $X\sim N(\mu,4)$,从中抽取容量为 n 的样本,问样本含量 n 至少应取多大,才能使样本平均数与总体平均数之差的绝对值小于 0.5 的概率不小于 0.95?

第五章 假设检验

假设检验(hypothesis testing)是数理统计学中根据一定假设条件由样本推断总体的一种方法。假设检验又称统计假设检验(注：显著性检验只是假设检验中最常用的一种方法),是一种基本的统计推断形式,也是数理统计学的一个重要分支,用来判断样本与样本、样本与总体的差异是由抽样误差引起还是本质差别造成的统计推断方法。

其基本原理是先对总体的特征作出某种假设,然后通过抽样研究的统计推理,对此假设应该被拒绝还是接受作出推断。

§5.1 假设检验的基本思路

现在我们从一道例题入手,看看假设检验的基本做法和其中所涉及的一些理论性问题。

【例 5.1】 从越北腹露蝗(*Fruhstoferiola tonkinensis*)总体中抽取 100 头成虫,其中有雌虫 60 头,那么该蝗虫总体是否符合 1：1 的性比呢?

分析：由题可知这次抽样越北腹露蝗的性比为 $\hat{p}=60/100=0.6$。现在该蝗虫总体性比 p 未知。题目要求判断 $p=0.5$ 是否成立。

解决方法：先作原假设 $H_0：p=0.5$。再看从这样一个总体中抽出一个 $n=100$、$\hat{p}=0.6$ 的样本的可能性有多大。如果可能性很大,我们只能认为 p 与 $\hat{p}$ 差别不大,即 $p=0.5$ 很可能成立。反之,若可能性很小,则说明在假设 $p=0.5$ 成立的条件下,抽出 $\hat{p}=0.6$ 一个样本的事件是一个小概率事件。小概率事件在一次观察中是不应发生的,但它现在发生了,一个合理的解释就是它本不是小概率事件,是我们把概率算错了,而算错的原因就是我们在一开始就作了一个错误的假设 $p=0.5$。换句话说,此时我们应该认为 $p \neq 0.5$,即该蝗虫的性比并非 1：1(图 5.1)。

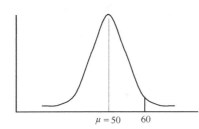

图 5.1 雌虫数量概率分布图

小概率原理：小概率事件在一次观察中不应出现。这是一切统计检验的理论基础。注意：小概率事件不是不可能事件。观察次数多了,它迟早会出现。因此,"一次"这个词是重要的。这就是假设检验的基本思路。

解：$H_0：p=0.5$(直接被检验的假设通常被称为原假设,记为 H_0)

$$\mu_a = np = 100 \times 0.5 = 50$$

$$\sigma_a = \sqrt{npq} = \sqrt{100 \times 0.5 \times 0.5} = 5$$

$$z = \frac{x-\mu}{\sigma} = \frac{60-50}{5} = 2.0$$

$$P(x \geqslant 60) = \Phi(-2.0) = 0.02275$$

抽出 $\hat{p}=0.6$ 的样本的概率为 0.02275，可看作小概率，即导致小概率事件发生，我们在一开始就作了一个错误的假设 $p=0.5$，推翻原假设 H_0。

假设检验是根据样本统计量来推断总体分布是否具有指定的特征。这些特征包括总体的概率密度函数或总体的参量。假设检验的思路是概率性质的反证性。即先提出假设，然后根据一次抽样所得的样本值进行计算，如果导致小概率事件发生，则否定原假设（H_0），否则接受原假设。

§5.2　假设检验的基本方法

按上述思路解题，假设检验的基本方法和步骤为：

5.2.1　建立假设

原假设（零假设）：记为 H_0，针对要考查的内容提出。例 5.1 中可为：H_0：$p=0.5$。它通常为一个数值，或一个半开半闭区间（如可能为 H_0：$p \leqslant 0.5$）。原则为：① 通过统计检验决定接受或拒绝 H_0 后，可对问题作出明确回答；② 要能根据 H_0 建立统计量的理论分布。

备择假设：记为 H_1，是除 H_0 外的一切可能值的集合。这里强调一切可能值是因为检验只能判断 H_0 是否成立，若不成立则必须是 H_1。H_1 通常是一个区间。例如，当 H_0 取 $\mu=151$ 时，H_1 应取 $\mu \neq 151$。此时若有理由认为 $\mu > 151$ 或 $\mu < 151$ 不可能出现，也可只取 H_1 为可能出现的一半，即 $\mu < 151$ 或 $\mu > 151$，这样可提高检验精度（参见单尾与双尾检验）。当 H_0 取 $\mu \geqslant 151$ 或 $\mu \leqslant 151$ 时，H_1 则应相应取为 $\mu < 151$ 或 $\mu > 151$。原则为：① 应包括除 H_0 外的一切可能值；② 如有可能，应缩小备择假设范围以提高检验精度。

5.2.2　选择显著性水平 α

α 最常用的数值是 0.05。当我们计算出统计量的观测值出现的概率大于 0.05 时，我们称之为"没有显著差异"，并接受 H_0；当小于 0.05 时，我们称之为"差异显著"，并拒绝 H_0。一般情况下，此时我们应进一步与 0.01 比较，若算出的概率也小于 0.01，则称"差异极显著"，此时我们拒绝 H_0 就有了更大把握。在个别情况下，如犯第二类错误（见 §5.3）后果十分严重时，也可选用 0.1 或其他数值。需要特别强调的是我们一般都取 $\alpha=0.05$，这只是一种约定俗成，理论上并没有任何特殊意义。从这个角度看，当我们算出的概率等于 0.051 时就接受 H_0，等于 0.049 时就拒绝 H_0，这是没有什么道理的。在实际工作中，如果我们算出的概率十分接近 0.05，一般不应轻易下结论，而应增加样本含量后再次进行检验。

5.2.3　选择统计量及其分布

检验均值一般选择 $\bar{x}$ 为统计量，检验方差则选择 S^2 为统计量。统计量服从什么分布则要由 §4.3、§4.4 中的抽样分布来决定。各种情况下的统计量理论分布如下：

1. 检验均值

可根据是否知道总体方差分为以下两种情况：

（1）总体方差 σ^2 已知：根据 §4.3 应使用 z 检验，统计量服从正态分布。

$$z = \frac{\overline{x} - \mu}{\sigma / \sqrt{n}} \sim N(0,1) \qquad (5.1)$$

注意这里分母上要除以 $\sqrt{n}$，这是因为 σ 是总体标准差，统计量 $\overline{x}$ 的标准差应为总体标准差的 $1/\sqrt{n}$，因此用上述公式才能将 $\overline{x}$ 标准化。

（2）总体方差 σ^2 未知：根据 §4.3 应使用 t 检验，统计量服从 t 分布。

$$t = \frac{\overline{x} - \mu}{S / \sqrt{n}} \sim t(n-1) \qquad (5.2)$$

注意这里分母上除以 $\sqrt{n}$ 的原因与 z 检验相同，n 不是 S^2 的自由度。S^2 的自由度 $n-1$ 已在它的表达式中除去了。

2. 检验方差

根据 §4.4，使用 χ^2 检验，统计量服从 χ^2 分布。

$$\chi^2 = \frac{(n-1)S^2}{\sigma_0^2} \sim \chi^2(n-1) \qquad (5.3)$$

上述各式中 $\overline{x}$ 为样本均值，S^2 为样本方差，n 为样本容量，μ_0 与 σ_0^2 为 H_0 中总体均值与方差取值。

5.2.4　建立 H_0 的接受域和拒绝域

根据统计假设确定是单侧检验还是双侧检验，结合统计量的分布选取适当的表，再根据选定的 α 值查出分位数取值，从而建立拒绝域。注意正态分布和 t 分布的密度函数关于 y 轴对称，如果是双侧检验可取绝对值与分位数比；如果是单侧检验则应区分下单尾（左单尾）是小于负分位数（左侧临界值）而拒绝 H_0，上单尾（右单尾）则是大于正分位数（右侧临界值）而拒绝 H_0。大于正分位数和小于负分位数区域称为拒绝域，而两分位数之间区域称为接受域。χ^2 分布则没有对称性，必须分别查下侧分位数和上侧分位数。

5.2.5　计算统计量，并对结果作出解释

把样本观测值代入统计量公式，求得统计量取值，检查是否落入拒绝域。若没落入则认为"无显著差异"，接受 H_0。若落入 $\alpha=0.05$ 的拒绝域，则应进一步与 $\alpha=0.01$ 的拒绝域比较，若未落入，则认为"有显著差异，但未达极显著水平"，拒绝 H_0；若也落入 $\alpha=0.01$ 拒绝域，则认为"有极显著差异"，拒绝 H_0。最后，根据上述检验结果对原问题作出明确回答。

§5.3　两种类型的错误

统计量是随机变量，它的取值受随机误差等因素的影响是可以变化的，我们根据它作出的决定也完全可能犯错误，这一点无法绝对避免。统计上犯的错误可分为以下两类：

第 Ⅰ 类错误：H_0 正确，却被拒绝，又称弃真。犯这种错误的概率记为 α。

第 Ⅱ 类错误：H_0 错误，却被接受，又称存伪。犯这种错误的概率记为 β。

两类错误的关系可用表 5.1 说明：

表 5.1 H₀ 检验的可能结果

结论	真实情况	
	H₀ 为真	H₀ 为假
接受 H₀	$1-\alpha$	第 II 类错误 β
拒绝 H₀	第 I 类错误 α	$1-\beta$

如果接受 H₀,我们的结论是正确的或是犯了第 II 类错误;如果拒绝 H₀,我们的结论是正确的或是犯了概率为 α 的第 I 类错误。由于 α 是由研究者自行设制的(见 §5.2),即当拒绝 H₀ 时,你已经知道了犯第 I 类错误的概率,但第 II 类错误的概率受很多因素的影响,是研究者无法控制的,所以拒绝 H₀ 是一个令人满意的结果,因为犯错误的概率容易量化。

既然犯第 I 类错误的概率是人为的决定的,为什么不把 α 定小一点,如 0.0001,这样一来犯第 I 类错误的概率不就很低了吗? 但是,降低 α 的代价是要提高第 II 类错误的概率 β。

【例 5.2】 假设有一个 $\mu=50$、$\sigma=10$ 的正态总体和一个 $\mu=55$、$\sigma=10$ 的正态总体,现未知从哪个总体取样,但是是两者之一。试求第 II 类错误的概率 β。

解:假设 $H_0:\mu=50,\sigma=10$;$H_1:\mu=55,\sigma=10$

如果从总体中抽取样本含量 $n=25$ 的样本,并计算其样本平均数 $\bar{x}$,那么 $\bar{x}$ 应来自两个抽样分布中的其中一个(图 5.2)。

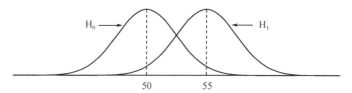

图 5.2 两个可能的抽样分布

现取第 I 类错误的概率为 $\alpha=0.05$,检验 H₀,令 $\bar{x}_*$(图 5.3)表示接受 H₀ 的临界点(cutoff point),利用标准正态分布函数表可计算 $\bar{x}_*$。因为:$0.05=P(z>1.645)$,而且:

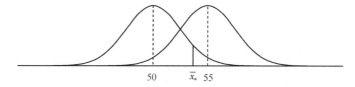

图 5.3 $\bar{x}_*$ 是接受 H₀ 的临界点

$$z=\frac{\bar{x}_*-\mu}{\sigma/\sqrt{n}}$$

所以,

$$1.645=\frac{\bar{x}_*-\mu}{10/\sqrt{25}}$$

因为 $H_0:\mu=50$,所以:

$$\bar{x}_* = 50 + 1.645 \frac{10}{\sqrt{25}} = 53.29$$

即当 $\bar{x} > 53.29$ 时,我们拒绝 $H_0: \mu = 50$,这时犯第 Ⅰ 类错误的概率为 0.05,也就是说 $\bar{x} > 53.29$ 时,H_0 为真的概率为 5%。

如果 H_0 为假而 H_1 为真的情况又如何呢? 这时任何 $\bar{x} < 53.29$ 的情况都会导致第 Ⅱ 类错误的发生(图 5.4)。

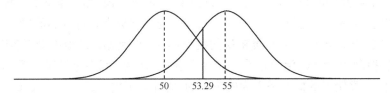

50　53.29　55

图 5.4　如果 H_0 为假,任何 $\bar{x} < 53.29$ 都会导致第 Ⅱ 类错误

这时第 Ⅱ 类错误的概率 β 为:

$$\beta = P(\bar{x} < 53.29) = P\left(z < \frac{53.29 - 55}{10/\sqrt{25}}\right) = P(z < -0.855) = 0.1963$$

按上述的思路,可计算出 $\alpha = 0.01$、$\alpha = 0.001$ 时,第 Ⅱ 类错误的概率 β 如表 5.2 所示。

表 5.2　两类错误的概率的关系

α	β	$1-\beta$
0.05	0.1963	0.8037
0.01	0.4325	0.5675
0.001	0.7190	0.2810

关于单尾与双尾检验:

单尾检验: $H_0: \mu = 3.5$;$H_1: \mu > 3.5$(或 $\mu < 3.5$)。

双尾检验: $H_0: \mu = 3.5$;$H_1: \mu \neq 3.5$。

如果检验的参数为 θ,则 $H_0: \theta = \theta_0$,H_1 的选择依下列 3 种情形而定:

(1) 如果检验的目的是 θ 是否等于 θ_0,$H_1: \theta \neq \theta_0$;双尾检验。

(2) 如果检验的目的是判断是否 $\theta < \theta_0$,$H_1: \theta > \theta_0$;单尾检验。

(3) 如果检验的目的是判断是否 $\theta > \theta_0$,$H_1: \theta < \theta_0$;单尾检验。

在本章我们主要讨论双尾检验。

§5.4　一个样本平均数的假设检验

【例 5.3】　人工繁殖赤眼蜂(*Thrichogramma* sp.),雌蜂体长 0.46 mm 才符合要求 (μ_0)。今用灰带毒蛾卵繁蜂,检验 24 头雌蜂,平均体长 $\bar{x} = 0.384$ mm,$S = 0.057$ mm。问用灰带毒蛾卵繁殖出来的蜂是否符合要求?

解:因总体方差未知,且 $n < 30$,可用 t 检验解决。

$H_0: \mu = 0.46$ mm;$H_1: \mu \neq 0.46$ mm

$$t = \frac{\bar{x} - \mu_0}{S/\sqrt{n}} = \frac{0.384 - 0.460}{0.057/\sqrt{24}} = -6.532$$

$$df = 24 - 1 = 23$$

因 $n = 24$，查 t 值表，$t_{0.01}(23) = 2.807$，$|t| > t_{0.01}$（图 5.5），差异极显著，说明雌蜂的体长显著地小于标准体长，不宜于以灰带毒蛾卵作为繁殖赤眼蜂的中间寄主。

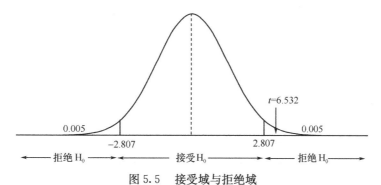

图 5.5 接受域与拒绝域

从上图可见，$t = 6.552$，$t_{0.01} = 2.807$，$t > t_{0.01}$，相当于犯第 Ⅰ 类错误的概率小于 0.01。所以本例的结论可表达为：雌蜂的体长显著地小于标准体长（$P < 0.01$），不宜于以灰带毒蛾卵作为繁殖赤眼蜂的中间寄主。

【例 5.4】 施用化肥时，已知某种芒果成熟时平均果重为 $\mu_0 = 300$ g，标准差 $\sigma = 9.5$ g。现改施有机肥，芒果成熟时随机抽取 9 个果实，重量（g）分别为：308、305、311、298、315、300、321、294、320。问施用有机肥对芒果重量是否有影响？

解：假设方差没有变化，现总体方差已知，可用 z 检验。

$H_0 : \mu = 300$；$H_1 : \mu \neq 300$

$$\bar{x} = \frac{1}{9} \sum_{i=1}^{9} x_i = 308(\text{g})$$

$$z = \frac{\bar{x} - \mu}{\sigma/\sqrt{n}} = \frac{308 - 300}{9.5/\sqrt{9}} = 2.53$$

现 $z = 2.53$，$z_{0.05} = 1.96$，$z_{0.01} = 2.58$，$z_{0.01} > z > z_{0.05}$，在 $\alpha = 0.05$ 显著水平上，差异显著，应拒绝 H_0，可认为施用有机肥对芒果重有影响（$P < 0.05$）。

【例 5.5】 以人工饲养某天敌昆虫，质量标准为平均体重 70 mg。现抽取 36 头计算其平均体重为 69.7 mg，标准差 $S = 3.5$ mg，问该批天敌在 $\alpha = 0.05$ 水平上是否符合质量标准？

解：本例总体方差未知，但 $n = 36$，为大样本，可用正态近似法。

$H_0 : \mu = 70$ mg；$H_1 : \mu \neq 70$ mg

$$t = \frac{|\bar{x} - \mu|}{S/\sqrt{n}} = \frac{|69.7 - 70.0|}{3.5/\sqrt{36}} = 0.51$$

现 $t_{0.05} = 1.96$，$t < t_{0.05}$，该批天敌符合质量标准（$P > 0.05$）（图 5.6）。

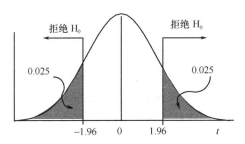

图 5.6　正态分布接受域与拒绝域

§5.5　一个样本方差的假设检验

【例 5.6】　在例 5.4 中，我们假设了两种施肥方案所收获的芒果重量的方差没有改变，但实际有没有改变，可通过一个样本方差的假设检验进行验证。

解：$H_0 : \sigma = 9.5$；$H_1 : \sigma \neq 9.5$

$$S^2 = \frac{\sum x^2 - (\sum x)^2 / n}{n-1} = 92.54, S = 9.62$$

$$\chi^2 = \frac{(n-1)S^2}{\sigma^2} = \frac{8 \times 92.54}{9.5^2} = 8.20$$

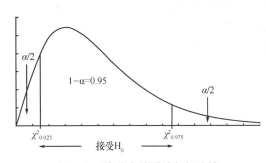

图 5.7　χ^2 分布接受域与拒绝域

取 $\alpha = 0.05$，查 $df = 8$ 的 χ^2 分布表，得 $\chi^2_{0.975}(8) = 17.5, \chi^2_{0.025}(8) = 2.18$。$\chi^2_{0.025}(8) < \chi^2 < \chi^2_{0.975}(8)$，所以无显著差异，接受 H_0，可认为施用有机肥不影响芒果重标准差（$P > 0.05$）。参考图 5.6，可得图 5.7。

【例 5.7】　水稻大螟（*Sesamia inferens*）蛹重的标准差为 1.2，从人工饲料饲养的一批大螟蛹中，随机抽 16 个蛹称重，求得标准差为 2.1，设蛹重服从正态分布，问蛹重的均匀度有无显著变化（$\alpha = 0.05$）？

解：$H_0 : \sigma^2 = 1.2^2$；$H_1 : \sigma^2 \neq 1.2^2$

$$\chi^2 = \frac{(n-1)S^2}{\sigma^2} = \frac{(16-1) \times 2.1^2}{1.2^2} = 45.9$$

$$df = 16 - 1 = 15$$

$\chi^2_{0.975}(15) = 27.5, \chi^2 > \chi^2_{0.975}$，拒绝 H_0，蛹重的均匀度发生了显著变化（$P < 0.05$）。

§5.6　两个样本方差的假设检验

样本方差又称为均方（mean square），该式右方分子部分为离均差平方和，简称平方和（sum of squares），分母部分为自由度。

F 值（方差比）：从一个正态分布总体随机抽一个含量为 n_1 的样本，算得其方差（均方）

为 S_1^2，自由度为 $df_1 = n_1 - 1$；同样地，随机取出另一个含量为 n_2 的样本得其方差为 S_2^2，自由度为 $df_2 = n_2 - 1$。于是这两个方差之比即为 F 值：

$$F = \frac{S_1^2}{S_2^2} = \frac{\sum (x_1 - \bar{x}_1)^2 / (n_1 - 1)}{\sum (x_2 - \bar{x}_2)^2 / (n_2 - 1)} \tag{5.4}$$

如果上述的取样反复进行多次，每次都是取含量分别为 n_1、n_2 的两个样本，都算得 S_1^2 和 S_2^2，即都可算出一个 F 值，一系列的 F 值由于取样误差的影响，必然会不一样，它们出现的概率也不一致，这些 F 值构成的概率分布为 F 分布。F 分布的形状基本上是正向偏斜的，具体的形状由两个自由度 df_1 和 df_2 决定，它们是 F 分布的两个参量。

定义 5.1　如果有一个非负统计量，它的概率密度函数可由下式计算：

$$f(x) = \frac{\Gamma\left(\dfrac{df_1 + df_2}{2}\right) \left(\dfrac{df_1}{df_2}\right)^{\frac{df_1}{2}} F^{\frac{df_1}{2} - 1}}{\Gamma\left(\dfrac{df_1}{2}\right) \Gamma\left(\dfrac{df_2}{2}\right) \left(1 + \dfrac{df_1}{df_2} x\right)^{\frac{df_1 + df_2}{2}}}$$

称为 F 分布。其中 df_1、df_2 为自由度，由式(5.4)可知，df_1 为分子的自由度；df_2 为分母的自由度。

F 分布的形状随 df_1、df_2 的改变变化很大，图 5.8 给出的是一种标准形状，如果 $df_2 > 2$，曲线在 $F = \dfrac{df_1 - 2}{df_1} \cdot \dfrac{df_2}{df_2 + 2}$ 处达到最高点。

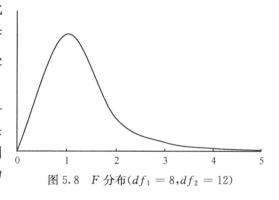

图 5.8　F 分布($df_1 = 8, df_2 = 12$)

F 分布具有以下的重要特性：假设统计量符合分别以 df_1 和 df_2 为其分子和分母自由度的 F 分布，那么此统计量的倒数同样符合 F 分布，但这时分子的自由度为 df_2，分母的自由度为 df_1，即：

$$F'(df_2, df_1) = \frac{1}{F(df_1, df_2)}$$

由于涉及两个自由度，编制 F 分布表便较为复杂，附录 C4 中的 F 分布表仅给出 $F_{0.95}$、$F_{0.975}$ 和 $F_{0.99}$，而没有给出 $F_{0.05}$、$F_{0.025}$ 和 $F_{0.01}$，但这些值可由下式算出：

$$F_\alpha(df_1, df_2) = \frac{1}{F_{1-\alpha}(df_2, df_1)} \tag{5.5}$$

【例 5.8】　试求 $F_{0.025}(12, 6)$。

解：根据式(5.5)：

$$F_{0.025}(12, 6) = \frac{1}{F_{0.975}(6, 12)} = \frac{1}{3.73} = 0.27$$

两个方差的比值的检验方法是由 R. A. Fisher 提出的 F 检验，这种方法实际上就是检验两个方差的同质性或同源性，F 检验对下节两个独立样本平均数的检验和下章方差分析都具重要意义。下面举例介绍 $H_0 : \sigma_1^2 = \sigma_2^2$，$H_1 : \sigma_1^2 \neq \sigma_2^2$ 的双尾 F 检验方法。

【例 5.9】　小菜蛾在白菜和菜心上的产卵量（单位：粒）的试验结果如表 5.3 所示：试判

断小菜蛾在两种蔬菜上的产卵量的方差是否同质($\alpha = 0.05$)。

表 5.3　小菜蛾在两种寄主上的产卵量

寄主	卵量
白菜(x_1)	138,127,134,125
菜心(x_2)	134,137,135,140,130,134

解:$H_0:\sigma_1^2 = \sigma_2^2$;$H_1:\sigma_1^2 \neq \sigma_2^2$

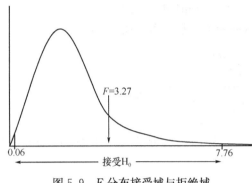

图 5.9　F 分布接受域与拒绝域

$$S_1^2 = \frac{\sum (x_1 - \overline{x}_1)^2}{n_1 - 1} = \frac{110}{4-1} = 36.67$$

$$S_2^2 = \frac{\sum (x_2 - \overline{x}_2)^2}{n_2 - 1} = \frac{56}{6-1} = 11.2$$

$$F = \frac{S_1^2}{S_2^2} = \frac{36.67}{11.20} = 3.27$$

查 F 值表得:$F_{0.975}(3,5) = 7.76$,而:

$$F_{0.025}(3,5) = \frac{1}{F_{0.975}(5,3)} = \frac{1}{14.88} = 0.06 。$$

$F_{0.025}(3,5) < F < F_{0.975}(3,5)$,落在接受 H_0 的区域,接受原假设,即两方差具同质性($P > 0.05$)(图 5.9)。

§5.7　两个独立样本平均数的检验

本节我们首先讨论两个独立样本平均数之差的抽样分布。如果两个独立样本分别来自两个总体,两个平均数之差 $\overline{x}_1 - \overline{x}_2$ 的分布称为两个平均数之差的抽样分布。

定义 5.2　如果两个总体均为正态,两个样本相互独立,那么 $\overline{x}_1 - \overline{x}_2$ 的分布亦为正态;如果两个总体为非正态,那么随着样本含量 n 的增大,$\overline{x}_1 - \overline{x}_2$ 的分布趋向正态。

定义 5.3　$\mu_{\overline{x}_1 - \overline{x}_2} = \mu_{\overline{x}_1} - \mu_{\overline{x}_2} = \mu_1 - \mu_2$,　$\sigma_{\overline{x}_1 - \overline{x}_2}^2 = \sigma_{\overline{x}_1}^2 + \sigma_{\overline{x}_2}^2 = \frac{\sigma_1^2}{n_1} + \frac{\sigma_2^2}{n_2}$。

因此,根据定义 5.1、5.2 有:

$$z = \frac{(\overline{x}_1 - \overline{x}_2) - (\mu_1 - \mu_2)}{\sigma_{\overline{x}_1 - \overline{x}_2}} = \frac{(\overline{x}_1 - \overline{x}_2) - (\mu_1 - \mu_2)}{\sqrt{\frac{\sigma_1^2}{n_1} + \frac{\sigma_2^2}{n_2}}}$$

如果总体方差未知,以样本方差替代总体方差,根据 t 值的定义有:

$$t = \frac{(\overline{x}_1 - \overline{x}_2) - (\mu_1 - \mu_2)}{\sqrt{\frac{S_1^2}{n_1} + \frac{S_2^2}{n_2}}} \tag{5.6}$$

【**例 5.10**】　A,B 两种鱼的平均产卵量分别为:A 鱼 $\mu_1 = 62000$ 粒,$\sigma_1 = 14500$ 粒,$n_1 = 50$;B 鱼 $\mu_2 = 60000$ 粒,$\sigma_2 = 18300$ 粒,$n_2 = 60$。问 A 鱼的平均卵量大于 B 鱼平均卵量的概率有多大?

解:我们需要确定的是 $P(\bar{x}_1 > \bar{x}_2)$,现 $\mu_1 - \mu_2 = 62000 - 60000 = 2000$,

$$\sqrt{\frac{\sigma_1^2}{n_1} + \frac{\sigma_2^2}{n_2}} = \sqrt{\frac{14500^2}{50} + \frac{13800^2}{60}} = 2716$$

$$P(\bar{x}_1 > \bar{x}_2) = P(\bar{x}_1 - \bar{x}_2 > 0) = P\left[\frac{(\bar{x}_1 - \bar{x}_2) - (\mu_1 - \mu_2)}{\sqrt{\frac{\sigma_1^2}{n_1} + \frac{\sigma_2^2}{n_2}}} > \frac{0 - 2000}{2716}\right]$$

$$= P(z > -0.74) = 0.7704$$

两个独立大样本平均数的检验统计量 t 可直接应用式(5.6),并用正态近似法。而两个小独立样本平均数的检验有两种情况,一是总体方差相等(equal population variances),二是总体方差不等(unequal population variance)。在比较两个平均数之前,我们应首先假设 $\sigma_1^2 = \sigma_2^2 = \sigma^2$,应用 §5.6 的方法检验两个总体方差的同质性:

(1) 如果总体方差相等,要以综合方差(pooled variance)S^2 估计 σ^2:

$$S = \sqrt{\frac{\sum x^2 - (n_1\bar{x}_1^2 + n_2\bar{x}_2^2)}{n_1 + n_2 - 2}} \quad (综合标准差)$$

并用自由度 $df = n_1 + n_2 - 2$ 查 t 值表。

(2) 如果总体方差不等,统计量 t 可直接应用式(5.6),但自由度 df 要由下式决定。

$$df = \frac{(S_1^2/n_1 + S_2^2/n_2)^2}{\frac{(S_1^2/n_1)^2}{n_1 - 1} + \frac{(S_2^2/n_2)^2}{n_2 - 1}} \tag{5.7}$$

下面,我们以一些例子简单描述两个独立样本平均数的检验。

【例5.11】　在甘蔗田施用过农药辛硫磷后,调查 46 株甘蔗,平均株高为 305.304 cm,标准差为 19.2 cm;对照的 46 株平均株高为 299.695 cm,标准差为 23.2 cm。问施用辛硫磷对甘蔗是否有增高作用?

解:本例属于两个大样本平均数的检验,总体方差未知,检验统计量 t 可直接应用式(5.6)。

$$H_0: \mu_1 - \mu_2 = 0; H_1: \mu_1 - \mu_2 \neq 0$$

$$t = \frac{(\bar{x}_1 - \bar{x}_2) - (\mu_1 - \mu_2)}{\sqrt{\frac{S_1^2}{n_1} + \frac{S_2^2}{n_2}}} = \frac{(305.304 - 299.695) - 0}{\sqrt{\frac{19.2^2}{46} + \frac{23.2^2}{46}}} = 1.263$$

$t_{0.05} = 1.96$,$t < t_{0.05}$,差异不显著,说明甘蔗田施用了农药辛硫磷后对甘蔗株高影响的效果不显著($P > 0.05$)。

【例5.12】　在 16℃ 和 23℃ 饲养蓟马(*Thrips imaginis*)雌虫 10 d,统计存活的雌虫产卵量,得每头雌虫平均每天的产卵量(表 5.4)。设该蓟马的产卵量符合正态分布,问这两个温度处理的蓟马平均产卵量的差异是否显著?

表5.4　两种温度下雌虫的产卵量

温度/℃	试验雌虫数(n)	每头雌虫每天平均产卵量/粒								
16	10	5.8	4.1	3.6	4.2	5.4	5.3	3.9	6.2	4.7	4.8
23	8	8.7	7.6	6.6	8.9	8.7	11.2	8.5	11.0		

解：本例属于两个小样本平均数的检验。

（1）检验方差的同质性。

$H_0: \sigma_1^2 = \sigma_2^2; H_1: \sigma_1^2 \neq \sigma_2^2$

经计算，16℃卵量方差为 $S_S^2 = 0.742$，23℃下卵量方差为 $S_L^2 = 2.417$。

$$F = \frac{S_L^2}{S_S^2} = \frac{2.417}{0.742} = 3.257$$

查 F 值表，$F_{0.975}(7,9) = 4.20$，落在接受原假设区域，即：$\sigma_1^2 = \sigma_2^2 (P > 0.05)$，自由度可使用 $df = n_1 + n_2 - 2$。

（2）两个总体平均数的比较。

$H_0: \mu_1 - \mu_2 = 0; H_1: \mu_1 - \mu_2 \neq 0$

$$\bar{x}_1 = \frac{5.8 + 4.1 + \cdots + 4.8}{10} = 4.8(\text{粒}), \quad \bar{x}_2 = \frac{8.7 + 7.6 + \cdots + 11.0}{8} = 8.9(\text{粒})$$

综合标准差：

$$S = \sqrt{\frac{\sum x^2 - (n_1 \bar{x}_1^2 + n_2 \bar{x}_2^2)}{n_1 + n_2 - 2}} = \sqrt{\frac{887.68 - 10 \times 4.8^2 - 8 \times 8.9^2}{10 + 8 - 2}} = 1.2145$$

$$t = \frac{(\bar{x}_1 - \bar{x}_2) - (\mu_1 - \mu_2)}{S\sqrt{\frac{1}{n_1} + \frac{1}{n_2}}} = \frac{(4.8 - 8.9) - 0}{1.2145\sqrt{\frac{1}{10} + \frac{1}{8}}} = -7.117$$

$$df = n_1 + n_2 - 2 = 10 + 8 - 2 = 16$$

查 t 值表，$t_{0.01}(16) = 2.921$，$|t| > t_{0.01}$，说明在 23℃ 条件下饲养的蓟马平均每天的产卵量极显著地大于 16℃ 的（$P < 0.01$）。

【例 5.13】 药理学家研究安非他命（amphetamine）是否会降低人体对水的需求量。试验在 15 头老鼠中注射适量的安排他命，另 10 头注射盐水（saline）作对照，24h 后测定老鼠每千克体重对水的需求量（单位：ml/kg），试验结果如表 5.5 所示：

表 5.5　老鼠注射安非他命和盐水后对水的需求量

	安非他命（A）	盐水（S）
n	15	10
$\bar{x}$	115	135
S	40	15

解：（1）作方差同质性检验。

$H_0: \sigma_A^2 = \sigma_S^2; H_1: \sigma_A^2 < \sigma_S^2$

$$F = \frac{S_A^2}{S_S^2} = \frac{40^2}{15^2} = 7.11$$

查 F 值表得：$F_{0.975}(14,9) \approx 3.87$，因为 $F > F_{0.975}$，落在拒绝原假设的区域，即两方差不具同质性（$P < 0.05$）。

（2）两个总体平均数的比较。

$H_0: \mu_A = \mu_S; H_1: \mu_A < \mu_S$

$$t = \frac{(\bar{x}_A - \bar{x}_S) - (\mu_A - \mu_S)}{\sqrt{\dfrac{S_A^2}{n_A} + \dfrac{S_S^2}{n_S}}} = \frac{(115 - 135) - 0}{\sqrt{\dfrac{1600}{15} + \dfrac{225}{10}}} = \frac{-20}{11.37} = -1.759$$

因为方差不具同质性,所以自由度由式(5.7)决定:

$$df = \frac{(S_A^2/n_A + S_S^2/n_S)^2}{\dfrac{(S_A^2/n_A)^2}{n_A - 1} + \dfrac{(S_S^2/n_S)^2}{n_S - 1}} = \frac{(1600/15 + 225/10)^2}{\dfrac{(1600/15)^2}{15 - 1} + \dfrac{(225/10)^2}{10 - 1}} = \frac{16684.03}{868.95} = 19.2 \approx 19$$

查 t 值表得: $t_{0.05}(19) = 1.729$,今 $|t| > t_{0.05}$,落在拒绝 H_0 的区域(单尾检验)。检验结果支持药理学家的推测,安非他命可显著地降低老鼠对水的需求量($P < 0.05$)。

§5.8　两个成对样本平均数的检验

很多时候一些试验设计的两个随机样本往往缺少独立性(lack independence),两个样本的变员数往往成对地出现。例如,某降血压药物的药效试验,药前药后肯定是在同一个人进行,如果这种试验在多个人中进行,便出现两个成对样本的平均数,这种方法称为前后对比(before and after comparisons)法;又如,某些田间试验,是以配对的小区进行的,某些室内试验用的方法为半叶法等,这种方法为配对(matched pairs)法。进行这两个样本平均数的比较方法叫做成对法比较。显然,两样本的平均数有合理的联系,并非彼此独立,即有局部控制,且两样本的样本含量必然相等,即 $n_1 = n_2$。

成对法比较精确,样本含量越大越精确,所以要求样本含量 $n > 10$。

在两个成对样本平均数的检验中,并不是直接采用 $\bar{x}_1 - \bar{x}_2$,而是以另一种方式进行检验。在讨论这种检验之前,我们首先认识如下定义。

定义 5.4　一系列两数的差数的平均数正好等于两个数列的平均数的差数,即: $\bar{d} = \bar{x}_1 - \bar{x}_2$。

两个成对样本平均数的检验的原假设为: $H_0: \mu_1 = \mu_2$,或 $\mu_1 - \mu_2 = 0$,或 $\mu_D = 0$,即一系列两数的差数的总体平均数等于零,亦即两个样本所来自的两个总体的平均数无显著差异。例如,有两个样本如表5.6所示:

表5.6　成对样本数据列表

x_{11}	x_{12}	x_{13}	$\cdots$	x_{1n}
x_{21}	x_{22}	x_{23}	$\cdots$	x_{2n}

如果求取每对变员数的差值, $\bar{x}_1 - \bar{x}_2 = d$,则 n 对变员数共有 n 个差数: $d_1, d_2, d_3, \cdots, d_n$,组成了一个 d 样本。其所来自的总体的平均数为 μ_D。

样本 d 的平均数为

$$\bar{d} = \frac{\sum d}{n}$$

样本 d 的标准差为

$$S_d = \sqrt{\frac{\sum d^2 - (\sum d)^2/n}{n - 1}}$$

根据统计量 t 的定义有：

$$t = \frac{\bar{d} - \mu_D}{S_d / \sqrt{n}} \tag{5.8}$$

自由度为

$$df = n - 1$$

【例 5.14】　比较两种病毒制剂对烟草叶片的致病力。试验方法是以半叶法配对：以每株烟草的第二片叶子供试，一半叶片涂第一种病毒制剂，另一半叶片涂第二种病毒制剂。是同一叶子，条件一致，属于成对法比较。现共处理 8 株烟草，以接病毒后每半片叶子上出现的病斑数作为致病力大小的数据，试验数据记录如表 5.7 所示。试检验这两种病毒制剂对烟草致病力是否有显著性差异？

表 5.7　两种病毒制剂处理后烟草叶片的病斑数（个）

烟草株编号	1	2	3	4	5	6	7	8
第一种病毒(x_1)	9	17	31	18	7	8	20	20
第二种病毒(x_2)	10	11	18	14	6	7	17	15
$d = x_1 - x_2$	−1	6	13	4	1	1	3	5

解：$H_0: \mu_D = 0$；$H_1: \mu_D \neq 0$

$$\bar{d} = \frac{-1 + 6 + \cdots + 5}{8} = \frac{32}{8} = 4(\text{个})$$

$$S_d = \sqrt{\frac{\sum d^2 - (\sum d)^2 / n}{n-1}} = \sqrt{\frac{258 - 32^2/8}{8-1}} = 4.3$$

$$t = \frac{\bar{d}}{S_d / \sqrt{n}} = \frac{4}{4.3/\sqrt{8}} = 2.631$$

$$df = n - 1 = 8 - 1 = 7$$

查 t 值表，$t_{0.05}(7) = 2.3646$，$t_{0.01}(7) = 3.4995$，$t_{0.01} > t > t_{0.05}$，差异显著，表明第一种病毒制剂比第二种病毒制对烟草叶有显著强的致病力（$P < 0.05$）。

【例 5.15】　为研究粉蚧（Phenacoccus solenopsis）分泌蜜露的昼夜差异，随机选择 15 头成虫测定白天和夜间的排蜜露量，数据如表 5.8 所示。假设这种蜜露滴数符合正态分布，问粉蚧昼夜间分泌蜜露有没有显著差异（$\alpha = 0.05$）？

表 5.8　粉蚧昼夜分泌蜜露量比较

编号	白天排蜜露滴数(x_1)	夜间排蜜露滴数(x_2)	$d = x_1 - x_2$	d^2
1	5	13	−8	64
2	23	2	21	441
3	12	3	9	81
4	9	2	7	49
5	26	5	21	441

续表

编号	白天排蜜露滴数(x_1)	夜间排蜜露滴数(x_2)	$d=x_1-x_2$	d^2
6	19	2	17	289
7	11	3	8	64
8	7	4	3	9
9	4	5	-1	1
10	5	16	-11	121
11	2	4	-2	4
12	4	7	-3	9
13	25	3	22	484
14	5	2	3	9
15	13	4	9	81
合计			95	2147

解:$H_0:\mu_D=0;H_1:\mu_D\neq0$

$$\bar{d}=\frac{\sum d}{n}=\frac{95}{15}=6.33$$

$$S_d=\sqrt{\frac{\sum d^2-(\sum d)^2/n}{n-1}}=\sqrt{\frac{2147-95^2/15}{14}}=\sqrt{110.38}$$

$$t=\frac{\bar{d}}{S_d/\sqrt{n}}=\frac{6.33}{\sqrt{110.38/15}}=2.33$$

$$df=15-1=14$$

查表,$t_{0.05}(14)=2.145$,$t>t_{0.05}$,粉蚧昼夜间分泌蜜露有显著差异($P<0.05$)。

§5.9 二项变量的假设检验

从§3.2可知,在二项分布中$\sigma_p=\sqrt{\frac{p(1-p)}{n}}$;从§4.5可知,当$n\hat{p}>5$、$n(1-\hat{p})>5$时:$\sigma_{\hat{p}}=\sqrt{\frac{\hat{p}(1-\hat{p})}{n}}$。下面以一些例子来讨论一个样本二项变量的假设检验和两个样本二项变量的假设检验。这里的p要视作总体的百分比,它也是一个指标数据。例如,理论存活率、性比等,都可视作p。

【例5.16】 以一个样本二项变量的假设检验方法解决例5.1的问题。

解:假定样本含有n个个体,其中a个具某种特性,则该特性的百分比值$p'=a/n$。我们要求检验这个p'值是否与这个已知或假设的总体百分比值p有显著差异。

$H_0:p'=p;H_1:p'\neq p$

$$\hat{p}=60/100=0.6,p=0.5$$

$$z = \frac{\hat{p} - p}{\sigma_p} = \frac{0.6 - 0.5}{\sqrt{\dfrac{0.5(1 - 0.5)}{100}}} = 2.0$$

查表，$z_{0.05} = 1.96$，$z > z_{0.05}$，落在拒绝 H_0 的区域，即越北腹露蝗的性比并非 1：1（$P < 0.05$）。这与 §5.1 讨论的结果是一致的。

【例 5.17】 以麦蛾（*Sitotroga cerealella*）卵繁殖赤眼蜂（*Thrichogramma* sp.）。现调查 210 头蜂，得雌蜂 96 头，雄蜂 114 头，问蜂的雌雄性比是否符合 1：1 模型？

解：$H_0：p' = p$；$H_1：p' \neq p$

样本雌性比 $\hat{p} = 96/210 = 0.457$。按 1：1 的模型 $p = 0.5$。因此：

$$z = \frac{\hat{p} - p}{\sqrt{\dfrac{p(1 - p)}{n}}} = \frac{0.457 - 0.5}{\sqrt{\dfrac{0.5(1 - 0.5)}{210}}} = -1.246$$

查表，$z_{0.05} = 1.96$，$|z| < z_{0.05}$，差异不显著，以麦蛾卵繁殖出的雌雄蜂的性比符合 1：1 的模型。

表 5.9　两种浓度钠皂液处理后蚜虫死亡情况

浓度	n	死亡虫数
A	65	62
B	68	55

【例 5.18】（两个样本二项变量的检验）应用 A、B 两种浓度的钠皂液进行毒杀蚜虫（*Aphis* spp.）的试验，结果记录如表 5.9 所示。问两个浓度药剂所致死亡率差异是否显著？

解：设有两个随机样本为大样本，它们都属于两级互斥的二项变量，总体百分比值分别为 p_1 和 p_2。如第一样本含量为 n_1，具某特征的个体数为 a_1，则 $\hat{p}_1 = a_1/n_1$；同理，第二样本的含量为 n_2，具某特征的个体数为 a_2，则 $\hat{p}_2 = a_2/n_2$。我们需要检验 p_1 与 p_2 的差异是否显著。

这个问题涉及两个样本二项变量之差的抽样分布，根据前述内容我们容易得到：

$$z = \frac{(\hat{p}_1 - \hat{p}_2) - (p_1 - p_2)}{\sigma_{p_1 - p_2}}$$

如果 $\sigma_{p_1 - p_2}$ 未知，则

$$t = \frac{(\hat{p}_1 - \hat{p}_2) - (p_1 - p_2)}{S_{\hat{p}_1 - \hat{p}_2}}$$

$H_0：p_1 = p_2$；$H_1：p_1 \neq p_2$

p_1、p_2 分别为 $\hat{p}_1$、$\hat{p}_2$ 所来自的样本代表的总体死亡率。这个假设无异于说两个样本来自同一总体。因此，要运用总的百分比估计值，即总百分比 $\hat{P}$。

$$\hat{p}_1 = \frac{a_1}{n_1} = \frac{62}{65} = 0.954, \quad \hat{p}_2 = \frac{a_2}{n_2} = \frac{55}{68} = 0.809$$

两个样本的总死亡率：

$$\hat{P} = \frac{a_1 + a_2}{n_1 + n_2} = \frac{62 + 55}{65 + 68} = 0.88$$

死亡率差异标准误：

$$S_{\hat{p}_1 - \hat{p}_2} = \sqrt{\hat{P}(1 - \hat{P})\left(\frac{1}{n_1} + \frac{1}{n_2}\right)} = \sqrt{0.88(1 - 0.88)\left(\frac{1}{65} + \frac{1}{68}\right)} = 0.056$$

$$t = \frac{(\hat{p}_1 - \hat{p}_2) - (p_1 - p_2)}{S_{\hat{p}_1 - \hat{p}_2}} = \frac{(0.954 - 0.809) - 0}{0.056} = 2.59$$

本例属于大样本,可采用正态近似查表,$t_{0.01} = 2.58$,$t > t_{0.01}$,落在拒绝 H_0 的区域,浓度 A 死亡率极显著地高于浓度 B($P < 0.01$)。

习 题

1. 以下为 W. J. Cachran 在试验石灰对菊科植物金盏草(*Calendula officinalis* L.)的防治效果所做的试验结果,在处理地和对照地上金盏草的数目(株)如表 5.10。试作方差同质性检验。

表 5.10 石灰处理和对照地上金盏草的数目

石灰	140	142	36	129	49	37	114	125
CK	117	137	137	143	130	112	130	121

2. 在大田用药剂防治水稻纹枯病后,在施药区和对照区分别随机取 9 个小区测定水稻产量(kg),结果如表 5.11。设水稻产量服从正态分布,问施药对水稻的产量是否有显著的增产效果?

表 5.11 施药和对照处理的水稻产量(kg)

小区号	1	2	3	4	5	6	7	8	9
施药	17	27	18	25	27	29	27	23	17
CK	16	16	20	16	20	17	15	21	16

3. 副珠蜡蚧阔柄跳小蜂(*Metaphycus parasaissetiae*)是橡副珠蜡蚧(*Parasaissetia nigra*)的重要天敌,现随机选雌蜂和雄蜂触角各 10 根,在电镜下每根触角随机测量 1 个板状感器的长度(μm),数据如表 5.12。问雌蜂和雄蜂触角上的板状感器长度是否有显著差异?

表 5.12 雌蜂和雄蜂板状感器长度(μm)比较

感器编号	1	2	3	4	5	6	7	8	9	10
雌蜂	27.05	26.13	27.19	25.34	26.86	25.01	23.80	28.98	29.67	24.69
雄蜂	22.34	24.05	21.86	22.95	21.63	22.12	25.02	21.92	25.01	21.34

4. 选生长期、发育进度、植株大小和其他方面都比较一致的两株番茄构成一组,共 7 组。每组中一株接种 A 处理病毒,另一株接种 B 处理病毒,以研究不同处理病毒方法的致病效果。得结果为病毒在番茄株上产生的病痕数目,数据如表 5.13。设病痕数目符合正态分布,问两种处理方法是否有显著差异?

表 5.13 两种病毒处理后番茄株上的病痕数目

组别	1	2	3	4	5	6	7
A法	10	13	8	3	5	20	16
B法	25	12	14	15	12	27	18

5. 在粳稻田和籼稻田分别调查稻纵卷叶螟的化蛹率。粳稻田和籼稻田各查 50 头活虫,前者为化蛹的 21 头,后者的为 25 头。问两类田中该虫化蛹进度有无显著差异?

第六章　方　差　分　析

方差分析是一种特殊的假设检验,用于判断多组数据之间平均数差异是否显著。对多组数据若仍用第5章中的 t 检验一对对比较,工作量将增大并会大大增加犯第Ⅰ类错误的概率。例如,有7组数据要比较,则共需比 $C_7^2=21$ 次 t 检验。若 H_0 正确,设每对检验达到没有显著差异的正确结论都是 0.95(即 $\alpha=0.05$)。这时,21 对都得到正确结论的概率为:0.95^{21},即达到至少一个不正确结论的概率为:$1-0.95^{21}=1-0.34=0.66$。因此不能认为这是可以接受的检验,必须发掘一种新的方法,这种方法就是方差分析(analysis of variance,ANOVA)。方差分析是把所有这些组数据放在一起,一次比较就对所有各组间是否有差异作出判断。如果没有显著差异,则认为它们都是相同的;如发现有差异,再进一步比较是哪组数据与其他数据不同。这样,就避免了使 α 大大增加的弊病。下面我们先介绍试验设计的基本原则和类型,关于试验设计的详细内容参见第九章。

(1)试验设计的几个基本概念:① 指标:判断试验效果所采用的标准;② 因素:认为有可能影响试验指标的条件。一些因素的水平可准确控制,且水平固定后,其效应也固定。例如,温度、化学药物的浓度、动植物的品系等称为固定因素,而一些因素的水平不能严格控制,或虽水平能控制,但其效应仍为随机变量。又如,动物的窝别(遗传因素的组合)、农家肥的效果等称为随机因素;③ 水平:能影响试验指标的因素通常可以人为地加以控制或分组,即因素的水平。

(2)试验设计的三个基本原则:① 重复:可估计试验误差或降低试验误差;② 随机:小区的放置原则;③ 局部控制:控制试验条件使之基本一致。

方差分析中,我们用以下的线性统计模型描述每一观察值:

$$x_{ij}=\mu+\alpha_i+\varepsilon_{ij} \quad (i=1,2,\cdots,a;j=1,2,\cdots,n) \tag{6.1}$$

其中,μ 为总平均数;α_i 为 i 水平主效应;ε_{ij} 为随机误差,要求 $\varepsilon_{ij}\sim N(0,\sigma^2)$,且互相独立。注意这里要求各水平有共同的方差 σ^2。

单因素方差分析的目的就是检验各 α_i 是否均相同。由于因素可分为固定因素和随机因素,它们会对方差分析的过程产生不同的影响,我们分别加以讨论。首先考虑以下的例子:

【例 6.1】 一位老年医学的专家研究正常体重是否可延长寿命。她随机安排三种食量中的一种给新生的老鼠:①不限量的食物;②90％的正常食量;③80％的正常食量。保持 3 种食量终身喂饲供试老鼠并记录它们的寿命(年)(表 6.1)。在该研究中不同的食量对老鼠的寿命是否有显著的影响?

表 6.1　不同饲料量对老鼠寿命(年)的影响

不限量	90％食量	80％食量
2.5	2.7	3.1
3.1	3.1	2.9
2.3	2.9	3.8
1.9	3.7	3.9
2.4	3.5	4.0

【例 6.2】 内分泌学家研究遗传和环境因素对胰岛素分泌的影响,利用 5 窝小鼠进行了实验。取 2 个月大的小鼠的胰腺并以葡萄糖溶液处理,记录胰岛素分泌量(pg/ml)如表 6.2 所示。问 5 窝小鼠间胰岛素分泌量是否有显著差异?

表 6.2 不同窝小鼠胰岛素分泌量(pg/ml)比较

窝别	1	2	3	4	5
	9	2	3	4	8
	7	6	5	10	10
	5	7	9	9	12
	5	11	10	8	13
	3	5	6	10	11

上述两例虽然研究目标不同,但都涉及平均数的显著差异检验。例 6.1 是一个固定的、经过深思熟虑的试验,该试验用同品系的老鼠和同样的食量可进行重复,这种试验可用固定因素模型进行方差分析。例 6.2 属随机因素模型,因为小鼠的窝别是无法控制的,也无法重复,它的效果是无法预料的。

§6.1 固定因素模型(Model I ANOVA)

固定因素模型(模型 I)的假设:①t 个随机样本取自 t 个平均数为 μ_1、μ_2、$\cdots$、μ_t 的特定总体;②每个总体均为正态总体;③每个总体有相等的方差 σ^2。

模型 I 的统计假设:$H_0: \mu_1 = \mu_2 = \cdots = \mu_k$;$H_1$:至少有 1 对 μ 不等。

模型 I 的数据一般列入如表 6.3 所示的 $t \times b$ 表,表中的 x_{ij} 代表第 i 个水平的第 j 个观测值。

表 6.3 k 个处理、b 次重复、完全随机设计试验观测值的数据模式

处理水平					
1	2	$\cdots$	i	$\cdots$	k
x_{11}	x_{21}	$\cdots$	x_{i1}	$\cdots$	x_{k1}
x_{12}	x_{22}	$\cdots$	x_{i2}	$\cdots$	x_{k2}
$\vdots$	$\vdots$		$\vdots$		$\vdots$
x_{1b}	x_{2b}	$\cdots$	x_{ib}	$\cdots$	x_{kb}

为简化表达,我们引入"·"记号,$T_{i\cdot} = \sum_{j=1}^{b} x_{ij}$ 表示第 i 个水平的全部观测值的和;而 $\overline{x}_{i\cdot} = T_{i\cdot}/b$ 表示第 i 个水平的平均值。两个"·"表示两个方向的和,如所有观测之和可表示为:$T_{\cdot\cdot} = \sum_{i=1}^{t} \sum_{j=1}^{b} x_{ij}$。把 $T_{i\cdot}$ 和 $\overline{x}_{i\cdot}$ 列入上表可得表 6.4。

表 6.4　k 个处理、b 次重复、完全随机设计试验观测值的数据模式简化表

处理水平					
1	2	$\cdots$	i	$\cdots$	t
x_{11}	x_{21}	$\cdots$	x_{i1}	$\cdots$	x_{t1}
x_{12}	x_{22}	$\cdots$	x_{i2}	$\cdots$	x_{t2}
$\vdots$	$\vdots$		$\vdots$		$\vdots$
x_{1b}	x_{2b}	$\cdots$	x_{ib}	$\cdots$	x_{tb}
$T_1.$	$T_2.$	$\cdots$	$T_i.$	$\cdots$	$T_t.$
$\bar{x}_1.$	$\bar{x}_2.$	$\cdots$	$\bar{x}_i.$	$\cdots$	$\bar{x}_t.$

　　单因素方差分析的基本思想是检验处理项的方差和误差项的方差是否具同源性(同质性)，如两项方差为同源则说明处理效应不存在，如为非同源则处理效应是存在的。因为方差由分子的离均差平方和(简称平方和，sum of square)和分母的自由度构成，所以必须把总平方和(total sum of square，SST)分解为处理间平方和(among treatment sum of square，SSA)及误差平方和(residual sum of square，SSE)；把总自由度分解为处理自由度及误差自由度。

1. 平方和的分解(partitioning the sum of square)

$$SST = \sum_i \sum_j (x_{ij} - \bar{x}..)^2 = \sum_i \sum_j [(\bar{x}_i. - \bar{x}..) + (x_{ij} - \bar{x}_i.)]^2$$

$$= \sum \sum [(\bar{x}_i. - \bar{x}..)^2 - 2(\bar{x}_i. - \bar{x}..)(x_{ij} - \bar{x}_i.) + (x_{ij} - \bar{x}_i.)^2]$$

$$= \sum \sum (\bar{x}_i. - \bar{x}..)^2 - \sum \sum 2(\bar{x}_i. - \bar{x}..)(x_{ij} - \bar{x}_i.) + \sum \sum (x_{ij} - \bar{x}_i.)^2$$

由于上式中间一项为 0，所以：

$$SST = \sum_i \sum_j (x_{ij} - \bar{x}..)^2 = \sum_i \sum_j (\bar{x}_i. - \bar{x}..)^2 + \sum_i \sum_j (x_{ij} - \bar{x}_i.)^2 = SSA + SSE$$

令 $C = \dfrac{T_{..}^2}{bt}$，各平方和的计算公式为：

$$SST = \sum_i \sum_j x_{ij}^2 - \frac{(\sum_i \sum_j x_{ij})^2}{bt} = \sum x^2 - \frac{T_{..}^2}{bt} = \sum x^2 - C$$

$$SSA = \sum_i \frac{(\sum_j x_{ij})^2}{b} - \frac{(\sum_i \sum_j x_{ij})^2}{bt} = \sum \frac{T_{i.}^2}{b} - \frac{T_{..}^2}{bt} = \sum \frac{T_{i.}^2}{b} - C$$

2. 自由度的分解(partitioning the degree of freedom)

总自由度：$bt-1$；处理项自由度：$t-1$；误差自由度：$(bt-1)-(t-1)=bt-t=t(b-1)$

3. 均方(mean square)

均方即方差，由分子的平方和与分母的自由度组成。

(1) 误差均方：按照模型 I 的假设，t 个总体的方差相等(与上章所述的两个样本平均数的 t 检验一样)，即可以一个总方差代表各总体的方差，而这个方差可由误差均方(error mena square，MSE)估计：

$$MSE = \frac{SSE}{t(b-1)}$$

因此, MSE 的期望值 $E(MSE) = \sigma^2$ 。

(2) 处理间平方和（SSA）除以处理自由度即为处理均方（treatment mean square, MSA）：

$$MSA = \frac{SSA}{t-1}$$

MSA 的期望值 $E(MSA) = \sigma^2 + \sum_i \frac{b(\mu_i - \mu)^2}{t-1}$（证明从略）。

从 §5.6 可知，比值 $F = \dfrac{MSA}{MSE}$ 应服从 $df_1 = t-1, df_2 = t(b-1)$ 的 F 分布。所以 $E(MSE)$ 和 $E(MSA)$ 为方差分析提供了依据，因为如果 $H_0: \mu_1 = \mu_2 = \cdots = \mu_t$ 成立，$E(MSA) = \sigma^2$，$E(F) = \dfrac{\sigma^2}{\sigma^2} = 1$，即处理方差与误差方差具同质性。

如果 H_0 不成立，$E(F) > 1$，即处理间均方大于误差均方。F 检验的统计假设为：$H_0: \sigma_A^2 = \sigma_E^2$；$H_1: \sigma_A^2 > \sigma_E^2$，故应作单尾（右尾）检验。总结上述内容，可列出方差分析表如表 6.5 所示。

表 6.5　表 6.3 资料方差分析表

变异来源	平方和	自由度	均方	F
处理	SSA	$t-1$	$\dfrac{SSA}{t-1}$	$\dfrac{MSA}{MSE}$
误差	SSE	$t(b-1)$	$\dfrac{SSE}{bt-t}$	
总和	SST	$bt-1$		

下面以例 6.1 为例进行说明。

解：先把初步的计算列入表 6.6：

表 6.6　例 6.1 资料整理

	不限量	90％食量	80％食量
	2.5	2.7	3.1
	3.1	3.1	2.9
	2.3	2.9	3.8
	1.9	3.7	3.9
	2.4	3.5	4.0
$T_{i.}$	12.2	15.9	17.7
$\bar{x}_{i.}$	2.44	3.18	3.54

$$\sum x^2 = 2.5^2 + 3.1^2 + \cdots + 3.9^2 + 4.0^2 = 145.44$$

$$\sum x = 2.5 + 3.1 + \cdots + 3.9 + 4.0 = 45.8$$

$$C = \frac{(\sum x)^2}{bt} = \frac{45.8^2}{15} = 139.84$$

$$SST = \sum x^2 - C = 145.44 - 139.84 = 5.60$$

$$SSA = \sum \frac{T_{i\cdot}^2}{b} - C = \left(\frac{12.2^2}{5} + \frac{15.9^2}{5} + \frac{17.7^2}{5}\right) - 139.84 = 3.15$$

$$SSE = SST - SSA = 5.60 - 3.15 = 2.45$$

$H_0: \mu_U = \mu_{90\%} = \mu_{80\%}$; $H_1:$ 至少有 1 对不等

$$MSA = \frac{SSA}{t-1} = \frac{3.15}{3-1} = 1.575 \ , MSE = \frac{SSE}{t(b-1)} = \frac{2.45}{3 \times (5-1)} = 0.204$$

$$F = \frac{MSA}{MSE} = \frac{1.575}{0.204} = 7.72$$

以 $df_1 = 2$、$df_2 = 12$ 查 F 值表得：临界值 $F_{0.95}(2,12) = 3.89$，落在拒绝 H_0 的区域，即在不限量、90% 和 80% 三种食量中至少有 1 对差异显著（$P < 0.05$）。可总结方差分析表如表 6.7 所示。

表 6.7　例 6.1 资料方差分析表

变异来源	平方和	自由度	均方	F	$F_{0.95}(2,12)$
处理	3.15	2	1.575	7.72	3.89
误差	2.45	12	0.204		
总和	5.60	14			

§6.2　随机因素模型（Model Ⅱ ANOVA）

例 6.2 是随机因素模型，因为老鼠的窝别是无法控制的，也无法重复，它的效果是无法预料的。随机因素的影响首先体现在线性统计模型中，它的表达式仍为：

$$x_{ij} = \mu + \alpha_i + \varepsilon_{ij} \quad (i=1,2,\cdots,a \ ; j=1,2,\cdots,n)$$

但由于各水平的效应无法预料，现在 α_i 不能再视为常数，而是随机变量。统计假设相应变为：

$$H_0: \sigma_\alpha^2 = 0; H_1: \sigma_\alpha^2 > 0$$

这样，当 H_0 成立时，自然有 $\alpha_i = 0 (i=1,2,\cdots,a)$；若不成立，则作为从 $N(0,\sigma_\alpha^2)$ 中抽取的样本，各 α_i 不可能都相同，当然也不可能均为 0。此时它们的和一般也不会是 0。

对于随机模型，总平方和与自由度的分解与固定模型是相同的，因为在证明平方和分解的过程中没有用到线性统计模型，因此因素类型的变化不会影响总平方和的分解。MSE 的期望也没有变，因为这些推导过程中也没有使用 α_i 的性质。但 MSA 的期望变了（证明从略）。

而当 H_1 成立时，F 值仍有偏大的趋势。因此仍可用 F 分布表作上述单尾检验。但这时对结果的解释却不同了。在固定模型中，结论只适用于检验的那几个水平。而在随机模型中由于 $\sigma_\alpha^2 = 0$，结论可推广到这一因素的一切水平。

现在来计算例 6.2。

解：把初步计算结果填入表 6.8。

表 6.8 例 6.2 资料整理

窝别	1	2	3	4	5
	9	2	3	4	8
	7	6	5	10	10
	5	7	9	9	12
	5	11	10	8	13
	3	5	6	10	11
$T_{i\cdot}$	29.0	31.0	33.0	41.0	54.0
$\bar{x}_{i\cdot}$	5.8	6.2	6.6	8.2	10.8

$$\sum x^2 = 1634, \sum x = 188, \quad C = \frac{(\sum x)^2}{bt} = \frac{188^2}{5 \times 5} = 1413.76$$

所以，

$$SST = \sum x^2 - C = 1634 - 1413.76 = 220.24$$

$$SSA = \sum \frac{T_{i\cdot}^2}{b} - C = \left(\frac{29^2}{5} + \frac{31^2}{5} + \cdots + \frac{54^2}{5}\right) - 1413.76 = 83.84$$

$$SSE = SST - SSA = 220.24 - 83.84 = 136.40$$

$$MSA = \frac{SSA}{t-1} = \frac{83.84}{5-1} = 20.96, MSE = \frac{SSE}{t(b-1)} = \frac{136.40}{5 \times 4} = 6.82$$

$H_0: \mu_U = \mu_{90\%} = \mu_{80\%}$ ；$H_1:$ 至少有 1 对不等

$$F = \frac{MSA}{MSE} = \frac{20.96}{6.82} = 3.07$$

查 F 分布表，得：$F_{0.95}(4,20) = 2.87$，$F > F_{0.95}$，所以拒绝 H_0，可认为不同窝别老鼠的胰岛素分泌量有显著差异（$P < 0.05$）。列方差分析表如表 6.9 所示。

表 6.9 例 6.2 资料方差分析表

变异来源	平方和	自由度	均方	F	$F_{0.95}(4,20)$
窝间	83.84	4	20.96	3.07	2.87
误差	136.40	20	6.82		
总和	220.24	24			

从上述分析过程可知，当因素从固定变为随机后，其影响主要表现在改变了统计模型中参数 α_i 的性质，使它从常数变成了随机变量。这样一来，所有涉及 α_i 的地方都有了明显改变，包括统计假设 H_0 和 H_1、均方期望 $E(MSA)$，以及最后的解释。对单因素方差分析来说，因素类型的变化没有影响统计量的计算与检验过程，这是与两个及更多因素方差分析不同之处。另外，由于随机因素的水平不能重复，多重比较也就变得没有意义了。

§6.3 随机化完全区组试验设计方差分析

随机化完全区组试验设计方差分析是双向（two way）或双因子（two factor）方差分析

的一种。例如,农业试验中土地的土质、朝向、离灌渠的远近等环境条件常难以保证完全一致,如果划分成几个区组则可保证区组内条件大致一致。再把区组划成试验小区,用随机数表来决定哪个小区接受哪一种处理。其他如不同操作者、不同仪器设备、不同试剂批号等都可能引起额外的误差,因此也都可以作为划分区组的标准。"随机"是指每个处理在区组内随机放置,"完全"是指每个处理在每个区组内恰好使用 1 次。很多生物学试验都采用这种设计方法。

【例 6.3】 在中华微刺盲蝽($Campylomma\ chinensis$)产卵选择性试验中,将 1 对($♂♀$)刚羽化的中华微刺盲蝽接入栽种 3 种不同植物[马樱丹($Lantana\ camara$)、三叶鬼针草($Bidens\ pilosa$)、胜红蓟($Ageratum\ conyzoides$),每种植物放置 1 株,植株大小相似]的养虫笼,一共观察 6 对,6 个养虫笼内的 3 种植物随机排列。试验后 2 d 镜检卵量,数据如表 6.10 所示(单位:粒)。请比较中华微刺盲蝽在三种植物上产卵量的差异。

表 6.10　中华微刺盲蝽对三种寄主产卵的选择性

中华微刺盲蝽	马樱丹	三叶鬼针草	胜红蓟
1	13	18	8
2	9	19	12
3	17	12	10
4	10	16	11
5	13	17	12
6	11	14	12

例 6.3 是随机化完全区组设计(表 6.11),与上述单向方差分析不同,表中观测值包含两个方向,即由于不同植物的产卵刺激作用(列)和由于产卵量的个体差异(行)。但如果供试的中华微刺盲蝽是随机地取于大量的中华微刺盲蝽总体,那么我们关心的并非该盲蝽卵量的个体差异,而是产卵对不同植物的嗜好性。所以一般来说统计假设为:$H_0:\mu_{Lc}=\mu_{Bp}=\mu_{Ac}$;$H_1$:至少有 1 对 μ 不等。

表 6.11　随机化完全区组设计试验观测值的数据模式简化表

区组	处理						区组	
	1	2	⋯	i	⋯	t	区组合计	区组平均
1	x_{11}	x_{21}	⋯	x_{i1}	⋯	x_{t1}	$T_{\cdot 1}$	$\bar{x}_{\cdot 1}$
2	x_{12}	x_{22}	⋯	x_{i2}	⋯	x_{t2}	$T_{\cdot 2}$	$\bar{x}_{\cdot 2}$
⋮	⋮	⋮		⋮		⋮	⋮	⋮
b	x_{1b}	x_{2b}	⋯	x_{ib}	⋯	x_{tb}	$T_{\cdot b}$	$\bar{x}_{\cdot b}$
处理合计	$T_1.$	$T_2.$	⋯	$T_i.$	⋯	$T_t.$	$T=\sum T_i.=\sum T_{\cdot j}$	
处理平均	$\bar{x}_1.$	$\bar{x}_2.$	⋯	$\bar{x}_i.$	⋯	$\bar{x}_t.$		

随机化完全区组设计方差分析模型 $x_{ij}=\mu+\alpha_i+\beta_j+\varepsilon_{ij}$ 有如下几个假设:

(1) 每个观测值都是来自总体平均数为 μ_{ij} 的随机、独立样本,共有 $t\times b$ 个总体被抽样。

(2) $t \times b$ 个总体中的任何一个均为正态且具有相同的方差 σ^2。

(3) 处理和区组间没有交互作用。

在随机化完全区组设计方差分析中平方和与自由度的分解较单向方差分析复杂,因为多了一个区组项。

(1) 平方和的分解。

$$SST = \sum_i \sum_j (x_{ij} - \bar{x})^2 = \sum \sum x_{ij}^2 - \frac{(\sum \sum x_{ij})^2}{bt}$$

$$= \sum x^2 - \frac{T^2}{bt} = \sum x^2 - C \qquad (C = \frac{T^2}{bt})$$

而

$$\sum_i \sum_j (x_{ij} - \bar{x})^2 = \sum \sum [(x_{ij} - \bar{x}_{i.} - \bar{x}_{.j} + \bar{x}) + (\bar{x}_{i.} - \bar{x}) + (\bar{x}_{.j} - \bar{x})]^2$$

$$= \sum \sum (\bar{x}_{.j} - \bar{x})^2 + \sum \sum (\bar{x}_{i.} - \bar{x})^2 + \sum \sum (x_{ij} - \bar{x}_{i.} - \bar{x}_{.j} + \bar{x})^2$$

$$= SSB + SSA + SSE$$

$$SSA = \sum \sum (\bar{x}_{i.} - \bar{x})^2 = b \sum (\bar{x}_{i.} - \bar{x})^2$$

$$= b \left[\sum \bar{x}_{i.}^2 - \frac{(\sum \bar{x}_{i.})^2}{t} \right] = b \left[\sum \frac{T_{i.}^2}{b^2} - \frac{(\frac{\sum T_{i.}}{b})^2}{t} \right]$$

$$= \frac{1}{b} \sum T_{i.}^2 - \frac{(\sum T_{i.})^2}{bt} = \frac{1}{b} \sum T_{i.}^2 - \frac{T^2}{bt} = \frac{1}{b} \sum T_{i.}^2 - C$$

同理可证明:

$$SSB = \frac{1}{t} \sum T_{.j}^2 - C$$

而

$$SSE = SST - SSA - SSB$$

(2) 自由度的分解。

总自由度$= bt - 1$;处理自由度$= t - 1$;区组自由度$= b - 1$

误差自由度$= bt - 1 - (b-1) - (t-1) = bt - b - t + 1 = b(t-1) - (t-1) = (b-1)(t-1)$

平方和除以自由度便可得到用于假设检验的均方:处理均方 $MSA = \frac{SSA}{t-1}$;区组均方 $MSB = \frac{SSB}{b-1}$;误差均方 $MSE = \frac{SSE}{(t-1)(b-1)}$。 比值 $\frac{MSA}{MSE} = F[(t-1), (t-1)(b-1)]$ 即可检验 $H_0: \mu_1 = \mu_2 = \cdots = \mu_t$,和 §6.1 所述的一样,如果成立,$E(F) = 1$,如果不成立,$E(F) > 1$。综合上述结果,可列出随机化完全区组设计方差分析表(表 6.12)。

表 6.12　随机化完全区组设计试验方差分析表

变异来源	平方和	自由度	均方	F
处理	SSA	$t-1$	$\dfrac{SSA}{t-1}$	$\dfrac{MSA}{MSE}$
区组	SSB	$b-1$	$\dfrac{SSB}{b-1}$	
误差	SSE	$(t-1)(b-1)$	$\dfrac{SSE}{(t-1)(b-1)}$	
总和	SST	$bt-1$		

现以例 6.3 为例说明随机化完全区组方差分析的步骤。

（1）列出基本数据（表 6.13）。

表 6.13　例 6.3 观测值的数据模式简化表

中华微刺盲蝽	马樱丹	三叶鬼针草	胜红蓟	$T_{.j}$	$\bar{x}_{.j}$
1	13	18	8	39	13.0
2	9	19	12	40	13.3
3	17	12	10	39	13.0
4	10	16	11	37	12.3
5	13	17	12	42	14.0
6	11	14	12	37	12.3
$T_{i.}$	73	96	65	$T=234$	
$\bar{x}_{i.}$	12.2	16.0	10.8		

（2）计算平方和。

$$\sum x^2 = 3216, \quad C = \frac{T^2}{bt} = \frac{234^2}{18} = 3042$$

$$SST = \sum x^2 - C = 3216 - 3042 = 174.0$$

$$SSA = \sum \frac{T_{i.}^2}{b} - C = \left(\frac{73^2}{6} + \frac{96^2}{6} + \frac{65^2}{6}\right) - 3042 = 86.3$$

$$SSB = \sum \frac{T_{.j}^2}{t} - C = \left(\frac{39^2}{3} + \frac{40^2}{3} + \cdots + \frac{37^2}{3}\right) - 3042 = 6.0$$

$$SSE = SST - SSA - SSB = 174.0 - 86.3 - 6.0 = 81.7$$

（3）计算均方。

$$MSA = \frac{SSA}{t-1} = \frac{86.3}{3-1} = 43.15$$

$$MSB = \frac{SSB}{b-1} = \frac{6.0}{6-1} = 1.20$$

$$MSE = \frac{SSE}{(t-1)(b-1)} = \frac{81.7}{2 \times 5} = 8.17$$

(4) $H_0: \mu_U = \mu_{90\%} = \mu_{80\%}$；$H_1$：至少有 1 对不等

$F = \dfrac{MSA}{MSE} = \dfrac{43.15}{8.17} = 5.28$，查 F 值表得：$F_{0.95}(2,10) = 4.10$，$F > F_{0.95}$，所以拒绝 H_0，

可认为在这 3 种植物上的落卵量有显著差异（$P < 0.05$）。列方差分析表如表 6.14 所示：

表 6.14　例 6.3 方差分析表

变异来源	平方和	自由度	均方	F	$F_{0.95}(2,10)$
植物	86.3	2	43.15	5.28	4.10
盲蝽	6.0	5	1.20		
误差	81.7	10	8.17		
总和	174.0	17			

以上例题处理的水平都较少，水平数较多的问题请参考下节的例题。

§6.4　多重比较

1. 单向方差分析模型 I

固定模型拒绝 H_0 时，并不意味着所有处理间均存在差异。为弄清哪些处理间有差异，需对所有水平作一对一的比较，即多重比较。常用的多重比较方法有以下几种：

(1) 最小显著差数（LSD）法：实际就是用 t 检验对所有平均数作一对一对的检验。一般情况下各水平重复数 b 相等，用 MSE 作为 σ^2 的估计量，可得：

$$S_{\bar{x}_1 - \bar{x}_2} = \sqrt{MSE\left(\frac{1}{b} + \frac{1}{b}\right)} = \sqrt{\frac{2MSE}{b}}$$

统计量 t 为

$$t = \frac{|\bar{x}_i - \bar{x}_j|}{\sqrt{2MSE/b}} \sim t(bt - t)$$

因此，当 $t > t_{0.975}$ 时，即 $|\bar{x}_i - \bar{x}_j| > t_{0.975}\sqrt{2MSE/b}$ 时，差异显著。t 的自由度 $df = t(b-1)$。

$t_{0.975}\sqrt{2MSE/b}$ 即为最小显著差数（least significant difference），记为 LSD_α。所有比较仅需计算一个 LSD，应用很方便。但由于又回到了多次重复使用 t 检验的方法，会大大增加犯第一类误差的概率。为了克服这一缺点，人们提出了多重范围检验的思想：即把平均数按大小排列后，对离得远的平均数采用较大的临界值。这一类的方法主要有 Duncan 法（DMRT 法）和 Newman-Keul 法。后者又称为 q 法。现介绍如下。

(2) DMRT 法：DMRT（Duncan's multiple range test，邓肯氏复极差检验）法应用一个从 LSD_α 发展而来的 LSR_α 进行检验，LSR（least significant range）即最小显著极差。计算 LSR_α 要查 SSR_α 表，SSR（significant studentize range）即显著的学生氏分布化极差。这种方法避免了只用一个标准，在跨越的平均数个数不同时，用不同的标准。

SSR_α 表（附录表 C5）：P 为多重比较时跨越的平均数个数（平均数从大到小排列），左边标目的自由度为误差项均方（MSE）的自由度。如遇到未列出的自由度，可用线性内插法求出 SSR_α。

DMRT 的步骤：

1) 计算误差标准误(SE)：

$$SE=\sqrt{\dfrac{MSE}{b}}$$

2) 点算平均数的个数(k)，以误差自由度 $t(b-1)$ 查 SSR_α 表；查 P：2、3、…、k 共 $k-1$ 个 SSR_α 值，并计算 LSR_α，

$$LSR_\alpha=SE\times SSR_\alpha$$

3) 把平均数从大到小排列 $\bar{x_1}\geqslant\bar{x_2}\geqslant\bar{x_3}\geqslant\cdots\geqslant\bar{x_t}$，计算两两平均数的差数($D_{ij}$)，列出差数表。

4) 检验两两平均数之间的差异是否显著，对差值表采用适当的 LSR 进行比较。差值表中每条对角线上的 k 值是相同的，可使用同一个临界值 LSR。差值大于 $LSR_{0.05}$，标以 "＊"；大于 $LSR_{0.01}$ 则标 "＊＊"。最后以划线法或字母法表示出来。

(3) Newman-Keul 法。又称多重范围 q 检验。它的检验方法与 DMRT 法完全相同，只是要查不同的系数表。它的系数表称为 q 值表(本书将不讨论此方法)。

LSD 法与 DMRT 的比较：比较 DMRT 的 SSR 值表与 t 值表，可知当 $k=2$ 时，$SSR_\alpha=\sqrt{2}t_{1-\frac{\alpha}{2}}$，此时 2 种检验法是相同的。当 $k\geqslant3$ 时，2 种方法临界值不同，其中 LSD 较小，DMRT 较大。因此 LSD 法犯第一类错误概率较大，DMRT 较小，可按照犯两类错误危害性大小选择适当的方法。一般来说，DMRT 法最常用；若各水平均值只需与对照比较，由于比较次数较少，可考虑选用 LSD 法。另外，只有 F 检验确认各平均数间有显著差异后才可进行 LSD 法检验。

【例 6.4】 对例 6.1 进行多重比较。

解：前已算出 $\bar{x}_U=2.44$，$\bar{x}_{90\%}=3.18$，$\bar{x}_{80\%}=3.54$，$b=5$，

$$MSE=0.204,\quad df=3\times(5-1)=12$$

(1) LSD 法：

查表，得 $t_{0.975}(12)=2.179$，$t_{0.995}(12)=3.055$。

所以，

$$LSD_{0.05}=t_{0.975}(12)\sqrt{\dfrac{2MSE}{b}}=2.179\times\sqrt{\dfrac{2\times0.204}{5}}$$
$$=2.179\times0.2857=0.6225$$
$$LSD_{0.01}=3.055\times0.2857=0.8728$$

列出各水平均值的差值表(表 6.15)：

表 6.15　各水平均值差值表(LSD 法)

	80％食量	90％食量	不限量
80％食量	—		
90％食量	0.36		
不限量	1.10＊＊	0.74＊	

将各差值分别与 $LSD_{0.05}$ 和 $LSD_{0.01}$ 比较，大于 $LSD_{0.05}$ 的标 "＊"，大于 $LSD_{0.01}$ 的标 "＊＊"。结论：80％与不限量达差异极显著，90％与不限量差异显著。

(2) DMRT 法：

$$SE=\sqrt{\dfrac{MSE}{b}}=\sqrt{\dfrac{0.204}{5}}=0.202,\quad df=12$$

利用公式 $LSR = SE \times SSR$ 求各临界值(表6.16):

表 6.16 LSR 临界值

k	$SSR_{0.05}(k,12)$	$LSR_{0.05}$	$SSR_{0.01}(k,12)$	$LSR_{0.01}$
2	3.082	0.623	4.320	0.873
3	3.225	0.651	4.504	0.910

列出差值表(表6.17),并与临界值表中的数值进行比较:

表 6.17 例6.3多重比较结果(DMRT法)

	80%食量	90%食量	不限量
80%食量	—		
90%食量	0.36		
不限量	1.10**	0.74*	

最长的对角线上应使用 $k=2$ 的临界值,因此首先与 $\alpha=0.05$ 的临界值0.623比较,大于0.623的则标一个"*"号;再与 $\alpha=0.01$ 的临界值0.873比较,大于0.873则再加一个"*"号。次长对角线应使用 $k=3$ 的临界值,如此类推即可完成DMRT多重比较。把这一差值表与LSD法的差值表进行比较,可以看到它们的结果是相同的。但若比较一下两种方法的临界值,就可以发现DMRT法 $k=2$ 的临界值就是最小显著差数法的临界值,而 $k>2$ 的Duncan法临界值变大。但对本题来说,这种变大尚不足以改变最终的结果。

2. 随机化完全区组设计的DMRT法

随机化完全区组设计的DMRT法与上述固定模型的DMRT法基本相同,不同之处只是误差自由度变为 $(t-1)(b-1)$。

【例6.5】 对例6.3进行多重比较(DMRT)。

解:例6.3已计算了: $\bar{x}_1 = 16.0, \bar{x}_2 = 12.2, \bar{x}_3 = 10.8, MSE = 8.17, df = 10, b = 6$,

$$SE = \sqrt{\frac{MSE}{b}} = \sqrt{\frac{8.17}{6}} = 1.167$$

利用公式 $LSR = SE \times SSR$ 计算各临界值(表6.18):

表 6.18 LSR 临界值

k	$SSR_{0.05}(k,10)$	$LSR_{0.05}$	$SSR_{0.01}(k,10)$	$LSR_{0.01}$
2	3.151	3.677	4.482	5.230
3	3.293	3.843	4.617	5.388

列出差值表,并与临界值表中的数值进行比较(表6.19):

表 6.19 例6.3多重比较结果

	三叶鬼针草	马缨丹	胜红蓟
三叶鬼针草			
马缨丹	3.80*		
胜红蓟	5.20*	1.40	

上表结果以字母法表示:16.0a,12.2b,10.8b。

以论文写作的形式表达如表 6.20:

表 6.20　中华微刺盲蝽在三种寄主上产卵量比较

中华微刺盲蝽	马缨丹	三叶鬼针草	胜红蓟
1	13	18	8
2	9	19	12
3	17	12	10
4	10	16	11
5	13	17	12
6	11	14	12
平均值*	12.2b	16.0a	10.8b

*同行具相同字母者表示在 $\alpha = 0.05$ 水平上差异不显著(DMRT 法)

§6.5　数据变换

在某些情况下,离散型资料在进行方差分析之前,要经过数据变换,这是因为这类资料不符合§6.1、§6.2、§6.3 所讨论的关于方差分析的基本假设。要不要变换和采取什么变换,主要依据两点:①原始数据的形态;②方差与平均数的关系。当样本的方差与平均数接近呈比例或各样本的方差相当大时,则资料的可加性和方差齐性是可疑的。一般而论,效应的不可加性、方差的不齐性和误差分布的非正态性常常是伴随出现的。如果一种转换能够同时消除三者当然是理想的,但常不易办到。应注意可加性是主要的而方差齐性是次要的。当数据经过适当的变换后,资料能近似地符合方差分析的假设,这样可以增进方差分析的精确度。用于方差分析的数据变换有多种方式,这里介绍主要的三种方式。

1. 对数变换(the logarithmic transformation)

对数变换是适用性很广、很有效的一种转换方式,它适用于大范围变动的正整数资料,这种资料不符合 Possion 分布,而符合聚集型的各种分布,如 Neyman A 分布和负二项分布等,其特点是极差大,方差通常大于平均数。这种资料在昆虫学的研究中经常出现,如褐稻虱在每科水稻或每个面积小区的单位数量资料就是如此。对数变换使正向偏斜的频数分布改变为接近对称的分布。

总之,不论何时,当平均数与方差呈正相关或平均数与标准差成正比,就适用于对数变换。实际上对数变换的主要功能在于校正效应的可加性,有时试验效应的表现是呈倍增性(multiplicative)的而非可加性的,如各处理的数量水平为 0、1、2、4,而效应的表现是 0、10、20、40 而非 10、12、14、18。据 Williams 的看法,捕虫器捕获昆虫的资料,效应呈比例的情况非常普遍。对于一些计数资料如采用下述的平方根变换仍不能很好地改善可加性,宜用对数变换。

对数变换的转换方式是:设原始资料为 x,转换后的数据为 x'。当资料没有零存在,且大多数值大于 10,可用 $x' = \log x$;当资料的值多数小于 10,且有零存在,可用 $x' = \log(x+1)$。

【例 6.6】 药剂处理土壤防治高尔夫球场草地金龟子幼虫试验,随机化完全区组设计,

6 个处理(5 种药剂 A、B、C、D、E 与 CK),4 个区组。判断依据为各小区从土壤中羽化的成虫数。原始数据如表 6.21 所示。问各药剂处理后的成虫数是否有差异?

表 6.21　5 种药剂处理后草地金龟子幼虫的羽化数

区组	处理						
	A	B	C	D	E	CK	$T_{.j}$
1	14(1.18)	7(0.90)	6(0.85)	95(1.98)	37(1.58)	212(2.33)	8.82
2	6(0.85)	1(0.30)	1(0.30)	133(2.13)	31(1.15)	172(2.24)	7.33
3	8(0.95)	0(0.00)	1(0.30)	86(1.94)	13(1.15)	202(2.31)	6.65
4	36(1.57)	15(1.20)	4(0.70)	115(2.06)	69(1.85)	217(2.34)	9.72
$T_{i.}$	4.55	2.40	2.15	8.11	6.09	9.22	$T=32.52$
$\bar{x}_{i.}$	1.14	0.60	0.54	2.03	1.52	2.31	

注:括号中的数据为 $x'=\log(x+1)$

解:方差分析:

校正数 $C = \dfrac{T^2}{bt} = \dfrac{32.52^2}{24} = 44.0646$

总平方和 $SST = \sum x^2 - C = 1.18^2 + 0.90^2 + \cdots + 2.34^2 - C$

$\qquad = 56.4590 - 44.0646 = 12.3944$

区组平方和 $SSB = \sum \dfrac{T_{.j}^2}{t} - C = \dfrac{8.82^2 + 7.33^2 + \cdots + 9.72^2}{6} - C$

$\qquad = \dfrac{270.2222}{6} - 44.0646 = 0.9724$

处理平方和 $SSA = \sum \dfrac{T_{i.}^2}{b} - C = \dfrac{4.55^2 + 2.40^2 + \cdots + 9.22^2}{4} - C$

$\qquad = 54.7384 - 44.0646 = 10.6738$

误差平方和 $SSE = SST - SSB - SSA = 12.3944 - 0.9724 - 10.6738 = 0.7482$

列方差分析表如表 6.22 所示。

表 6.22　例 6.6 方差分析表

变异来源	自由度	平方和	均方	F	$F_{0.01}$
农药	5	10.6738	2.1348	42.78	4.56
区组	3	0.9724	0.3241		
误差	15	0.7482	0.0499		
总和	23	12.3944			

多重比较 DMRT:

$$SE = \sqrt{\dfrac{MSE}{b}} = \sqrt{\dfrac{0.0499}{4}} = 0.1117$$

误差自由度 $df = 15$,得 SSR 值表(表 6.23):

表 6.23　SSR 值表

k	2	3	4	5	6
$SSR_{0.05}$	3.01	3.16	3.25	3.31	3.36
$SSR_{0.01}$	4.17	4.37	4.50	4.58	4.64
$LSR_{0.05}$	0.336	0.353	0.363	0.370	0.375
$LSR_{0.01}$	0.466	0.488	0.503	0.512	0.518

根据表 6.24 得检验结果见表 6.25。

表 6.24　例 6.6 多重比较结果

处理	平均数	CK	C	E	A	B
CK	2.30					
C	2.03	0.27				
E	1.52	0.78**	0.51**			
A	1.14	1.16**	0.89**	0.38*		
B	0.60	1.70**	1.43**	0.92**	0.54**	
D	0.54	1.70**	1.49**	0.98**	0.60**	0.06
检验极差的范围(P)		6	5	4	3	2

表 6.25　例 6.6 多重比较结果

处理	CK	C	E	A	B	D
平均数*	2.30 aA	2.03 aA	1.52 bB	1.14 cB	0.60 dC	0.54dC

*同行具相同字母者表示在 $\alpha=0.05$(小写)和 $\alpha=0.01$(大写)水平上差异不显著(DMRT 法)

结论:C 与对照存成虫数差异不显著,此药不应选用;其余 4 种药剂均证明有防治效果,择优选用时宜先考虑 D 和 B。

2. 平方根变换(the square root transformation)

当资料是小的整数,如一定取样单位中的昆虫数、卵块数、植株数或细菌群落数等,这类资料往往倾向于 Poisson 分布,方差与平均数相等、方差与平均数呈正比或方差与非可加性的效应呈正比,都适宜采用平方根变换,昆虫的扫网资料也可采用这种变换。

此外,二项变量以百分比表示的资料,如果是处于 0 ~ 30% 之间或 70% ~ 100% 之间,但并非两种情况并存时,也应用此转换方法,前者可将 % 号前的数据看作 X,而后者则要以 100 为被减数,其差数作如上处理,当然这类百分比值最好有公共分母,即样本含量 n 为一定值。

当 X 的大多数大于 10 时:

$$X'=\sqrt{X}$$

当 X 多数小于 10,且有零存在时:

$$X'=\sqrt{X+0.5} \ 或 \ X'=\sqrt{X+1}$$

【例 6.7】 杀虫剂触杀三化螟蛾试验,试区设于晚稻田。供试药剂 A、B、C、D、E 共 5 种,连同 CK 共 6 个处理,6 个区组,随机化完全区组设计。判据为喷药后 3 h 被击倒于各小区内的螟蛾数,资料记录如表 6.26 所示。

表 6.26   5 种药剂处理后被击倒的螟蛾数

区组	处理						$T_{\cdot j}$
	A	B	C	D	E	CK	
1	132(11.49)	75(8.66)	15(3.87)	28(5.29)	90(9.49)	14(3.74)	42.54
2	89(9.43)	67(8.19)	25(5.00)	24(4.90)	89(9.43)	16(4.00)	40.95
3	94(9.70)	95(9.75)	69(8.31)	44(6.63)	95(9.75)	7(2.65)	46.79
4	32(5.66)	70(8.37)	11(3.32)	13(3.61)	53(7.28)	8(2.83)	31.07
5	63(7.94)	27(5.20)	40(6.32)	17(4.12)	67(8.19)	4(2.00)	33.77
6	47(6.86)	96(9.80)	28(5.29)	32(5.66)	45(6.71)	19(4.36)	38.68
$T_i.$	51.06	49.97	32.11	30.21	50.82	19.58	233.80
$\bar{x}_i.$	8.51	8.33	5.35	5.04	8.48	3.26	

解:本例判据为离散型数据,很少小于 10,没有 0 存在,故以平方根变换,变换后数据列于表 6.26 内。

方差分析:

校正数 $C = \dfrac{T^2}{bt} = \dfrac{233.80^2}{36} = 1518.401$

总平方和 $SST = \sum x^2 - C$

$$= 11.49^2 + 8.66^2 + \cdots + 4.36^2 - C = 1740.5946 - 1518.401$$

$$= 222.1936$$

区组平方和 $SSB = \sum \dfrac{T_{\cdot j}^2}{t} - C = \dfrac{42.54^2 + 40.95^2 + \cdots + 38.68^2}{6} - C$

$$= 1546.2931 - 1518.401 = 27.892$$

处理平方和 $SSA = \sum \dfrac{T_{i.}^2}{b} - C = \dfrac{51.06^2 + 49.97^2 + \cdots + 19.58^2}{6} - C$

$$= 1668.9846 - 1518.401 = 151.426$$

误差平方和 $SSE = SST - SSB - SSA = 222.1936 - 27.892 - 151.426 = 42.8756$

列方差分析表(表 6.27)。

表 6.27   例 6.7 方差分析表

变异来源	自由度	平方和	均方	F	$F_{0.01}$
处理	5	151.43	30.29	17.61	3.86
区组	5	27.89	5.58		
误差	25	42.88	1.72		
总和	35	222.19			

多重比较 DMRT：

$$SE = \sqrt{\frac{SME}{b}} = \sqrt{\frac{1.72}{6}} = 0.535$$

误差自由度 $df = 25$，得 LSR 值表（表 6.28）。

表 6.28　LSR 值表

k	2	3	4	5	6
$SSR_{0.05}$	2.915	3.065	3.145	3.215	3.275
$SSR_{0.01}$	3.945	4.125	4.225	4.315	4.375
$LSR_{0.05}$	1.560	1.640	1.683	1.720	1.752
$LSR_{0.01}$	2.111	2.207	2.260	2.309	2.341

多重比较结果见表 6.29。

表 6.29　例 6.7 多重比较结果

品种	平均数	A	E	B	C	D
A	8.51					
E	8.48	0.03				
B	8.33	0.18	0.15			
C	5.35	3.16**	3.13**	2.98**		
D	5.04	3.47**	3.44**	3.29**	0.31	
CK	3.26	5.25**	5.22**	5.07**	2.09*	1.78*
检验极差的范围(P)		6	5	4	3	2

检验结果列于表 6.30。

表 6.30　例 6.7 科技论文表达方式

处理	A	E	B	C	D	CK
平均数*	8.51aA	8.48aA	8.33aA	5.35bB	5.04bB	3.26cB

* 同行具相同字母者表示在 $\alpha = 0.05$(小写)和 $\alpha = 0.01$(大写)水平上差异不显著(DMRT 法)

结论：①5 种药剂处理的击倒螟蛾数均显著多于对照，说明施药杀蛾是有效的；②5 种药剂处理中，大致可以分为 2 组，A、E、B 为一组，C、D 为另一组，两组击倒蛾数差异显著，以前者为多，但两个组内各处理间的差异却不显著；③选用药剂宜优先从 A、E、B 三者中选取。

3. 反正弦变换(the arcsine transformation)

反正弦变换又称角度变换(angular transformation)，适用于倾向遵从二项分布的资料，这类资料常以百分比或小数的形态表示，如死亡率、寄生率、被害株率等。回顾第四章所述，二项分布以百分比表示的标准差为：

$$\sigma_p = \sqrt{\frac{P(1-P)}{n}}$$

其中，$P = \mu$，可见方差是平均数的一个函数，两者的变动有牵连而非独立。不过当百分比值处于 30%～70%之间时,是不需要作任何变换的,而当百分比值处于小于 30%或大于 70%时宜采用平方根变换(见上节),只有当百分比值范围很大,跨及上述三段时才采用反正弦变换。设原百分比资料为 P,转换后的值为 Φ,则:

$$\Phi = \sin^{-1}\sqrt{P} \text{ 或 } \Phi = \arcsin\sqrt{P}$$

【例 6.8】 用杀虫剂喷雾防治褐稻虱试验,5 个处理,包括 4 种药剂和对照,4 次重复,随机化完全区组设计,每个小区供试虫数均为 200 头,判据为各小区别的褐稻虱死亡数。综观各小区的死亡率,其变动范围很广(0～100%),因此应进行反正弦变换。表 6.31 为死亡率的原始资料及括号内的反正弦变换值,统计分析以转换值进行。

表 6.31　4 种药剂处理后褐稻虱死亡率(%)

处理	区组				$T_{i\cdot}$	$\bar{x}_{i\cdot}$
	Ⅰ	Ⅱ	Ⅲ	Ⅳ		
A	30(33.21)	35(36.27)	40(39.23)	25(30.00)	138.71	34.68
B	100(90.00)	95(77.08)	90(71.57)	100(90.00)	328.65	82.16
C	95(77.08)	90(71.57)	90(71.57)	89(70.63)	290.85	72.71
D	55(47.87)	60(50.77)	50(45.00)	45(42.13)	185.77	46.44
CK	5(12.92)	10(18.43)	10(18.43)	0(0)	49.78	12.45
$T_{\cdot j}$	261.08	254.12	245.80	232.76	$T=993.76$	

注:括号中数据为反正弦变换值

方差分析:

校正数 $C = \dfrac{T^2}{bt} = \dfrac{993.76^2}{20} = 49377.95$

总平方和 $SST = \sum x^2 - C = 33.21^2 + 36.27^2 + \cdots + 0^2 - C$

$\qquad = 62810.7772 - 49377.95$

$\qquad = 13432.8303$

区组平方和 $SSB = \sum \dfrac{T_{\cdot j}^2}{t} - C = \dfrac{261.08^2 + 245.12^2 + \cdots + 232.76^2}{5} - C$

$\qquad = \dfrac{247334.6}{5} - 49377.95$

$\qquad = 88.9728$

处理平方和 $SSA = \sum \dfrac{T_{i\cdot}^2}{b} - C = \dfrac{138.71^2 + 328.65^2 + \cdots + 49.78^2}{4} - C$

$\qquad = 62208.39 - 49377.95$

$\qquad = 12830.44$

误差平方和 $SSE = 13432.8303 - 88.9728 - 12830.44 = 513.4168$

列方差分析表(表 6.32)。

表 6.32　例 6.8 方差分析表

变异来源	自由度	平方和	均方	F	$F_{0.01}$
处理	4	12830.44	3207.61	74.97	5.41
区组	3	88.97	29.66		
误差	12	513.42	42.79		
总和	19	13433.83			

多重比较 DMRT:

$$SE = \sqrt{\frac{\overline{SME}}{b}} = \sqrt{\frac{42.79}{4}} = 3.271$$

误差自由度 $df = 12$,得 LSR 值表(表 6.33)。

表 6.33　LSR 值表

k	2	3	4	5
$SSR_{0.05}$	3.08	3.23	3.33	3.36
$SSR_{0.01}$	4.32	4.55	4.68	4.76
$LSR_{0.05}$	10.07	10.57	10.89	10.99
$LSR_{0.01}$	14.13	14.88	15.31	15.57

多重比较结果见表 6.34。

表 6.34　例 6.8 多重比较结果

品种	平均数	B	C	D	A
B	82.16				
C	72.71	9.45			
D	46.44	35.72**	26.27**		
A	34.68	47.48**	38.03**	11.76**	
CK	12.45	69.71**	60.26**	33.99**	22.23**
检验极差的范围(P)		5	4	3	2

检验结果见表 6.35。

表 6.35　例 6.8 多重比较结果

处理	B	C	D	A	CK
平均数*	82.16a	72.71a	46.44b	34.68c	12.45d

*同行具相同字母者表示在 $\alpha = 0.01$ 水平上差异不显著(DMRT 法)

结论:①各药剂处理褐稻虱的死亡率均显著高于对照;②各药剂处理相互间的差异在 0.05 水平上均显著,其中以处理 B 的杀虫效果最好。

上述几例均为数据转换后进行的方差分析,读者在了解数据转换的类型之余可把其作为方差分析和多重比较的例子阅读。数据在转换前和转换后方差分析的结果是否有差异呢? 下面以一例说明。

【例 6.9】　从 5 个样本组、每组有 4 种小麦品种的调查所得的小麦黑穗病感染的百分比如表 6.36 所示。

表 6.36　4 种小麦品种黑穗病感染率(%)

区组	品种			
	A	B	C	D
1	0.8	4.0	9.8	6.0
2	3.8	1.9	56.2	79.8
3	0.0	0.7	66.0	7.0
4	6.0	3.5	10.3	84.6
5	1.7	3.2	9.2	2.8

对上表原始资料进行单向方差分析得方差分析表(表 6.37)。

表 6.37　例 6.9 方差分析表

变异来源	平方和	自由度	均方	F	$F_{0.95}$
小麦品种	4767	3	1589	2.45	3.24
误差	10366	16	648		
总和	15133	19			

由于原始数据变动范围很广(0~84.6%),采用反正弦变换后数据见表 6.38。

表 6.38　例 6.9 反正弦变换后数据表

区组	品种			
	A	B	C	D
1	5.13	11.54	18.24	14.18
2	11.24	7.92	48.56	63.29
3	0.0	4.80	54.33	15.34
4	14.18	10.78	18.72	66.89
5	7.49	10.30	17.66	9.63

变换后进行的单向方差分析结果见表 6.39。

表 6.39　例 6.9 反正弦变换后数据方差分析表

变异来源	平方和	自由度	均方	F	$F_{0.05}$
小麦品种	2983	3	994	3.34	3.24
误差	4768	16	298		
总和	7751	19			

上述结果显示,数据转换前的检验结果表明小麦各品种黑穗病感染没有显著差异($P >$

0.05),而数据转换后的检验结果却表明小麦各品种黑穗病感染有显著差异($P<0.05$),因此数据变换提高了分析的敏感性。

习　题

1. 下面的实验是为判断 4 种人工饲料配方对于斜纹夜蛾幼虫增重的相对优劣而设计的。20 头幼虫随机分为 4 组,每组 5 头。每组饲以不同的人工饲料配方,在一定时间内每头幼虫增重(mg)的数据如表 6.40 所示。请对上述结果进行方差分析并作多重比较。

表 6.40　四种人工饲料配方饲养后斜纹夜蛾幼虫增重情况

A	B	C	D
133	163	210	195
144	148	233	180
135	152	220	199
149	146	226	187
143	157	229	193

2. 鱼藤(*Derris* spp.)是重要的植物源农药原料,为测定各品种的产量,现进行品种产量比较试验。试验设计为随机化完全区组,每小区种植 40 株,各品种的平均干根重(kg)如表 6.41 所示。请对上述结果进行方差分析并作多重比较。

表 6.41　不同品种鱼藤的干根重

| 区组 | 品种 | | | | | |
	海南毛鱼藤	台湾毛鱼藤	台湾半蔓毛鱼藤	丰顺种鱼藤	广西柳州鱼藤	新加坡鱼藤
1	4.27	4.37	8.50	5.56	6.06	4.99
2	3.25	3.75	6.12	4.87	5.12	4.12
3	5.62	4.43	7.12	5.37	4.00	3.93
4	6.00	4.68	6.53	6.37	8.81	4.56

3. 螺旋粉虱(*Aleurodicus dispersus*)对不同波长的发光二极管(LED)的趋光性研究。试验在番石榴园进行,随机化完全区组试验设计,各种波长的 LED 和空白对照随机设置在 4 个区组中,各处理诱获的螺旋粉虱成虫数如表 6.42 所示。请对上述结果进行方差分析并作多重比较。

表 6.42　不同波长 LED 灯对螺旋粉虱成虫的诱捕数量

| 区组 | LED 波长/nm | | | | | |
	405	570	520	460	650	CK
1	67	3	5	4	5	5
2	25	6	4	1	0	4
3	27	2	4	1	2	6
4	20	6	0	0	1	1

第七章 线性回归和相关

前几章的方法都只涉及一个变量,主要是比较它的各组值之间的差异。但生物学所涉及的问题是多种多样的,对许多问题的研究需要考虑不只一个变量。例如,生物的生长发育速度就与温度、营养、湿度等许多因素有关,我们常常需要研究类似的多个变量之间的关系。这种关系可分为两大类,即相关关系与回归关系。

相关关系:两变量 X、Y 均为随机变量,任一变量的每一可能值都有另一变量的一个确定分布与之对应。

回归关系:X 是非随机变量或随机变量,Y 是随机变量,对 X 的每一确定值 x_i 都有 Y 的一个确定分布与之对应。

从上述定义可看出相关关系中的两个变量地位是对称的,可以认为它们互为因果;而回归关系中则不是这样,我们常称回归关系中的 X 是自变量,而 Y 是因变量。即把 X 视为原因,而把 Y 视为结果。

这两种关系尽管有意义上的不同,分析所用的数学概念与推导过程也有所不同,但如果我们使用共同的标准,即使 y 的残差平方和最小(最小二乘法,详见下述),则不管是回归关系还是相关关系都可以得到相同的参数估计式。因此本章将集中讨论数学处理较简单的回归关系,且 X 限定为非随机变量。从这些讨论中所得到的参数估计式也可用于 X 为随机变量的情况,但我们不再讨论 X 为随机变量时的证明与推导。

另外,回归分析和相关分析的目的也有所不同。回归分析研究的重点是建立 X 与 Y 之间的数学关系式,这种关系式常常用于预测,即知道一个新的 X 取值,然后预测在此情况下的 Y 的取值;而相关分析的重点则放在研究 X 与 Y 两个随机变量之间的共同变化规律。如当 X 增大时 Y 如何变化,以及这种共变关系的强弱。由于这种研究目的的不同,有时也会引起标准和方法上的不同,我们将在相关分析一节中作进一步介绍。

从两个变量间相关(或回归)的程度来看,可分为以下 3 种情况:

(1)完全相关。此时一个变量的值确定后,另一个变量的值就可通过某种公式求出来;即一个变量的值可由另一个变量所完全决定。这种情况在生物学研究中是不太多见的。完全相关包括完全正相关和完全负相关。

(2)不相关。变量之间完全没有任何关系。此时知道一个变量的值不能提供有关另一个变量的任何信息。

(3)统计相关(不完全相关)。介于上述两种情况之间。也就是说,知道一个变量的值通过某种公式就可以提供关于另一个变量一些信息,通常情况下是提供有关另一个变量的均值的信息。此时,知道一个变量的取值并不能完全决定另一个变量的取值,但可或多或少地决定它的分布。这是科研中最常遇到的情况。本章讨论主要针对这种情况进行。为简化数学推导,本章中如无特别说明,一律假设 X 为非随机变量,即 X 只是一般数字,并不包含随机误差,但所得结果可以推广到 X 为随机变量的情况。统计相关有正相关和负相关之分(图 7.1)。

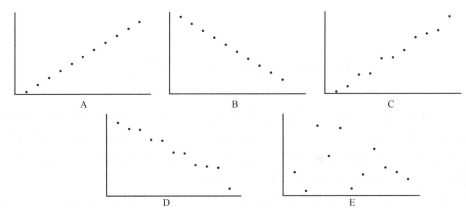

图 7.1　两个变量相关的常见类型
A. 完全正相关；B. 完全负相关；C. 正相关；D. 负相关；E. 不相关

按相关中涉及公式类型可把相关关系分为线性相关和非线性相关。在多数情况下,我们提到相关关系时都是指线性相关,这是因为线性相关的理论已经很完善,数学处理也很简单;而非线性问题则需要具体问题具体分析,常常没有什么好的解决方法,理论上能得到的结果也很有限。因此在一般情况下我们常常只能解决线性相关的问题。也正是因为如此,在不加说明的情况下提到相关时常常是指线性相关。讨论回归关系时也有类似现象。

本章将讨论回归关系中最简单的情况:一元线性回归。

§7.1　简单线性回归

前边已经说过,回归关系就是对每一个 X 的取值 x_i,都有 Y 的一个分布与之对应。在这种情况下,怎么建立 X 与 Y 的关系呢? 一个比较直观的想法就是建立 X 与 Y 的分布的参数间的关系,首先是与 Y 的均值的关系,这就是条件均值的概念,记为 $\mu_{Y \cdot X = x_i}$。它的意思是在 $X = x_i$ 的条件下,求 Y 的均值。如果我们用 $\mu_{Y \cdot X}$ 代表 X 取一切值时 Y 的均值所构成的集合,那么所谓一元线性回归就是假定 X 与 $\mu_{Y \cdot X}$ 之间的关系是线性关系,而且满足

$$\mu_{Y \cdot X} = A + BX \qquad\qquad (7.1)$$

此时,进行回归分析的目标就是给出参数 A 和 B 的估计值。

【例 7.1】　狗的红细胞数(Y,单位:百万个)和填充细胞体长度(X,单位:mm)的关系数据见表 7.1。试推导红细胞数 Y 与填充细胞体长度 X 之间的回归方程。

表 7.1　狗红细胞数与填充细胞体长度的关系

序号	1	2	3	4	5	6	7	8	9	10
填充细胞体长度(x_i)	45	42	56	48	42	35	58	40	39	50
红细胞数(y_i)	6.53	6.30	9.52	7.50	6.99	5.90	9.49	6.20	6.55	8.72

首先,我们可以把数对(x_i, y_i)标在 X-Y 坐标系中,这种图称为散点图。它的优点是可以使我们对 X、Y 之间的关系有一个直观的、整体上的印象,如它们是否有某种规律性,是接近一条直线还是一条曲线,等等。我们还可以画很多条接近这些点的直线或曲线,但这

些线中的哪一条可以最好地代表 X、Y 之间的关系,就不是凭直观印象可以作出判断的了。例如,对例 7.1,我们可绘出如图 7.2 所示的散点图:

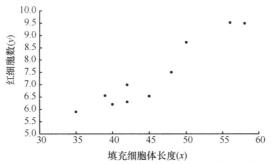

图 7.2　狗红细胞数与填充细胞体长度的关系

图中的点看来是呈直线关系,但那条直线是否最好地反映了这种关系呢? 或者换一种说法:该如何找到最好地反映这种关系的直线呢? 这就是我们以下要讨论的问题。

7.1.1　简单正态线性回归统计模型

线性回归意味着条件平均数与 X 之间的关系是线性函数:
$$\mu_{Y \cdot X} = A + BX$$
对于每个 Y 的观察值 y_i 来说,由于条件均值由式(7.1)决定,观察值就应该是在条件均值的基础上再加上一个随机误差,即:
$$y_i = A + Bx_i + \varepsilon_i \tag{7.2}$$
其中,$\varepsilon_i \sim N(0, \sigma^2)$。正态线性回归中"正态"的意思是随机误差服从正态分布。式(7.2)就是一元正态线性回归的统计模型。

7.1.2　参数 A 和 B 的估计

统计模型中的 A 和 B 是总体参数,通常是不知道的。由于只能得到有限的观察数据,我们无法算出准确的 A 与 B 的值,只能求出它们的估计值 a 和 b,并得到 y_i 的估计值为:
$$\hat{y}_i = a + bx_i \tag{7.3}$$
那么,什么样的 a 和 b 是 A 和 B 最好的估计呢? 换句话说,选取什么样的 a 和 b 可以最好地反映 X 和 Y 之间的关系呢? 一个合理的想法是使残差 $e_i = y_i - \hat{y}_i$ 最小。为了避免使正负 e_i 互相抵消,同时又便于数学处理,我们定义使残差平方和 $SSE = \sum_{i=1}^{n}(y_i - \hat{y}_i)^2$ 达到最小的直线为回归线,即令: $SSE = \sum_{i=1}^{n}(y_i - a - bx_i)^2$,且 $\dfrac{\partial SSE}{\partial a} = 0$, $\dfrac{\partial SSE}{\partial b} = 0$。得:
$$\begin{cases} \sum_{i=1}^{n}(-2)(y_i - a - bx_i) = 0 \\ \sum_{i=1}^{n}(-2)x_i(y_i - a - bx_i) = 0 \end{cases}$$
整理后,得:

$$\begin{cases} an + b \sum_{i=1}^{n} x_i = \sum_{i=1}^{n} y_i \\ a \sum_{i=1}^{n} x_i + b \sum_{i=1}^{n} x_i^2 = \sum_{i=1}^{n} x_i y_i \end{cases} \tag{7.4}$$

上式称为正则方程(regular equation)。解此方程,得:

$$b = \frac{\sum xy - \dfrac{\sum x \sum y}{n}}{\sum x^2 - \dfrac{(\sum x)^2}{n}} = \frac{\sum (x - \bar{x})(y - \bar{y})}{\sum (x - \bar{x})^2} \tag{7.5}$$

由于回归方程一定经过点$(\bar{x}, \bar{y})$,所以:

$$a = \bar{y} - b\bar{x} \tag{7.6}$$

这种方法称为最小二乘法,它也适用于曲线回归,只要将线性模型式(7.3)换为非线性模型即可。但要注意非线性模型的正则方程一般比较复杂,有些情况下甚至没有解析解。另一方面,不管X与Y间的真实关系是什么样的,使用线性模型的最小二乘法的解总是存在的。因此正确选择模型很重要,而且用最小二乘法得出的结果一般要经过检验。记$SSX = \sum (x - \bar{x})^2$,称为$X$的平方和;$SSY = \sum (y - \bar{y})^2$,称为$Y$的总平方和;$SSXY = \sum (x - \bar{x})(y - \bar{y})$,称为$XY$乘积和。则

$$b = \frac{SSXY}{SSX} \tag{7.7}$$

在实际计算时,可采用以下公式:

$$SSX = \sum x^2 - \frac{(\sum x)^2}{n}$$

$$SSY = \sum y^2 - \frac{(\sum y)^2}{n}$$

$$SSXY = \sum xy - \frac{(\sum x)(\sum y)}{n}$$

现在回到例7.1,将表7.1的原始数据和初步的计算结果列于表7.2。

表 7.2　表 7.1 数据初步的计算结果

x	y	xy	x^2	y^2
45	6.53	293.85	2025	42.6409
42	6.30	264.60	1764	39.6900
56	9.52	533.12	3136	90.6304
48	7.50	360.00	2304	56.2500
42	6.99	293.58	1764	48.8601
35	5.90	206.50	1225	34.8100

x	y	xy	x^2	y^2
58	9.49	550.42	3364	90.0601
40	6.20	248.00	1600	38.4400
39	6.55	255.45	1521	42.9025
50	8.72	436.00	2500	76.0384
$\sum x = 455$	$\sum y = 73.7$	$\sum xy = 3441.52$	$\sum x^2 = 21203$	$\sum y^2 = 560.3224$

把数据代入上述公式,得:

$$\bar{x} = \frac{\sum x}{n} = \frac{455}{10} = 45.5, \; \bar{y} = \frac{\sum y}{n} = \frac{73.7}{10} = 7.37$$

$$SSX = \sum x^2 - \left(\sum x\right)^2/n = 21203 - 455^2/10 = 500.50$$

$$SSY = \sum y^2 - \left(\sum y\right)^2/n = 560.32 - 73.7^2/10 = 17.15$$

$$SSXY = \sum xy - \left(\sum x\right)\left(\sum y\right)/n = 3441.52 - 455 \times 73.7/10 = 88.17$$

$$b = \frac{SSXY}{SSX} = \frac{88.17}{500.50} = 0.176164, \; a = \bar{y} - b\bar{x} = 7.37 - 0.176164 \times 45.5 = -0.645$$

即所求的回归方程为:

$$\hat{y} = -0.645 + 0.176x$$

7.1.3　b 与 a 的期望与方差

在介绍最小二乘法时我们曾提到,不管实际上 X 与 Y 之间有没有线性关系,用这种方法总是可以得到解的。因此我们必须有一种方法可以检验得到的结果是不是反映了 X 和 Y 之间的真实关系。为此,我们需要研究 b 与 a 的期望与方差。

$$E(b) = E\left(\frac{SSXY}{SSX}\right) = \frac{1}{SSX} E\left[\sum (x - \bar{x})(y - \bar{y})\right]$$

$$= \frac{1}{SSX} E\left[\sum (x - \bar{x})y\right] = \frac{1}{SSX} E\left[\sum (x - \bar{x})(A + Bx + \varepsilon)\right]$$

$$= \frac{1}{SSX} E\left[A \sum (x - \bar{x}) + B \sum (x - \bar{x})x + \sum \varepsilon(x - \bar{x})\right]$$

因为 $\sum (x - \bar{x}) = 0$,$\sum (x - \bar{x})x = \sum (x - \bar{x})^2 = SSX$,$E(\varepsilon) = 0$。所以 b 的期望为

$$E(b) = \frac{1}{SSX} \cdot B \cdot SSX = B$$

而

$$D(b) = \frac{1}{SSX^2} D\left[\sum (x - \bar{x})(y - \bar{y})\right] = \frac{1}{SSX^2} D\left[\sum y(x - \bar{x})\right]$$

因为各 y_i 互相独立,且 $D(y_i) = \sigma^2$,各 x_i 为常数,所以 b 的方差为:

$$D(b) = \frac{1}{SSX^2} \sigma^2 \sum (x - \bar{x})^2 = \frac{\sigma^2}{SSX}$$

a 的期望：$E(a) = E(\bar{y} - b\bar{x}) = A + B\bar{x} - B\bar{x} = A$

a 的方差：$D(a) = D(\bar{y} - b\bar{x}) = D\left[\dfrac{1}{n}\sum y - \dfrac{\bar{x}\sum y(x-\bar{x})}{SSX}\right]$

$$= D\left[\sum\left(\dfrac{1}{n} - \dfrac{\bar{x}(x-\bar{x})}{SSX}\right)y\right] = \sum\left[\dfrac{1}{n} - \dfrac{\bar{x}(x-\bar{x})}{SSX}\right]^2\sigma^2$$

$$= \sigma^2\sum\left[\dfrac{1}{n^2} - 2\dfrac{\bar{x}(x-\bar{x})}{nSSX} + \dfrac{\bar{x}^2(x-\bar{x})^2}{SSX^2}\right]$$

$$= \sigma^2\left[\dfrac{1}{n} - 0 + \dfrac{\bar{x}^2}{SSX^2}\sum(x-\bar{x})^2\right] = \sigma^2\left(\dfrac{1}{n} + \dfrac{\bar{x}^2}{SSX}\right)$$

为估计 σ^2，令 $e_i = y_i - \hat{y}_i = y_i - a - bx_i$，称为残差或剩余(error or residual)。则残差平方和(SSE)为：

$$SSE = \sum e_i^2 = \sum(y - a - bx)^2 = \sum(y - \bar{y} + b\bar{x} - bx)$$

$$= \sum\left[(y-\bar{y}) - b(x-\bar{x})\right]^2 = \sum\left[(y-\bar{y})^2 - 2b(y-\bar{y})(x-\bar{x}) + b^2(x-\bar{x})^2\right]$$

$$= SSY - 2bSSXY + b^2SSX = SSY - bSSXY$$

所以，

$$E(SSE) = E(SSY) - \dfrac{1}{SSX}E(SSXY^2)$$

$$= E\left[\sum(y-\bar{y})^2\right] - \dfrac{1}{SSX}\left[D(SSXY) + [E(SSXY)]^2\right]$$

因为，

$$E\left[\sum(y-\bar{y})^2\right] = E\sum(A + Bx + \varepsilon - A - B\bar{x} - \bar{\varepsilon})^2$$

$$= E\sum\left[B(x-\bar{x}) + (\varepsilon - \bar{\varepsilon})\right]^2 = B^2\sum(x-\bar{x})^2 + E\sum(\varepsilon - \bar{\varepsilon})^2$$

$$= B^2(SSX) + E\left(\sum\varepsilon^2 - n\bar{\varepsilon}^2\right) = B^2(SSX) + n\sigma^2 - n\dfrac{\sigma^2}{n}$$

$$= B^2(SSX) + (n-1)\sigma^2$$

且 $D(SSXY) = (SSX)\sigma^2$，$E(SSXY) = B(SSX)$，

$$E(SSE) = B^2(SSX) + (n-1)\sigma^2 = \dfrac{1}{SSX}\left[(SSX)\sigma^2 + B^2(SSX)^2\right] = (n-2)\sigma^2$$

所以残差均方(剩余均方)的期望：

$$E(MSE) = E\left(\dfrac{SSE}{n-2}\right) = \sigma^2$$

用 MSE 代替 σ^2，可得 b 与 a 的样本方差：

$$S_b^2 = \dfrac{MSE}{SSX}, \quad S_a^2 = MSE\left(\dfrac{1}{n} + \dfrac{\bar{x}^2}{SSX}\right)$$

由于 MSE 的自由度为 $n-2$，因此上述两方差的自由度也均为 $n-2$。有了 a 和 b 的方差与均值，我们就可构造统计量对它们进行检验：

$H_0: B = 0; H_1: B \neq 0$ （双尾检验）

统计量：

$$t = \frac{b}{S_b} = \frac{b\sqrt{SSX}}{\sqrt{MSE}} \tag{7.8}$$

当 H_0 成立时, $t_b \sim t(n-2)$, 可查 t 值表进行检验。

$H_0: A = 0; H_1: A \neq 0$ (双尾检验)

统计量:
$$t = \frac{a}{S_a} = \frac{a}{\sqrt{MSE(\frac{1}{n} + \frac{\overline{x}^2}{SSX})}} \tag{7.9}$$

当 H_0 成立时, $t_a \sim t(n-2)$, 可查 t 值表进行检验。

在对一个回归方程的统计检验中,我们更关心的是 B(总体回归系数)是否为 0,而不是 A 是否为 0。这是因为若 $B = 0$,则线性模型变为 $Y = A + \varepsilon$,与 X 无关;这意味着 X 与 Y 间根本没有线性关系。反之, A 是否为 0 并不影响 X 与 Y 的线性关系。因此我们常常只对 B 作统计检验。

【例 7.2】 对例 7.1 中的总体回归系数 B 作检验。

解: $H_0: B = 0; H_1: B \neq 0$

在例 7.1 中已计算了: $SSX = 500.50, SSY = 17.15, SSXY = 88.17, b = 0.176$,

$$MSE = \frac{SSE}{n-2} = \frac{SSY - bSSXY}{n-2} = \frac{17.15 - 0.176 \times 88.17}{10-2} = 0.204$$

$$t = \frac{b}{\sqrt{(MSE)/(SSX)}} = \frac{0.176}{\sqrt{0.204/500.50}} = 8.718$$

查 t 值表, $t_{0.01}(8) = 3.355, t_{0.01} < t$, 差异极显著,应拒绝 H_0,即 $B \neq 0$,或 X 与 Y 有着显著的线性关系,即狗红细胞数与填充细胞体长度有显著的线性关系($P < 0.01$)。

利用式(7.8)、式(7.9)还可以进行两个回归方程间的比较。即检验 $H_0: B_1 = B_2$ 和 $H_0: A_1 = A_2$。如果两 H_0 均被接受,则可认为两组数据是抽自同一总体,从而可将两回归方程合并,得到一个更精确的方程。下面通过一例题加以说明。

【例 7.3】 两次调查中华微刺盲蝽(*Campylomma chinensis*)数量(y)与黄槐(*Cassia suffruticosa*)花序小花数(x)的关系数据如表 7.3、表 7.4 所示。问两次调查是否可得到统一的回归方程?

表 7.3 第 1 次调查数据

x_1	91	93	94	96	98	102	105	108
y_1	66	68	69	71	73	78	82	85

表 7.4 第 2 次调查数据

x_2	80	82	85	87	89	91	95
y_2	55	57	60	62	64	67	71

解:从上两表的原始数据计算可得如表 7.5 所示:

表 7.5 例 7.3 数据回归分析

组别	n	$\bar{x}$	$\bar{y}$	SSX	SSY	$SSXY$	MSE	b	a
1	8	98.375	74.0	257.875	336.0	294.0	0.1357	1.140	-38.15
2	7	87.0	62.286	162.0	187.429	174.0	0.1080	1.074	-31.15

(1) 首先检验总体方差是否同质：$H_0 : \sigma_1^2 = \sigma_2^2$；$H_1 : \sigma_1^2 \neq \sigma_2^2$。

$$F = \frac{MSE_1}{MSE_2} = \frac{0.1357}{0.1080} = 1.2565$$

$$df_1 = 6, df_2 = 5$$

查表，$F_{0.975}(6,5) = 6.978$，$F_{0.975} > F$，接受 H_0，可认为两总体方差是同质的。

计算公共均方：$MSE = \dfrac{(n_1 - 2)MSE_1 + (n_2 - 2)MSE_2}{n_1 + n_2 - 4}$

$$= \frac{6 \times 0.1357 + 5 \times 0.1080}{8 + 7 - 4} = 0.1231$$

(2) 检验回归系数 B_1 与 B_2 是否相等：$H_0 : B_1 = B_2$；$H_1 : B_1 \neq B_2$。

$$t = \frac{b_1 - b_2}{\sqrt{MSE\left(\dfrac{1}{SSX_1} + \dfrac{1}{SSX_2}\right)}} = \frac{1.140 - 1.074}{\sqrt{0.1231\left(\dfrac{1}{257.875} + \dfrac{1}{162.000}\right)}} = 1.8764$$

$$df = n_1 + n_2 - 4 = 11$$

查表，得 $t_{0.05}(11) = 2.201$，$t_{0.05} > t$，接受 H_0，可认为两回归系数相等。

共同总体回归系数的估计值为：

$$b = \frac{SSXY_1 + SSXY_2}{SSX_1 + SSX_2} = \frac{294 + 174}{257.875 + 162} = 1.1146$$

(3) 再检验 A_1、A_2 是否相等：$H_0 : A_1 = A_2$；$H_1 : A_1 \neq A_2$。

$$t = \frac{a_1 - a_2}{\sqrt{MSE\left(\dfrac{1}{n_1} + \dfrac{1}{n_2} + \dfrac{\bar{x}_1^2}{SSX_1} + \dfrac{\bar{x}_2^2}{SSX_2}\right)}}$$

$$= \frac{-38.15 - (-31.15)}{\sqrt{0.1231\left(\dfrac{1}{8} + \dfrac{1}{7} + \dfrac{98.375^2}{257.875} + \dfrac{87^2}{162}\right)}} = -2.1702$$

$$df = n_1 + n_2 - 4 = 11$$

查表，$t_{0.05}(11) = 2.201$，$t_{0.05} > |t|$，接受 H_0，可认为 $A_1 = A_2$。

若检验结果为 $B_1 \neq B_2$、$A_1 \neq A_2$，此题即可结束；但若检验结果为 $B_1 = B_2$、$A_1 = A_2$，则需把全部原始数据合并，重新进行回归。合并后的计算结果为：

$SSX = 902.9333, SSXY = 965.4667, SSY = 1035.7333, \bar{x} = 93.067, \bar{y} = 68.533$

$$b = \frac{SSXY}{SSX} = 1.0693, \quad a = \bar{y} - b\bar{x} = -30.9787$$

从而得到合并的回归方程

$$\hat{y} = -30.9787 + 1.0693x$$

7.1.4 一元回归的方差分析

对回归方程的统计检验除可用上述 t 检验外，还有一些其他方法。这里我们再介绍一种方差分析的方法，它的基本思想与上章所述一样，仍是对平方和（SS）的分解（表7.6）。

Y 的总平方和的分解：

$$\sum_{i=1}^{n}(y_i-\bar{y})^2 = \sum_{i=1}^{n}\left[(y_i-\hat{y}_i)+(\hat{y}_i-\bar{y})\right]^2$$

$$= \sum_{i=1}^{n}(y_i-\hat{y}_i)^2 + \sum_{i=1}^{n}(\hat{y}_i-\bar{y})^2 + 2\sum_{i=1}^{n}(y_i-\hat{y}_i)(\hat{y}_i-\bar{y})$$

因为

$$\sum_{i=1}^{n}(y_i-\hat{y}_i)(\hat{y}_i-\bar{y}) = \sum_{i=1}^{n}(y_i-a-bx_i)(a+bx_i-a-b\bar{x})$$

$$= \sum_{i=1}^{n}(y_i-\bar{y}+b\bar{x}-bx_i)(bx_i-b\bar{x})$$

$$= b\left[\sum_{i=1}^{n}(y_i-\bar{y})(x_i-\bar{x}) - b\sum_{i=1}^{n}(x_i-\bar{x})^2\right]$$

所以，

$$\sum_{i=1}^{n}(y_i-\bar{y})^2 = \sum_{i=1}^{n}(y_i-\hat{y}_i)^2 + \sum_{i=1}^{n}(\hat{y}_i-\bar{y})^2$$

即： $\qquad SSY \qquad = \qquad SSE \qquad + \qquad SSR$

$\qquad\qquad\quad Y$ 的总平方和 $\quad$ 残差平方和 $\quad$ 回归平方和

自由度： $\qquad\quad n-1 \qquad\qquad n-2 \qquad\qquad 1$

这样就把 Y 的总平方和分解成了残差平方和与回归平方和（sum of square due to regression）。前已证明，MSE 可作为总体方差 σ^2 的估计量，而 MSR 可作为回归效果好坏的评价。如果 MSR 仅由随机误差造成的话，说明回归失败，X 和 Y 没有线性关系；否则它应显著偏大。因此可用统计量

$$F = \frac{MSR}{MSE} = \frac{SSR}{SSE/(n-2)} \tag{7.10}$$

对 $H_0: B = 0$ 进行检验。若 $F < F_a(1, n-2)$，则接受 H_0，否则拒绝。

可证明这里的统计量 F 与前述的统计量 t 是一致的。

前已证明：$SSE = SSY - b \cdot SSXY$，即：$SSR = SSY - SSE = b \cdot SSXY$，因为

$$S_b^2 = \frac{MSE}{SSX}$$

所以，

$$F = \frac{MSR}{MSE} = \frac{b \cdot SSXY}{S_b^2 \cdot SSX} = \frac{b^2}{S_b^2} = t^2$$

列方差分析表如表7.6所示。

表 7.6　方差分析表

变异来源	平方和	自由度	均方	F
回归	SSR	1	MSR	MSR/MSE
剩余	SSE	$n-2$	MSE	
总和	SSY	$n-1$		

【例 7.4】　对例 7.1 作方差分析。

解：在例 7.1 中已计算了：$SSX=500.50, SSY=17.15, SSXY=88.17, b=0.176$,

$SSE=SSY-b\cdot SSXY=17.15-0.176\times 88.17=1.632$

$SSR=SSY-SSE=17.15-1.632=15.518$

$$F=\frac{MSR}{MSE}=\frac{SSR/1}{SSE/(n-2)}=\frac{15.518}{1.632/8}=76.1$$

$$df_1=1, df_2=8$$

查表得 $F_{0.99}(1,8)=11.326, F>F_{0.99}(1,8)$，拒绝 H_0，差异极显著。即狗红细胞数与填充细胞体长度有显著的线性关系（$P<0.01$）（表 7.7）。（对照例 7.2：$t^2=8.718^2=76.0=F$）

表 7.7　例 7.1 方差分析表

变异来源	平方和	自由度	均方	F	$F_{0.01}$
回归	15.518	1	15.518	76.1	11.326
剩余	1.632	8	0.204		
总和	17.15	9			

7.1.5　点估计与区间估计

前边已经证明 a 和 b 是 A 和 B 的点估计，$a+bx$ 是 y 的点估计；但作为预测值仅给出点估计是不够的，一般要求给出区间估计，即给出置信区间。本节的重点就是讨论 B 及 y 的置信区间。

1. 回归系数 B 置信区间的估计

我们已经证明 a 和 b 是 A 和 B 的点估计，并求出了它们的方差。因此给出置信区间就很容易了：

$$\frac{b-B}{\sqrt{MSE/SSX}}\sim t(n-2)$$

即

$$P\left(-t_{\frac{\alpha}{2}}\leqslant \frac{b-B}{\sqrt{MSE/SSX}}\leqslant t_{\frac{\alpha}{2}}\right)=1-\alpha$$

B 的置信区间为：

$$\left[b-t_\alpha\sqrt{\frac{MSE}{SSX}}, b+t_\alpha\sqrt{\frac{MSE}{SSX}}\right] \tag{7.11}$$

【例 7.5】　求例 7.1 中回归系数 B 的 95% 置信区间。

解：在上述几例已计算出：$b=0.176, SSX=500.50, MSE=0.204, n=10, df=n-2=8$。查表，得 $t_{0.05}(8)=2.306$。

B 的 95% 置信区间为：

$$\left[0.176-2.306\sqrt{\frac{0.204}{500.50}}, \quad 0.176+2.306\sqrt{\frac{0.204}{500.50}}\right]$$

即 $[0.129, 0.223]$。

2. 总体均值 $\mu_{Y \cdot X=x_i}$ 置信区间的估计

$\mu_{Y \cdot X=x_i}$ 的点估计值为 $\hat{y}_i$。置信区间的估计首先需计算 $\hat{y}_i$ 的方差：

$$D(y_i)=\sigma^2\left[\frac{1}{n}+\frac{(x_i-x)^2}{SSX}\right] \text{（证明略）}$$

因 σ^2 未知，用 MSE 代替 σ^2，可得 $\mu_{Y \cdot X=x_i}$ 的标准误为：

$$S_{\hat{Y}_i}=\sqrt{MSE\left[\frac{1}{n}+\frac{(x_i-\bar{x})^2}{SSX}\right]}$$

$\mu_{Y \cdot X=x_i}$ 的 $(1-\alpha)\%$ 置信区间为：

$$\left[\hat{y}_i-t_a S_{\hat{Y}_i}, \hat{y}_i+t_a S_{\hat{Y}_i}\right] \tag{7.12}$$

注意上述置信区间的宽度与 x_i 有关，当 $x_i=\bar{x}$ 时，其宽度最小；偏离 $\bar{x}$ 后，逐渐加大。

【例 7.6】 表 7.8 是广东省某地 8 年间诱蛾灯记录中关于三化螟第二世代和第三世代发蛾量最多 5 日间或 7 日间的中心日（以下简称发蛾量最盛期中心日）的资料。试计算第二代和第三代盛期中心日之间的回归方程。

表 7.8 广东省某地 8 年间诱蛾灯记录资料

年次	第二世代		第三世代	
	发蛾最盛期中心日	从 5 月 20 日起算的日数	发蛾最盛期中心日	从 5 月 20 日起算的日数
1	6 月 8 日	19	7 月 16 日	57
2	6 月 4 日	15	7 月 15 日	56
3	6 月 10 日	21	7 月 23 日	64
4	5 月 22 日	2	7 月 3 日	44
5	5 月 27 日	7	7 月 5 日	46
6	5 月 26 日	6	7 月 7 日	48
7	5 月 29 日	9	7 月 4 日	45
8	5 月 30 日	10	7 月 13 日	54

解：由上表看，两个世代的发蛾量最盛期中心日很可能有相关关系，试求取相关系数，并予检验，如显著，则进一步求出第三世代发蛾最盛期中心日的预测式，两代的最盛期中心日均以 5 月 20 日为零计算日数。

以 X 表示第二世代的资料，以 Y 表示第三世代的资料，绘成散点图，看出有正相关的趋势。现进行线性回归分析，如表 7.9 所示。

表 7.9　表 7.8 数据分析

年次	x	y	x^2	y^2	xy
1	19	57	361	3249	1083
2	15	56	225	3136	840
3	21	64	441	4096	1344
4	2	44	4	1936	88
5	7	46	49	2116	322
6	6	48	36	2304	288
7	9	45	81	2025	405
8	10	54	100	2916	540
$n=8$	$\sum x = 89$	$\sum y = 414$	$\sum x^2 = 1297$	$\sum y^2 = 21178$	$\sum xy = 4910$

$$\bar{x} = \frac{\sum x}{n} = \frac{89}{8} = 11.13 , \bar{y} = \frac{\sum y}{n} = \frac{414}{8} = 51.75$$

$$SSXY = \sum xy - \sum x \sum y / n = 4910 - 89 \times 414/8 = 304.25$$

$$SSY = \sum y^2 - (\sum y)^2 / n = 21778 - 414^2/8 = 353.50$$

$$SSX = \sum x^2 - (\sum x)^2 / n = 1297 - 89^2/8 = 306.88$$

$$b = \frac{SSXY}{SSX} = \frac{304.25}{306.88} = 0.991 , a = \bar{y} - b\bar{x} = 51.75 - 0.991 \times 11.13 = 40.72$$

$$SSR = bSSXY = 0.991 \times 304.25 = 301.512$$

$$SSE = SSY - SSR = 353.50 - 301.512 = 51.988$$

假设 H_0：$B=0$

$$F = \frac{SSR}{SSE/(n-2)} = \frac{301.512}{51.988/6} = 34.798$$

$$df_1 = 1, df_2 = 6$$

查表，得：$F_{0.95}(1,6) = 5.99$，$F_{0.99}(1,6) = 13.17$，$F > F_{0.99}(1,6)$，拒绝 H_0，差异极显著。即 X、Y 有极显著线性关系（$P<0.01$）（图 7.3）。预测式为：

$$\hat{y} = 40.72 + 0.991x$$

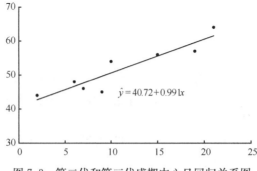

图 7.3　第二代和第三代盛期中心日回归关系图

为把上述回归结果用于预报，可给出总体均值 $\mu_{Y \cdot X = x_i}$ 的 95% 置信区间公式为：

$$a + bx_i \pm t_{0.05}(n-2)\sqrt{MSE\left[\frac{1}{n} + \frac{(x_i - \overline{x})^2}{SSX}\right]}$$

查 t 值表，$t_{0.05}(6) = 2.447$，代入数据，得：

$$40.72 + 0.991x_i \pm 2.447\sqrt{\frac{51.988}{8-2}\left[\frac{1}{8} + \frac{(x_i - 11.13)^2}{306.88}\right]}$$

把不同的 x_i 取值代入上述公式，可得置信区间（表 7.10）及置信带（图 7.4）。

表 7.10 第三代三化螟发蛾最盛期中心日总体均值 95% 置信区间

x_i	y_i	$\mu_{Y \cdot X = x_i}$ 的 95% 置信区间	
		下限	上限
2	44	38.17	47.23
6	48	43.37	49.97
7	46	44.60	50.71
9	45	46.95	52.33
10	54	48.05	53.21
15	56	52.59	58.58
19	57	55.44	63.66
21	64	56.75	66.31

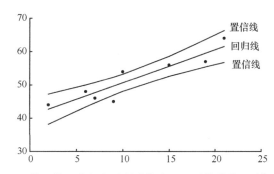

图 7.4 第三代三化螟发蛾最盛期中心日总体均值 95% 置信带

回归分析的目的常常是为了预测预报，即我们知道了 x_i 的取值后，在下一次观察前就对 y_i 的取值作出估计。例如，表 7.10 中的数据就是为了测报用的，下一年度如果我们知道了第二代三化螟发蛾最盛期中心日，就可估计出第三代三化螟蛾盛发期的时间。要特别注意的一点是预测预报范围只能是我们研究过的自变量（x）变化范围，在上例中，当第二代三化螟发蛾最盛期中心日数值在 2～21 的范围内时，使用这一预报公式比较有把握。这是因为直线关系只是局部地近似，在更大的范围内，变量间常常呈现一种非线性的关系。因此若贸然把局部研究中发现的线性关系推广到更大范围，常常是要犯严重错误的。同时从置信区间的宽度也可看出，即使是在研究的范围内，也是越接近所研究区间的中点（$\overline{x}$），预报越准确。

§7.2 简单相关分析

相关分析主要包括两方面的内容，即两个随机变量间回归方程的建立以及相关系数的概念及用途。前者由于 X 也是随机变量,所用的数学模型及分析方法与前一节中的方法相比都有所不同,而且需要更多的数学知识。但最终得到的 a 与 b 的公式则与前一节中的完全相同,因此我们不再作严格的数学推导,而是直接使用前一节中的公式。换句话说,使用那些公式时不必区分 X 是否是随机变量。但应该注意,a、b 的公式推导都是建立在使 Y 的残差平方和最小这一原则上的。如果 X、Y 真是处在一种对等的地位,它们互为因果,那么我们就可以把 Y 当作自变量,X 当作因变量,重新回归得到另一组回归方程的 a'、b'。它们是建立在使 X 的残差平方和最小这一原则上的。一般来说,这两组 a、b 和 a'、b' 所代表的两条回归线在 X-Y 平面中不可能重合。这样一来就产生了一个问题:如果我们的目的就是研究两个处于对称位置的随机变量之间的关系,那究竟应选取哪一条回归线呢? 一种简单而直观的解决办法就是认为真正代表 X-Y 关系的直线是通过这两条回归线交点并平分它们夹角的那一条。其他方法还有专为解决此问题而发展的主轴法、约化主轴法等,由于使用不多,我们不再详细介绍。

7.2.1 相关系数

下面就 x、y 相关性的量度指标——相关系数(r)进行推导。

如果作平行于原坐标轴,以 $O'(\bar{x}, \bar{y})$。为新坐标的原点,那么在新坐标中,任一点的坐标为 $(x_i - \bar{x}, y_i - \bar{y})$。 这时如果大多数的点落在 Ⅰ、Ⅲ 象限,则"+"的乘积占优势,点的趋势为正相关;如果大多数的点落在 Ⅱ、Ⅳ 象限,则"−"的乘积占优势,点的趋势为负相关。而且 $\left| (x - \bar{x})(y - \bar{y}) \right|$ 越大,点 (x, y) 越靠近一条直线(图 7.5)。

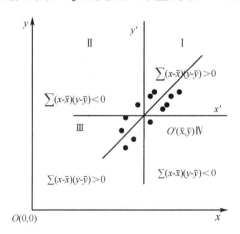

图 7.5 以 (x, y) 和 $(\bar{x}, \bar{y})$ 为坐标系的散点图

因此,$\sum (x - \bar{x})(y - \bar{y})$ 可以测量 x、y 之间是正相关还是负相关,而且这个值越大,每个点越靠近一条直线,但 $\sum (x - \bar{x})(y - \bar{y})$ 是有量纲的,它的大小还与测量的单位有关,所以作为一个指标,必须要抽象化:

$$r_{xy} = \frac{\sum (x - \bar{x})(y - \bar{y})}{\sqrt{\sum (x - \bar{x})^2 \sum (y - \bar{y})^2}} = \frac{SSXY}{\sqrt{SSX \cdot SSY}} \tag{7.13}$$

相关系数 r 的下标 xy 是指明为 x 和 y 的相关系数,在不会引起混淆的情况下常常把它省略。类似地,由于最常用的是样本相关系数而不是总体相关系数,常把样本相关系数简称为相关系数。

严格地说,只有当 X、Y 均为随机变量时才能定义相关系数。这样,在本章的大多数情况下,由于我们假设 X 为非随机变量,相关系数根本就无法定义。但一方面,不管 X 是不是随机变量,根据式(7.13),样本相关系数总是可以计算的;另一方面,后边关于对样本相关系数进行统计检验的推导中,也并没有受到 X 必须为随机变量的限制,因此在回归分析中我们就借用了相关系数的名称和公式,而不再去区分 X 是否为随机变量。这一点在使用中是很方便的。

根据以前的推导结果,有:

$$r^2 = \frac{SSXY^2}{SSX \cdot SSY} = \frac{bSSXY}{SSY} = \frac{SSR}{SSY} = 1 - \frac{SSE}{SSY}$$

因此,$|r| \leqslant 1$。

当 $|r| = 1$ 时,从上式可看出 $SSE = 0$,即用 $\hat{y}$ 可以准确预测 y 值。此时若 X 不是随机变量,则 Y 也不是随机变量。这种情况在生物学研究中是不多见的。

当 $r = 0$ 时,$SSE = SSY$,回归一点作用也没有,即用 X 的线性函数完全不能预测 Y 的变化。但这时 X 与 Y 间还可能存在着非线性的关系。

当 $0 < |r| < 1$ 时,情况介于上述二者之间。X 的线性函数对预测 Y 的变化有一定作用,但不能准确预测,这说明 Y 还受其他一些因素,包括随机误差的影响。

综上所述,r 可以作为 X、Y 间线性关系强弱的一项指标。它的优点是非常直观,接近 1 就是线性关系强,接近 0 就是线性关系弱;而其他统计量都需要查表后才知检验结果。由于 r 是线性关系强弱的指标,我们当然希望能用它来进行统计检验。在一般情况下,r 不是正态分布,直接检验有困难。但当总体相关系数 $\rho = 0$ 时,r 的分布近似于正态分布,此时用 MSE 代替 σ^2,就可以对 $\mathrm{H}_0 : \rho = 0$ 作 t 检验。这种检验与对回归系数 b 的检验 $\mathrm{H}_0 : B = 0$ 是等价的。可证明如下:

b 的 t 检验统计量为:$t = b/S_b$。

$$b = SSXY/SSX$$

$$S_b = \sqrt{\frac{MSE}{SSX}} = \sqrt{\frac{SSY - b \cdot SSXY}{n-2} \cdot \frac{1}{SSX}}$$

$$= \sqrt{SSY\left(1 - \frac{SSXY^2}{SSX \cdot SSY}\right) \frac{1}{(n-2)SSX}} = \sqrt{\frac{SSY}{SSX} \cdot \frac{1-r^2}{n-2}}$$

代入 t 的表达式,得:

$$t = \frac{b}{S_b} = \frac{SSXY}{SSX} \cdot \sqrt{\frac{SSX}{SSY}} \cdot \sqrt{\frac{n-2}{1-r^2}} = r\sqrt{\frac{n-2}{1-r^2}}$$

$$= \frac{r}{\sqrt{\dfrac{1-r^2}{n-2}}} \sim t(n-2)$$

因此,我们可用上述统计量对 $\mathrm{H}_0 : \rho = 0$ 作统计检验。

为使用方便,已根据上述公式编制专门的相关系数检验表(附录 C6),可根据剩余自由度及自变量个数直接查出 r 的临界值。

【例 7.7】 计算例 7.1 的相关系数 r,并作统计检验。

解:利用以前的计算结果 $SSX = 500.50$,$SSY = 17.15$,$SSXY = 88.17$,可得:

$$r = \frac{SSXY}{\sqrt{SSX \cdot SSY}} = \frac{88.17}{\sqrt{500.50 \times 17.15}} = 0.9517$$

$$t = \frac{r}{\sqrt{\dfrac{1-r^2}{n-2}}} = \frac{0.9517}{\sqrt{\dfrac{1-0.9517^2}{10-2}}} = 8.767$$

这里求得的 t 值与例 7.2 中求得的 t 值是相同的,所以它们本来就是同一个统计量。

查表,$t_{0.01}(8) = 3.355$,$t_{0.01} < t$,差异极显著,即 X 与 Y 有极显著的线性关系。

若直接查相关系数检验表,可得:剩余自由度为 8,变量的个数为 2 个,$\alpha = 0.05$ 的 r 临界值为 $r_{0.05} = 0.632$,$\alpha = 0.01$ 的临界值为 $r_{0.01} = 0.765$,差异仍为极显著。

7.2.2 相关系数与回归系数间的关系

在 X 和 Y 均为随机变量的情况下,我们通常可以 X 为自变量、Y 为因变量建立方程,也可反过来,以 Y 为自变量、X 为因变量建立方程。此时它们的地位是对称的。

取 X 为自变量,Y 为因变量,回归系 b 为:

$$b = \frac{SSXY}{SSX}$$

取 Y 为自变量,X 为因变量,回归系数 b' 为:

$$b' = \frac{SSXY}{SSY}$$

$b \cdot b' = \dfrac{SSXY^2}{SSX \cdot SSY} = r^2$,所以:$\sqrt{bb'} = |r|$。即:相关系数实际是两个回归系数的几何平均值。这正反映了相关与回归的不同:相关是双向的关系,而回归是单向的。

另外,从 $r = \dfrac{SSXY}{\sqrt{SSX \cdot SSY}}$ 和 $b = \dfrac{SSXY}{SSX}$ 可知,r、b 和 $SSXY$ 的符号应该一致,即 $SSXY > 0$ 时,正相关;$SSXY < 0$ 时,负相关。

现在我们已介绍了 3 种对回归方程作统计检验的方法:对回归系数 B 作 t 检验,方差分析,对相关系数 r 作检验。对一元线性回归来说,它们的基本公式其实是等价的,因此结果也是一致的。但它们也各有自己的优缺点:对 B 的 t 检验可给出置信区间;方差分析在有重复的情况下可分解出纯误差平方和,从而可得到进一步的信息;相关系数则既直观,又方便(有专门表格可查),因此使用广泛。

最后要注意的一点是,不论采用什么检验方法,数据都应满足以下三个条件:独立,抽自正态总体,方差齐性。

§7.3 曲线问题线性化

线性回归虽然比较简单,但应用非常广泛。这主要是因为如果我们缩小研究范围,则任意非线性关系最后都可以用线性关系来近似。但是范围缩得太小了使用上会很不方便,一来不能对变量间的关系有一个整体上的把握,二来在不同取值范围内还要换用不同的方程,因此在许多情况下考虑两变量间的非线性关系还是很有用的。

1. 确定曲线类型的主要方法

(1) 从专业知识判断。例如,单细胞生物生长初期数量常按指数函数增长,但若考虑的生长时间相当长,后期其生长受到抑制,则会变为"S"形曲线。生态学上种群增长的情况也类似。此时常用逻辑斯蒂(Logistic)曲线进行拟合;反映药物剂量与死亡率之间关系的曲线也呈"S"形,但常用概率对数曲线描述;酶促反应动力学中的米氏方程是一种双曲线;植物叶层中的光强度分布常用指数函数描述;等等。这些公式或者来源于某种理论推导,或者是一种经验公式。

(2) 如果没有足够的专业知识来判断变量间的关系是哪种类型,则可用直观的方法,即散点图的方法来判断。方法是把(x,y)数据对标在坐标纸上,然后根据经验判断它们之间是什么类型。如果看来有几种类型可用,但不知哪种较好,也可多做几次回归,然后用后边介绍的方法对结果进行比较,选一种最好的。

2. 线性化的方法

确定曲线类型之后,回归的任务就变成确定曲线公式中的参数。线性化的方法即先对数据进行适当变换,使其关系变为线性之后再按线性回归做。这种线性化的方法虽然常用,但它的缺点也是十分明显的。例如,它只能保证使变换后数据的线性方程残差最小,而得到的非线性方程对原始数据没有任何最优性可谈。有时甚至会出现变换后的数据与线性回归方程吻合很好,而原始数据与非线性回归方程的差别大得不可接受的情况。因此采用线性化的方法进行曲线回归后必须用相关指数进行直观检验。另外,也不是所有的非线性方程都能用数据变换的方法线性化。实际上,只有少数几种简单的非线性方程可用这种方法线性化,对绝大多数非线性方程来说都不行。

下面我们介绍几种生物统计中常用的曲线问题及线性化方法(表7.11)。

表 7.11　几种生物统计中常用的曲线问题及线性化方法

曲线问题	变换方法	线性化方程
指数函数 $y = a \cdot e^{bx}$	$y' = \ln y, a' = \ln a$	$y' = a' + bx'$
幂函数 $y = ax^b$	$y' = \ln y, a' = \ln a, x' = \ln x$	$y' = a' + bx'$
对数函数 $y = a + b\ln x$	$x' = \ln x$	$y' = a + bx'$
米氏方程 $V = \dfrac{V_{\max} \cdot S}{K_m + S}$	$V' = \dfrac{1}{V}, S' = \dfrac{1}{S}, a' = \dfrac{K_m}{V_{\max}}, b' = \dfrac{K_m}{V_{\max}}$	$V' = a' + b'S'$
S型曲线 $y = \dfrac{1}{a + be^{-x}}$	$y' = \dfrac{1}{y}, x' = e^{-x}$	$y' = a + bx'$
Holling 圆盘方程 $Na = \dfrac{aN}{1 + abN}$	① LR I : $y' = Na/N, x' = Na, b' = -ab$ ② LR II : $y' = 1/Na, x' = 1/N, a' = b, b' = 1/a$	①　$y' = a + b'x'$ ②　$y' = a' + bx'$

【例7.8】 中华微刺盲蝽(*Campylomma chinensis*)5龄若虫对桃蚜(*Myzus persicae*)的捕食功能反应(functional response)试验结果见表7.12。试拟合 Holling 圆盘方程。

表 7.12　桃蚜密度与被捕食关系

猎物密度(N)	被捕食的猎物数$[Na(\bar{Na} \pm SE)]$
5	3.50 ± 0.29
10	6.50 ± 0.64
15	9.50 ± 1.32

续表

猎物密度(N)	被捕食的猎物数[Na($\overline{Na}\pm SE$)]
20	11.50±1.55
25	13.00±1.47
30	14.50±1.32

解:Holling 把捕食者对猎物的功能反应分为Ⅰ、Ⅱ、Ⅲ型,其中圆盘方程反映的是Ⅱ型。在 Holling 圆盘方程 $Na=aN/(1+abN)$ 中,Na 为被捕食的猎物数(the number of prey killed),a 为瞬时发现率(the instantaneous rate of discovery),N 为猎物密度(the density of prey),b 为捕食处理时间(the amount of time the predator handles each prey killed)(详情可参考有关生态学的著作)。

以表 7.12 中的 LRⅠ法将 Holling 圆盘方程线性化,线性化后的数据见表 7.13。

表 7.13 表 7.12 数据的 Holling 圆盘方程及 LRⅠ法线性化

$x'=Na$	$y'=Na/N$	x'^2	y'^2	$x'y'$
3.50	0.700000	12.25	0.490000	2.450000
6.50	0.650000	42.25	0.422500	4.225000
9.50	0.633333	90.25	0.401111	6.016664
11.50	0.575000	132.25	0.330625	6.612500
13.00	0.520000	169.00	0.270400	6.760000
14.50	0.483333	210.25	0.233611	7.008329
$\sum x'$=58.5	$\sum y'$=3.561666	$\sum x'^2$=656.25	$\sum y'^2$=2.148246	$\sum x'y'$=33.07249

$$\overline{x}'=\frac{\sum x'}{n}=\frac{58.5}{6}=9.75,\ \overline{y}'=\frac{\sum y}{n}=\frac{3.561666}{6}=0.5936$$

$$SSX=\sum x'^2-\frac{(\sum x')^2}{n}=656.25-\frac{58.5^2}{6}=85.875$$

$$SSY=\sum y'^2-\frac{(\sum y')^2}{n}=2.148-\frac{3.562^2}{6}=0.034$$

$$SSXY=\sum x'y'-\frac{(\sum x')(\sum y')}{n}=33.072-\frac{58.5\times3.562}{6}=-1.654$$

$$b'=\frac{SSXY}{SSX}=\frac{-1.654}{85.875}=-0.01926$$

对回归系数 B 进行方差分析:

$H_0:B=0$

$$SSR=bSSXY=-0.01926\times(-1.654)=0.0318$$
$$SSE=SSY-SSR=0.034-0.0318=0.002155$$
$$F=\frac{SSR}{SSE/(n-2)}=\frac{4\times0.0318}{0.002155}=59.114$$
$$df_1=1,df_2=4$$

查 F 值表,得:$F_{0.01}(1,4)= 21.20,F > F_{0.01}(1,4)$,拒绝 H_0,差异极显著。即 X'、Y' 有极显著的线性关系($P<0.01$)。

列方差分析表如表 7.14 所示。

表 7.14　例 7.7 方差分析表

变异来源	平方和(SS)	自由度(df)	均方(MS)	F	$F_{0.01}(1,4)$
回归	0.0318	1	0.0318	59.114	21.20
剩余	0.002155	4	0.000539		
总和	0.034	6			

$$决定系数\ r^2 = \frac{SSXY^2}{SSX \cdot SSTY} = \frac{1.654^2}{85.875 \times 0.034} = 0.9366$$
$$a = \bar{y}' - b'\bar{x}' = 0.5936 - (-0.01926) \times 9.75 = 0.7814$$

因为 $b' = -ab$,所以 $b = -b'/a = -(-0.01926)/0.7814 = 0.02465$。

拟合的 Holling 圆盘方程为:

$$Na = \frac{0.7814N}{1 + 0.01926N}$$

曲线方程线性化方法的优点是变量代换后可按线性回归做,简单方便。但这种方法也有明显的缺点:① 不是所有非线性方程都能用变量代换线性化;② 即使方程类型不对,变量代换与线性回归都可照样进行,但结果没有任何用处;③ 线性回归效果好并不意味着变换前的非线性回归效果也好,因此必须对所得的非线性方程进行检验;④ 理论上所得回归方程是对线性化后数据最优,而不是对原始数据最优,因此影响回归效果。

对于一些无法用变量代换的方法线性化的模型,如逻辑斯蒂方程($y = \dfrac{1}{a + be^{-cx}}$),只能用曲线拟合的方法。这种方法不需要对方程进行线性化,其基本思想是在所有参数所组成的高维空间中进行搜索,直到找到使目标函数(常为误差平方和或误差绝对值之和)达到极小值的点。具体算法有许多种,如 Newton(牛顿)法、Marquardt(麦夸特)法、Powell(包维尔)法等。Newton 法除了要给出曲线的公式外,还要给出一阶、二阶导数;Marguardt 法也需要公式和一阶导数;而 Powell 法只需给出公式,不需要导数。这些方法都需要在计算机上实现。

由于这种曲线拟合的方法没有经过变量代换,而是直接使用原始数据,得到的参数至少是局部最优的,一般比用线性化方法得到的参数要好。如果采用不同的初值多拟合几次,更有可能得到接近最优的结果。在各种曲线回归的方法中,曲线拟合所得结果误差之小常是其他方法无法企及的。这种方法的缺点主要是计算量大,如果参数数量较多,甚至现代计算机解起来也有一定困难。另外,有时使用曲线拟合也会碰到迭代不收敛的问题,从而得不到参数的估计值。总体来看,随着计算机技术的发展,计算量大逐渐不成为重要限制条件,而回归误差小的优点则越来越被人们重视,因此曲线拟合的方法使用越来越多。

习　题

1. 螺旋粉虱成虫密度(头/叶)与 LED 诱灯诱获螺旋粉虱成虫数的数据如表 7.15 所

示。试作回归分析。

表 7.15　LED 诱灯诱获螺旋粉虱成虫数与成虫密度关系

诱获数 x/(头/叶)	4.7	4.5	5.9	24.3	13.0	28.9	15.0
密度 y/头	1.45	1.63	2.61	3.73	2.81	3.09	2.10

2. 两个品系水稻的穗长与穗重如表 7.16 所示。作回归分析,并检验两回归方程能否合并。

表 7.16　两个品系水稻的穗长与穗重关系

品系 I	穗长/cm	47	38	35	41	36	46	46	38	44	44
	穗重/g	1.9	1.5	1.1	1.4	1.2	1.8	1.7	1.3	1.7	1.8
品系 II	穗长/cm	35	35	40	50	20	25	44	48	43	44
	穗重/g	1.2	1.4	1.6	2.0	0.6	0.7	1.7	1.9	1.6	1.8

3. 柑橘木虱卵的历期和温度的关系试验数据如表 7.17 所示。作相关和回归分析,并估计回归系数及总体均值的 95% 置信区间。

表 7.17　柑橘木虱卵的历期和温度的关系

温度/℃	10.2	20.0	22.7	25.0	27.0	30.0	31.0	32.5
卵历期/d	12.5	7.9	5.8	4.1	3.7	3.2	2.9	3.6

4. 烟草经 X 射线照射不同时间后的某病害病斑数如表 7.18 所示。标出散点图,线性化后作相关和回归分析。(提示:曲线类型为 $y = a\mathrm{e}^{bx}$)

表 7.18　烟草经 X 射线照射不同时间后的某病害病斑数

照射时间/min	0	3	7.5	15	30	45	60
病斑数/个	271	226	209	108	59	29	12

5. 田间生长的大麦有如下生长曲线(表 7.19),计算它的回归方程。(提示:曲线类型为 $y = \dfrac{1}{a + b\mathrm{e}^{-x}}$)

表 7.19　大麦生长期间日数与其生长高度的关系

日数/d	15	20	25	30	35	40	50	60	70	80	90	100	110	120
高度/cm	4	5	6	7.5	8	10	15	20	30	48	60	65	67	69

6. 以下为几种常见曲线,试将它们线性化。①双曲线: $\dfrac{1}{y} = a + \dfrac{b}{x}$;②幂函数: $y = dx^b$;③指数函数: $y = d\mathrm{e}^{bx}$;④指数函数: $y = d\mathrm{e}^{\frac{b}{x}}$;⑤对数函数: $y = a + b\lg x$;⑥S 形曲线: $y = \dfrac{1}{a + b\mathrm{e}^{-x}}$ 。

第八章 χ^2 检验

本章将介绍一些对属性数据(categorical data)或称可数数据(count data)的检验方法。对这类取值是一个相互排斥的数值的分析必须采用特殊的方法,这些方法也是以前述的一些分布为基础的,如 χ^2 分布。

很多时候我们需要知道样本是否是来自一个具某种分布的总体,这样的检验需要比较实际频数(observed frequencies,O_i)和假设符合某分布的理论频数(expected frequencies,E_i)。这种检验称为适合性检验(test of goodness of fit)。

【例 8.1】 四时花(*Mirabilis jalapa*)是一种原产于美洲的热带植物,得名于总是午后 4 时开花。这种植物的花有红、白和粉红 3 种颜色。控制花颜色的是具对偶显性基因的单一基因位点,所以异合子(heterozygotes)应为粉红色花,同合子(homozygotes)应为白色或红色花。按照孟德尔的遗传分离率,粉红色花的四时花自花授粉(self-pollination)将产生红∶粉红∶白=1∶2∶1 的 F_1 代。现园林工作者对粉红色花的四时花进行自花授粉,有 F_1 代 240 株,其中红花 55 株、粉红花 132 株、白花 53 株,问是否符合孟德尔的遗传分离率?

理论的分布已确定(孟德尔的遗传分离率),问题是实际观察值是否适合该定律。

本章讨论 3 种类型的 χ^2 检验(chi-square test)。χ^2 检验用于多个分类标准的分类数据的检验(如例 8.1),其中适合性检验可分为外因模型(extrinsic model)和内因模型(intrinsic model);独立性检验(test of independence)是一种列联表检验方法。

§8.1 χ^2 适合性检验

χ^2 检验是把统计量 χ^2 分布的知识运用于主要是离散型随机变量的一项分析方法。在前面的章节已对 χ^2 值的意义、χ^2 分布和 χ^2 的临界值表等有关概念作了基本介绍。χ^2 分布是 Helmert 于 1875 年首先发表的。1899 年 Karl Pearson 重新发现,并利用它作为一项假设检验(即差异显著性检验)的方法,主要应用于离散型变量(计数的、属性的变量)的大样本分析,并创立了 χ^2 值的新的定义公式以适合这样的分析。χ^2 检验在历史上使用较早,迄今仍继续使用,是重要的统计检验方法之一。

总的来说,χ^2 检验是用于检验实际与理论是否符合的特定问题。它与 t 检验、F 检验等不同,并非着重比较两个平均数,也不需要标准差的参与(就 Pearson 的公式而言),而是注重于对频数的分析。

χ^2 适合性检验的几个假设:①从总体取一个样本含量为 n 的独立样本;②总体由相互排斥的 k 个属性构成;③每个属性的理论频数均可计算,令 E_i 表示理论频数,样本含量必须足够大且 $E_i \geqslant 5$。

Pearson 在离散型随机变量的分析应用中,把 χ^2 值作为一个测量实际频数(O_i)与预计频数(E_i)之间的偏差的指标。此时,χ^2 的定义公式为:

$$\chi^2 = \sum_{i=1}^{k} \frac{(O_i - E_i)^2}{E_i} \tag{8.1}$$

χ^2 适合性检验的统计假设：$H_0: O_i = E_i; H_1: O_i \neq E_i$。

从直觉上观察式(8.1)可知，$(O_i - E_i)^2$ 的值越小，χ^2 值越小，即理论频数与实际频数越接近，接受 H_0 的机会越大。当自由度 $df > 1$ 时，这个 χ^2 的分布与连续型的 χ^2 分布已相当近似。但要求各组预频数(理论频数 E_i)不小于 5。当某组的理论频数小于 5 时，要与相邻的一组或几组的理论频数合并直至等于或大于 5，然后才计算 χ^2 值。同时研究的对象样本要求为大样本，样本的含量最好大于 50。

当 $df = 1$ 时，这个 χ^2 的分布与连续型的 χ^2 分布有较大差别，需要作连续性校正：

$$\chi^2 = \sum \frac{(|O_i - E_i| - 0.5)^2}{E_i}$$

χ^2 适合性检验有两种类型：内因模型和外因模型。外因模型检验的是没有总体参数需估计的情况，而内因模型解决至少有 1 个总体参数未知且需要估计。两种类型的检验方法基本一致，不同点在于自由度的决定。

8.1.1　外因模型

【例 8.2】　现在回到例 8.1，解决自花授粉的四时花的 F_1 代出现的不同的花的颜色是否符合孟德尔的遗传分离率。

解：本例并无未知的总体参数，即没有总体参数需估计，所以按外因模型解决。

$H_0: O_i = E_i; H_1: O_i \neq E_i$

今实际频数为：55、132、53，首先应计算理论频数。如果 H_0 成立，240 株 F_1 代按 1：2：1 的比例分配，那么红花和白花应各占 25%，粉红花占 50%，所以理论频数应为：$240 \times 25\%$、$240 \times 50\%$、$240 \times 25\%$，计算结果见表 8.1：

表 8.1　例 8.1 实际频数和理论频数

花颜色	实际频数(O_i)	理论频数(E_i)	$(O_i - E_i)^2 / E_i$
红	55	60	0.42
粉红	132	120	1.2
白	53	60	0.82
总和	240	240	2.44

所以：

$$\chi^2 = \sum_{i=1}^{k} \frac{(O_i - E_i)^2}{E_i} = 0.42 + 1.2 + 0.82 = 2.44$$

对于外因模型，由于不涉及总体参数的估计，自由度应为属性的个数 $k-1$，即：

$$\chi^2 = \sum_{i=1}^{k} \frac{(O_i - E_i)^2}{E_i} \sim \chi^2(k-1)$$

在本例，$df = k - 1 = 3 - 1 = 2$，设显著水平 $\alpha = 0.05$，采用右尾检验，查 χ^2 表得：$\chi^2_{1-\alpha} = \chi^2_{0.95} = 5.90$，现 $\chi^2 = 2.44 < 5.90$，落在接受原假设的区域，即该例四时花的 F_1 代符合孟德尔定率，分离比率为 1：2：1($P > 0.05$)。

一些理论比率问题通常都是外因模型，因为无须从样本的数据计算总体参数，多为已给定的比率。

在生物学研究中,理论比率模型是很常见的,比率的问题解决的是实际比率是否符合理论比率。能否以理论比率来解释实际资料?例如,在昆虫行为的研究中,常使用到 Y 形嗅觉仪等双向选择生物测定,目的是探明昆虫是否显著趋向某一有特定挥发物的方向,判断方法常先假设昆虫趋向两个方向的比率是 1∶1,然后检验试验结果是否符合比率 1∶1。

【例 8.3】 为测定罗盘菊($Silphium\ laciniatum$)提取物对一种瘿蜂($Antistrophus\ rufus$)雌虫的吸引作用,现于 Y 形嗅觉仪一臂的瓶中加入罗盘菊提取物,另一臂的瓶为空白对照,共逐头测试 41 头雌蜂,其中趋向气味源臂的有 28 头,趋向空白臂的 13 头,问罗盘菊提取物对这种瘿蜂是否具显著的吸引作用?

解:H_0:趋向两臂的比率为 1∶1

如果原假设成立,则趋向两臂的理论频数为 20.5 和 20.5,于是:

$$\chi^2 = \sum \frac{(O_i - E_i)^2}{E_i} = \frac{(28 - 20.5)^2}{20.5} + \frac{(13 - 20.5)^2}{20.5} = 5.5$$

设显著水平 $\alpha = 0.05$,采用右尾检验,查 χ^2 表得:$\chi^2_{1-\alpha} = \chi^2_{0.95}(1) = 3.841$,现 $\chi^2 = 5.5 > 3.841$,落在拒绝原假设的区域,即趋向两臂的比率不符合 1∶1,罗盘菊提取物对这种瘿蜂有显著的吸引作用($P < 0.05$)。

表 8.2 是一些常见的比率模型及 χ^2 值捷算公式。

表 8.2 常见的比率模型及 χ^2 值捷算公式

理论比率	实际比率	捷算公式*	df
$r∶s$	$a∶b$	$\chi^2 = \dfrac{(sa - rb)^2}{rs(a+b)}$	$2-1=1$
$r∶s∶t$	$a∶b∶c$	$\chi^2 = \dfrac{(r+s+t)(sta^2 + rtb^2 + rsc^2)}{rst(a+b+c)} - (a+b+c)$	$3-1=2$
$r∶s∶t∶u$	$a∶b∶c∶d$	$\chi^2 = \dfrac{A(stua^2 + rtub^2 + rtuc^2 + rstd^2)}{rstuB} - B$	$4-1=3$

* $A = r+s+t+u$;$B = a+b+c+d$

【例 8.4】 利用表 8.2 的公式解决例 8.1 的问题。

解:本例为 $r∶s∶t = 1∶2∶1$ 与 $a∶b∶c = 55∶132∶53$ 的问题。

$H_0: O_i = E_i$;$H_1: O_i \neq E_i$

$$\chi^2 = \frac{(r+s+t)(sta^2 + rtb^2 + rsc^2)}{rst(a+b+c)} - (a+b+c)$$

$$= \frac{(1+2+2)(2 \times 55^2 + 132^2 + 2 \times 53^2)}{2 \times 240} - 240 = 2.44$$

χ^2 值计算结果与例 8.2 相同。

8.1.2 内因模型

一些理论分布或数学模型的参数需要从样本的数据估计,这种情况要降低自由度,扩大拒绝 H_0 的区域。自由度在外因模型的基础上再减去需要估计的总体参数的个数,即 $df = k - 1 - j$,其中 j 为总体参数的个数。

【例 8.5】 Poisson 分布可描述一些随机事件如螟虫卵快的分布。在水稻田调查 98 个小区中三化螟的卵块数,得频数分布表如表 8.3 所示。问三化螟卵块是否符合 Poisson 分布?

表 8.3　三化螟的卵块频数分布表

每小区卵块数(x)	0	1	2	3	4	5	$\geqslant 6$
频数(f)	18	34	24	16	3	1	2

解:首先假设符合 Poisson 分布,计算其理论频数(E_i)。从实际调查数据计算平均数 m,

$$m = \frac{\sum fx}{N} = \frac{159}{98} = 1.622(\text{个})$$

然后,求取各组理论频数。98 个小区中,发现有 $0,1,2,3,4,5,\geqslant 6$ 个卵块的遵从 Poisson 分布的理论小区数依次是以下各项之值:

第一项 $f'_{r=0} = N \cdot e^{-m} = 98 \times e^{-1.622} = 98 \times 0.197503 = 19.40$

第二项以及以后各项根据递推法计算:

$$f'_{r=1} = N \cdot e^{-m} \cdot m = f_{r=0} \cdot m = 19.40 \times 1.622 = 31.36$$

$$f'_{r=2} = f'_{r=1} \times \frac{m}{2} = 31.36 \times \frac{1.622}{2} = 25.48$$

$$f'_{r=3} = f'_{r=2} \times \frac{m}{3} = 25.48 \times \frac{1.622}{3} = 13.72$$

$$f'_{r=4} = f'_{r=3} \times \frac{m}{4} = 13.72 \times \frac{1.622}{4} = 5.59$$

$$f'_{r=5} = f'_{r=4} \times \frac{m}{4} = 5.59 \times \frac{1.622}{5} = 1.76$$

$$f'_{r \geqslant 6} = N - (f'_{r=0} + f'_{r=1} + f'_{r=2} + f'_{r=3} + f'_{r=4} + f'_{r=5})$$
$$= 98 - (19.40 + 31.36 + 25.48 + 13.72 + 5.59 + 1.76) = 0.69$$

把实际频数结合上述理论频数的计算结果列于表 8.4。

表 8.4　三化螟的卵块实际频数和理论频数

x	实际频数(O_i)	理论频数(E_i)
0	18	19.40
1	34	32.36
2	24	25.48
3	16	13.72
4	3	5.59
5	1	1.76
$\geqslant 6$	2	0.69

因为 $x=5$、$x \geqslant 6$ 的理论频数小于 5,所以需要与相邻的理论频数合并,在本例,$x=4$、$x=5$、$x \geqslant 6$ 合并后已大于 5,相应的实际频数合并后计算如表 8.5 所示。

表 8.5 数据合并后三化螟的卵块实际频数和理论频数

x	O_i	E_i	$(O_i-E_i)^2/E_i$
0	18	19.40	0.101
1	34	32.36	0.222
2	24	25.48	0.086
3	16	13.72	0.379
$\geqslant 4$	6	8.04	0.518

$$H_0 : O_i = E_i ; H_1 : O_i \neq E_i$$

$$\chi^2 = \sum_{i=1}^{k} \frac{(O_i-E_i)^2}{E_i} = 0.101 + 0.222 + 0.086 + 0.379 + 0.518 = 1.306$$

合并后的属性个数 k 为 5，从样本数据估计的参数个数 j 为 1（m 估计 μ），所以自由度 $df = k-1-j = 5-1-1 = 3$，查 χ^2 表得：$\chi^2_{0.95}(3) = 7.81$，$\chi^2_{0.95} > 1.306$，落在接受 H_0 的区域，即三化螟卵块的分布符合 $\mu = 1.622$ 的 Poisson 分布（$P > 0.05$）。

【例 8.6】 例 7.7 的中华微刺盲蝽（*Campylomma chinensis*）5 龄若虫对桃蚜（*Myzus persicae*）的捕食功能反应中已计算 Holling 圆盘方程为：$Na = \dfrac{0.7814N}{1 + 0.01926N}$，把 N_i 代入此方程可计算其理论被捕食数如表 8.6 所示。中华微刺盲蝽 5 龄若虫对桃蚜的捕食功能反应是否符合 Holling II 型。

表 8.6 桃蚜实际被捕食数和理论被捕食数

猎物密度（N）	实际被捕食数（O_i）	理论被捕食数（E_i）
5	3.50	3.56
10	6.50	6.55
15	9.50	9.09
20	11.50	11.28
25	13.00	13.19
30	14.50	14.86

解：因为 $N=5$ 时，理论值 $E_i = 3.56 < 5$，所以应与 $N=10$ 的 E_i 合并，如表 8.7 所示。

表 8.7 合并后桃蚜实际被捕食数和理论被捕食数

猎物密度（N）	实际被捕食数（O_i）	理论被捕食数（E_i）	$(O_i-E_i)^2/E_i$
$\leqslant 10$	10.00	10.11	0.001197
15	9.50	9.09	0.018493
20	11.50	11.28	0.004291
25	13.00	13.19	0.002737
30	14.50	14.86	0.008721

$$H_0 : O_i = E_i ; H_1 : O_i \neq E_i$$

$$\chi^2 = \sum_{i=1}^{k} \frac{(O_i - E_i)^2}{E_i} = 0.0354$$

在例 7.7 中,利用样本的数据估计的总体参数 j 有 2 个:A(总体瞬时发现率,以 a 估计 A)和 B(总体捕食处理时间,以 b 估计 B)。而合并后的属性数 $k=5$,所以自由度 $df=k-1-j=5-1-2=2$,查 χ^2 表得:$\chi^2_{0.95}(2)=5.991$,$\chi^2_{0.95}>0.0354$,落在接受 H_0 的区域,即中华微刺盲蝽 5 龄若虫对桃蚜的捕食功能反应符合瞬时发现率 $A=0.7814$、捕食处理时间 $B=0.0246$ 的 Holling Ⅱ 型的功能反应($P>0.05$)。

§8.2　$r \times k$ 列联表 χ^2 检验

一项试验或调查资料,可以按两个或多个方式(属性)来分类。例如,某种害虫作供试材料,一种分类是把这群害虫分为接受某种药剂处理和并未接受药剂处理而是作为对照的。另一种分类是:死亡的和存活的问题,这两种分类是各自独立的,还是相互有关联的呢? 也就是说,接受药剂处理的个体是否与死亡这种现象有密切关联? 是否死亡率会增大? 这可以用 χ^2 检验来判断。这就是独立性检验的含义。如果经过检验后,死亡率并未因药剂的处理而增大,就说明两个分类是各自独立的。实质上,就是检验施药与死亡率的差异显著性。

进行独立性检验时,首先要运用"无效假设",即假定处理与致死效应是无关联的,即互相独立的。上述害虫的死亡率不因施药与否而有差异,也可以说是假定施药杀虫是无效的,然后求取相应的理论频数,最后通过 χ^2 检验比较实际频数与理论频数,检验其差异显著性。这样,可以在一定置信度上拒绝或接受上述的无效假设。

以下介绍列联表资料的检验,也叫做频数分析(analysis of frequencies)。

8.2.1　列联表的概念

列联表(contingency table)是把一组对象按照两个分类标准排列,一个标准记入行,另一个标准记入列。列联表的行数用 r 表示,列数用 k 表示。一个 r 行 k 列的列联表称为 $r \times k$ 表(表 8.8)。

表 8.8　$r \times k$ 列联表

	1	2	3	…	k	总和
1	O_{11}	O_{12}	O_{31}	…	O_{t1}	R_1
2	O_{12}	O_{22}	O_{32}	…	O_{t2}	R_2
3	O_{13}	O_{23}	O_{33}	…	O_{t3}	R_3
⋮	⋮	⋮	⋮		⋮	⋮
r	O_{1r}	O_{2r}	O_{3r}	…	O_{rk}	R_r
总和	C_1	C_2	C_3	…	C_k	N(大总和)

上表中各格的理论频数 $E_{ij}(i=1,2,\cdots,r;j=1,2,\cdots,k)$ 的求取公式为:

$$E_{ij} = \frac{R_i C_j}{N} \tag{8.2}$$

例如,理论频数 E_{23} 的计算如图 8.1 所示。

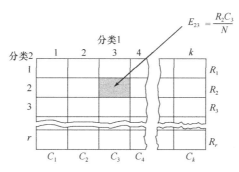

图 8.1 列联表理论频数的计算

8.2.2 关于独立性检验

独立性检验是一种列联表检验方法,检验列联表中的两个分类标准是否相互独立,即两个分类标准是否存在着一定的因果关系。如果是相互独立的,即并不存在因果关系。

H_0:行和列两个分类标准是相互独立的;H_1:行和列两个分类标准不是相互独立的

统计量

$$\chi^2 = \sum_{ij} \frac{(O_{ij} - E_{ij})^2}{E_{ij}} \tag{8.3}$$

$$df = (r-1)(k-1)$$

例如,有如下一张 2×2 列联表(表 8.9),表中 a、b、c、d 有如下关系:①$a+b=A$;②$c+d=N-A$;③$a+c=B$;④$b+d=N-B$。这 4 个方程不是相互独立的,任何 2 个之和减去第 3 个都会得到第 4 个方程。例如:

$$①+②-③=(a+b)+(c+d)-(a+c)=(b+d)= ④$$
$$=A+(N-A)-B=N-B = ④$$

即:只有一个方程是可以自由变动的,且当这个方程确定了,其余 3 个方程也确定了。也就是说,a、b、c、d 4 个数字中只有 1 个是可以自由变动的,一旦这个数字为定值,其余 3 个数字也为定值。

表 8.9 2×2 列联表

	1	2	总计
1	a	b	A
2	c	d	$N-A$
总计	B	$N-B$	N

故自由度 $df = 4-3 = (2-1)(2-1) = 1$,推广到 $r \times k$ 表 $df = (r-1)(k-1)$。

【例 8.7】 [2×2 列联表] 两种不同浓度的钠皂液喷雾处理害虫,死、活虫数和供试总虫数等资料列于以下 2×2 表(表 8.10)。

表 8.10　死、活虫数和供试总虫数等资料的 2×2 列联表

浓度	活虫数	死虫数	供试虫数
A	3(7.8)*	62(67.2)	65
B	13(8.2)	55(59.8)	68
总计	16	117	133

* 表中括号内为理论频数

解：H_0：两个浓度的药剂有同等的杀虫效果

根据式(8.2)，计算各理论频数：

对于浓度 A：供试虫数为 65 头，

$$E_{11} = \frac{R_1 C_1}{N} = \frac{65 \times 16}{133} = 7.8 \ , \ E_{12} = \frac{R_1 C_2}{N} = \frac{65 \times 117}{133} = 57.2$$

对于浓度 B：供试虫数为 68 头，

$$E_{21} = \frac{R_2 C_1}{N} = \frac{68 \times 16}{133} = 8.2 \ , \ E_{22} = \frac{R_2 C_2}{N} = \frac{68 \times 117}{133} = 59.8$$

因为自由度 $df = (r-1)(k-1) = (2-1)(2-1) = 1$，所以统计量 χ^2 必须作连续校正（详见 §8.3）：

$$\chi^2 = \sum \frac{(|O_i - E_i| - 0.5)^2}{E_i}$$

$$= \frac{(|3 - 7.8| - 0.5)^2}{7.8} + \frac{(|13 - 8.2| - 0.5)^2}{8.2} + \frac{(|62 - 57.2| - 0.5)^2}{57.2}$$

$$+ \frac{(|55 - 59.8| - 0.5)^2}{59.8}$$

$$= 5.2578$$

查 χ^2 值表，当 $df = 1$ 时，$\chi^2_{0.95} = 3.841$，$\chi^2_{0.99} = 6.636$，$\chi^2_{0.99} > \chi^2 > \chi^2_{0.95}$，故实际频数与理论频数差异显著。说明 A、B 两浓度的杀虫效果的差异是显著的，浓度与死亡有关联，而非独立的；浓度 A 的杀虫效果确实比浓度 B 的高（$P < 0.05$）。

对于 2×2 列联表，也可以用一些简捷公式计算统计量 χ^2。

$$\chi^2 = \frac{N\left(|O_{11}O_{22} - O_{12}O_{21}| - \frac{N}{2}\right)^2}{R_1 R_2 C_1 C_2} \tag{8.4}$$

因为在 2×2 列联表中，任 1 格的 $|O_{ij} - E_{ij}|$ 相等，所以式(8.4)可简化为：

$$\chi^2 = (|O_{11} - E_{11}| - 0.5)^2 \sum \frac{1}{E_{ij}} \tag{8.5}$$

【例 8.8】 利用式(8.4)、式(8.5)计算例 8.6 的统计量 χ^2。

解：$a)\ \chi^2 = \frac{N\left(|O_{11}O_{22} - O_{12}O_{21}| - \frac{N}{2}\right)^2}{R_1 R_2 C_1 C_2} = \frac{133\left(|3 \times 55 - 13 \times 62| - \frac{133}{2}\right)^2}{65 \times 68 \times 16 \times 117}$

$$= 6.05$$

$$b) \chi^2 = (|O_{11} - E_{11}| - 0.5)^2 \sum \frac{1}{E_{ij}} = (4.8 - 0.5)^2 \times \left(\frac{1}{7.8} + \frac{1}{8.2} + \frac{1}{57.2} + \frac{1}{59.8}\right)$$

$$= 5.2578$$

a)所得的 χ² 值与例 8.6 所得的值稍有不同,但并不影响结论;而 b)所得的 χ² 值与例 8.6 所得的值完全相同。

【例 8.9】　[2×4 列联表]一种虎甲(*Cicindela fulgida*)在不同的季节采集,两种色型的个体(频数)记录如表 8.11,试检验色型与季节是各自独立的或是有关联。

表 8.11　虎甲在不同季节两种色型的个体(频数)记录表

色型	采集季节				色型合计
	早春	晚春	早夏	晚夏	
鲜红色	29(22.3)	273(258.6)	8(21.7)	64(71.3)	374
非鲜红色	11(17.7)	191(205.4)	31(17.3)	64(56.7)	297
季节合计	40	464	39	128	671

注:括号内为理论频数

解:各格的理论频数可用式(8.2)计算,结果如表 8.11 所示。

H_0:虎甲的色型与季节是各自独立的

$$\chi^2 = \sum_{ij} \frac{(O_{ij} - E_{ij})^2}{E_{ij}}$$

$$= \frac{(29 - 22.3)^2}{22.3} + \frac{(11 - 17.7)^2}{17.7} + \cdots + \frac{(64 - 56.7)^2}{56.7}$$

$$= 27.535$$

自由度 $df = (r-1)(k-1) = (2-1)(4-1) = 3$

查表得 $\chi^2_{0.99} = 11.341$,$\chi^2 > \chi^2_{0.99}$,差异极显著,说明这种虎甲的色型变化与季节的变化有着密切的联系($P < 0.01$)。

$2 \times r$ 列联表的统计量 χ² 也可用以下简捷公式计算:

$$\chi^2 = \frac{N^2}{R_1 R_2} \sum \frac{O_{ij}^2}{C_j} - \frac{R_1^2}{N} \tag{8.6}$$

【例 8.10】　[3×3 列联表]稻田灌溉方式与稻叶衰老的关系的调查资料见表 8.12。检验绿、黄、枯叶数量与灌溉方式是否独立。

表 8.12　稻田灌溉方式与稻叶衰老关系的调查资料

灌溉方式	绿叶数	黄叶数	枯叶数	合计
深水	146(140.69)	7(8.78)	7(10.53)	160
浅水	183(180.26)	9(11.24)	13(13.49)	205
湿润	152(160.04)	14(9.98)	16(11.98)	182
合计	481	30	35	547

注:括号内为理论频数

解:各格的理论频数可用式(8.2)计算,结果如表 8.12 所示。

H_0:水稻叶色与灌溉方式是各自独立的

$$\chi^2 = \sum_{ij} \frac{(O_{ij} - E_{ij})^2}{E_{ij}}$$

$$= \frac{(146 - 140.69)^2}{140.69} + \frac{(7 - 8.78)^2}{8.78} + \cdots + \frac{(16 - 11.98)^2}{11.98}$$

$$= 5.6226$$

自由度 $df = (r-1)(k-1) = (3-1)(3-1) = 4$

查表得 $\chi^2_{0.95} = 9.49$，$\chi^2 < \chi^2_{0.05}$，落在接受原假设的区域，说明稻田的灌溉方式与稻叶衰老无关，3 种灌溉方式之间的黄叶、枯叶数量的比率的差异不显著（$P > 0.05$）。

$r \times k$ 列联表资料的独立性检验计算 χ^2 的简捷公式为：

$$\chi^2 = N \left(\sum \frac{O_{ij}^2}{R_i C_j} - 1 \right) \tag{8.7}$$

§8.3　Yates' χ^2 值的连续性校正

在第 §8.1、§8.2 节中曾提及关于 χ^2 值计算公式在一定条件下需要进行连续性校正的问题，本节将举例说明。

【例 8.11】　根据孟德尔的遗传学说，豌豆杂交将会产生 3:1 的黄豌豆和绿豌豆。假如在试验中，育种工作者得到黄豌豆 200 粒，绿豌豆 48 粒，在 5% 显著水平上，这个结果与孟德尔的遗传学说一致吗？

解：(1) 不作连续性校正。

$H_0: O_i = E_i$；$H_1: O_i \neq E_i$

计算结果见表 8.13。

表 8.13　不同颜色豌豆的实际频数和理论频数

豌豆颜色	实际频数(O_i)	理论频数(E_i)	$(O_i - E_i)^2/E_i$
黄	200	186	1.05
绿	48	62	3.16
总和	248	248	4.21

在本例中，$df = k-1 = 2-1 = 1$，显著水平 $\alpha = 0.05$，采用右尾检验，查 χ^2 表得：$\chi^2_{1-\alpha} = \chi^2_{0.95} = 3.84$，现 $\chi^2 = 4.21$，$\chi^2 > \chi^2_{0.95}$，落在拒绝原假设的区域，即与孟德尔定率不一致（$P < 0.05$）。

这时如果 $\alpha = 0.02$，$\chi^2_{0.98} = 5.41$，可接受 H_0。即：$P(\chi^2 \geqslant 3.84) = 0.05$，$P(\chi^2 \geqslant 5.41) = 0.02$，以线性内插法可计算得 $P(\chi^2 \geqslant 4.21) = 0.043$。

因为本例也可看成是二项变量，所以该概率也可用涉及二项分布的正态近似法计算：

$$\mu = np = 248 \times \frac{3}{4} = 186, \ \sigma = \sqrt{npq} = \sqrt{248 \times \frac{3}{4} \times \frac{1}{4}} = 6.82$$

(2) 根据二项分布的连续校正。

$$z = \frac{199.5 - 186}{6.82} = 1.98$$

查表得:$P(z \geqslant 1.98) = 0.0239$,$2 \times P(z \geqslant 1.98) = 0.048$,比 $P(\chi^2 \geqslant 4.21) = 0.043$ 要大一些。因为本章讨论的 χ^2 是离散变量,比用连续变量计算的值要小,连续性校正的称谓便是这样来的。要使其更接近连续变量的计算结果,Frank Yates 证明,在实际频数与理论频数之差的绝对值都减 0.5,便可完成校正,这种校正在自由度为 1 时最为重要,如果自由度大于 1,所用的校正方法更为复杂,但因为校正与否并不影响对检验结果的判断,所以在自由度大于 1 时无需校正。

【例 8.12】 在两个温度条件下进行相同药剂的杀虫试验。试在作连续性校正前后检验温度与死亡率之间是否独立? 试验结果如表 8.14 所示。

表 8.14　两个温度条件下进行相同药剂的杀虫效果

温度/℃	存活虫数	死亡虫数	合计
20	8(5)	12(15)	20
30	2(5)	18(15)	20
合计	10	30	40

注:括号内为理论频数

解:$H_0 : O_i = E_i$;$H_1 : O_i \neq E_i$

(1) 不进行连续性校正的 χ^2 检验。

$$\chi^2 = \sum_{ij} \frac{(O_{ij} - E_{ij})^2}{E_{ij}} = \frac{(8-5)^2}{5} + \frac{(2-5)^2}{5} + \frac{(12-15)^2}{15} + \frac{(18-15)^2}{15} = 4.80$$

$\chi^2_{0.95} = 3.841$,$\chi^2_{0.95} < \chi^2$,落在拒绝 H_0 的区域,即 30℃条件下药剂的杀虫效果显著地比 20℃ 的高($P < 0.05$)。

(2) 进行连续性校正的 χ^2 检验。

$$\begin{aligned}
\chi^2 &= \sum \frac{(|O_i - E_i| - 0.5)^2}{E_i} \\
&= \frac{(|8-5| - 0.5)^2}{5} + \frac{(|2-5| - 0.5)^2}{5} + \frac{(|12-15| - 0.5)^2}{15} \\
&\quad + \frac{(|18-15| - .05)^2}{15} = 3.33
\end{aligned}$$

$\chi^2 < \chi^2_{0.95}$,落在接受 H_0 的区域,不能认为在这两个温度条件下,药剂的杀虫效果有显著差异($P > 0.05$)。

由例 8.12 可以看出,在自由度等于 1 时,进行连续性校正与否,所求出的 χ^2 值及检验的结果往往是不相同的,经过连续性校正的检验结果是正确的,而不校正则不一定正确。

习　　题

1. 根据表 8.15,用 χ^2 检验判断调查资料是否符合二项分布和 Poisson 分布。

表 8.15　某项指标的调查值以及二项分布和 Prisson 分布的理论值

x	O_i	E_i(二项)	E_i(Poisson)
0	4	4.66	7.136
1	21	16.73	18.838
2	22	27.00	24.167
3	28	25.83	21.883
4	14	16.21	14.443
5	8	6.98	7.626
6	2	2.09	3.355
≥7	1	0.494	1.852

2. 水稻抗稻瘟病品种×感病品种杂交试验得 F_2 代 280 株，其中抗病(R)的有 202 株，感病(S)的有 78 株，问试验结果是否符合 R：S＝3：1 的规律。

3. 为测定螺旋粉虱对 2-己醇的趋向作用，现于 Y 形嗅觉仪一臂的瓶中加入 2-己醇，另一臂的瓶为空白对照，共逐头测试 60 头雌虫，其中趋向气味源臂的有 38 头，趋向空白臂的 22 头，问 2-己醇对螺旋粉虱雌虫是否具显著的吸引作用？

4. 马缨丹(*Lantana camara*)为原产美洲热带的落叶灌木，开花时花色多变，如有的花初开时为黄色，9 h 后变为橙色，最后变为红色。现选取马缨丹(*L. camara*)(花变色，yellow-orange-red，YOR)、纯黄色的栽培种黄花马缨丹(*Lantana camara* cv. Flava)和纯紫色花的紫花马缨丹(*Lantana montevidensis*)，调查中华微刺盲蝽在 3 种颜色花序中的分布，结果为如表 8.16 的列联表。问中华微刺盲蝽在马缨丹花序中的分布是否与花的颜色有关？

表 8.16　不同花色马缨丹上中华微刺盲蝽的数量

	花序颜色		
	变色	黄	紫
有中华微刺盲蝽的花序数	66	70	42
没有中华微刺盲蝽的花序数	51	56	50

5. 表 8.17 是施氮量对纹枯病的影响试验结果(单位：株)。问纹枯病的发病程度与施氮量是否有关？

表 8.17　不同施氮量条件下纹枯病的发生程度比较

施氮量	发病程度		
	严重	中	轻
5kg	32	48	52
10kg	59	41	40
15kg	88	56	44

第九章　试　验　设　计

在生物科学的研究和实践中,经常会涉及数据,用数据来说明一定时间、一定地点、一定条件下的某些状况,那么数据是怎么获得的呢? 数据的收集通常是通过试验设计或抽样技术来实现的。所谓试验设计,就是研究如何更合理、更有效地获得观察资料的方法。从统计角度讲,试验设计是确定一组规则,用来从总体中抽取样本,然后根据这一样本对总体中我们所关心的问题作出推断。这样我们的研究过程就包括两个方面:①合理、有效地获得观察资料,即试验方案的设计;②用获得的资料对所关心的问题作出尽可能精确、可靠的结论,即统计推断。这两个方面密切相关,因为数据分析的方法是直接依赖于所用的试验设计,一个有效的试验设计就能用较少的人力、物力和时间,最大限度地获得丰富而可靠的资料,从而才能对所关心的问题作出尽可能精确、可靠的结论。因此,通常把从数据中获得数据的统计分析整个过程称为试验设计。

§9.1　试验设计的基本原理

科学试验是探索未知世界的主要手段。要使试验达到预期的目的,科学、周到的试验设计是必要条件。一般来说,广义的试验设计包括对前述科学研究各个阶段的调研与计划;而狭义的试验设计则把注意力集中在数据处理方面,即根据条件与目标选定适当的数据处理方法;保证在试验过程中能收集到全部需要的数据资料;并把试验的工作量以及物质消耗降到最小。本章的内容集中在这种狭义的试验设计上,在这一过程中,以下几个内容是我们应当注意的。

9.1.1　试验设计的常见术语

1. 试验

试验(experiment)是在人为控制条件下进行的一种有目的的实践活动。例如,比较不同品种在某个性状上的差别,测定在一定条件下动物个体的某项生理指标,等等。

试验不同于观察,试验要求发挥人们的主观能动性,通过控制条件来影响事物的发展状态和进程,使之更有利于我们对其客观规律性的认识。观察是了解自然界按其本来面目发展变化,人们仅仅对现象进行记录和研究。

对于统计学来说,试验是获取数据资料的过程。每次试验所得到的数据可以看成是一个随机样本,因为在相同的条件下重复进行相同的试验所得到的结果不会完全相同,我们将它看成是许多的可能结果之一。

2. 试验指标

试验指标(experiment index)是指试验中具体测定的性状或观测的项目,简称指标。在植保试验中常用的试验指标有昆虫体重、产卵量、存活率、发病率、血液生理生化指标等。一个试验中可以选用单指标，也可以选用多指标，这由专业知识对试验的要求确定。各种专业领域的研究对象不同，试验指标各异。例如，研究不同寄主植物对昆虫的适合度比较试验中，可用昆虫发育速度、存活率和产卵量等多个指标衡量昆虫的适合度。当然，一般田间试验中最主要的常常是产量这个指标。又如，研究杀虫剂的作用时，试验指标不仅要看防治后植物受害程度的反应，还要看害虫存活情况对杀虫剂的反应。在设计试验时要合理地选用试验指标，它决定了观测记载的工作量。过简则难以全面准确地评价试验结果，功亏一篑；过繁又增加许多不必要的浪费。试验指标较多时还要分清主次，以便抓住主要方面。

3. 试验因素

试验因素(experimental factor)是指试验所研究的影响试验指标的因素，简称因素或因子。除了试验因素外，其他影响试验指标的因素统称为非试验因素。

4. 水平

试验因素的量的不同级别或质的不同状态称为水平(level)。试验因素水平可以是定性的，如供试的不同品种，具有质的区别，称为质量水平；也可以是定量的，如喷施生长素的不同浓度，具有量的差异，称为数量水平。数量水平不同级别间的差异可以等间距，也可以不等间距。所以试验方案是由试验因素与其相应的水平组成的，其中包括有比较的标准水平。

5. 试验单位

一个试验单位(experiment unit, plot)是试验材料的基本单元，它是试验工作者施加处理的对象。这个基本单元可以是一个细胞、一个组织或是一个动物个体，有时也可以是一组个体。例如，在研究昆虫的产卵量时，试验单位就是调查的每头雌虫。在田间药效试验中，试验单位往往是一定形状和面积的小区(plot)。

6. 试验处理

试验处理(treatment)简称处理，是指根据试验因子的不同水平对试验单元所处以的不同措施。与处理相对应的是对照(control)，一般指不接受试验处理的空白对照试验单元的试验指标，起参照作用，也称为处理的零水平。在单因子试验中，因子的一个水平就是一个处理；在多因子试验中，不同因子的每一个水平组合就是一个处理。

7. 阴性对照与阳性对照

在生命科学的研究中，常常很难事先根据理论或经验确定一个标准值，然后再检验样本是否与它相同。常用的方法是设置一个对照，通过与对照的比较来检验是否达到了目的。这种对照又可分为阴性对照与阳性对照。所谓阴性对照常常是留出一定量试验材料不加特殊处理，让它们保持自然状态；而另一部分材料则按预定程序加以特定处理，然后对处理和不处理的结果加以比较，看它们是否有差异，从而判断处理是否有效。这种方法主要用于排除一些假阳性的情况。例如,为检验某种转基因植物是否具有抗虫性,常采用虫测的办法,即采取植物组织(如叶片),在实验室内接入指定昆虫,过一段时间后检查虫子的死亡率。此时设置阴性对照就是必须的。这是因为用于测试的昆虫本身就会有一定的自然死亡率,而试验室条件与自然界也会有一定差异,当观察到虫子死亡的时候,并无准确方法判断它是自然死亡还是由于植物抗虫性而死亡。因此,必须有一部分虫子是喂饲普通植物或饲料,这就是阴性对照,然后用它的死亡率对喂转基因植物组的死亡率进行校正,才能对转基因植物的抗虫性作出正确的评价。

在某些情况下,我们不仅需要排除假阳性,还需要排除假阴性。此时就需要设置阳性对照。这主要用于我们对试验材料是否会产生我们所希望的变化并无十分把握的情况。例如,在遗传毒理试验中,常以靶细胞染色体是否受到损害为指标。如果我们选用了一类新的靶细胞,那对它是否会出现可观察到的明显的染色体损害就不是非常肯定。此时则不仅需要阴性对照,也需要阳性对照,即留出部分试验材料采用一些已知的强诱变剂,促使它们发生可见的变化。这样,我们既有没有变化或只有很少数变化的阴性对照,又有发生明显变化的阳性对照,那么不管正式的处理有没有变化,我们都能对它的遗传毒性给出一个较有把握的判断。当然,还有一些情况设置阳性对照的目的是看新的药物或方法与旧的相比是否有明显改进,从某种意义上说这也许是我们更常面对的情况。

综上所述,精心设置的对照常常能大大提高试验结果的可靠性与说服力,因此是试验设计中必须加以注意的一个方面。

9.1.2　试验设计的基本要素

试验设计包括三个基本要素,即处理因素、受试对象和处理效应。

1. 处理因素

对受试对象给予的某种外部干预(或措施),称为处理因素(treatment factor),或简称处理(treatment)。处理因素可以是一个或多个,即分为单因素处理(single factor treatment)或多因素处理(multiple factors treatment),同一因素可根据不同强度分为若干个水平(level)。如果试验只有一个处理因素,称之为单因素试验(single factor experiment)。设计单因素试验是为了考察在该因素不同水平值上性状量值(quantity value)或反应量的变化规律,找出最佳水平(固定模型)或估计其总体变异(随机模型)。包含两个或两个以上处理因素的试验称为多因素试验(multiple factors experiment),可依处理因素数作具体命名,如二因素试验(two-factor experiment)、三因素试验(three-factor experiment)等。多因素试验的目的是考察反应量在各因素不同水平和不同水平组合上的变化规律性,找出水平的最佳组合(固定模型)或估计总体变异(随机模型)。相对于单因素试验,多因素试验不但可以研究主效应(main effect),简称主效,也可以研究因素之间的交互作用(interaction),简称为互作。

与处理因素相对应的是非处理因素,这是引起试验误差的主要来源,在试验设计时要引起高度重视,加以有效控制。

2. 受试对象

受试对象(tested subject)是处理因素的客体,实际上就是根据研究目的而确定的观测总体。由于某种原因试验设计时,必须对受试对象所要求的具体条件作出严格规定,以保证其同质性。

3. 处理效应

处理效应(treatment effect)是处理因素作用于受试对象的反应,是研究结果的最终体现。试验效应包含了处理效果和试验误差,因此,在分析试验效应时,需按照一定的数学模型通过方差分析等方法将处理效应和试验误差进行分解,并进行检验,以确定处理效应是否显著。

9.1.3 试验误差及其控制

1. 误差的概念与产生

误差可分为随机误差与条件误差。随机误差由一些无法控制的因素产生,如试验材料个体间的差异、试验环境的一些微小变化、测量仪器最小刻度以下的读数估计误差等。这些因素不受我们控制,因此这些误差也无法消除,其大小与方向也是无法预测的。条件误差则是由一些相对固定的因素引起,如仪器调校的差异、各批药品间的差异、不同操作者操作习惯的差异等。这种误差常常在某种程度上是可控的,试验中应尽可能消除,其大小也常可估计,方向也常是固定的。还有一种差错是人为造成,如操作错误、遗漏或丢失数据等。这类差错原则上是不允许产生的,一旦发现差错相关数据即应舍去,不属于误差的范围。

2. 误差的表示

在不同场合,误差有许多不同的表示方法,如已经介绍过的标准差、变异系数等也可表示误差大小。

在日常生活中,常用以下概念:

(1) 绝对误差:即观测值与真值之差。

(2) 相对误差:即绝对误差与真值之比。当真值未知时,分母可用观测值代替。

在科学论文中,则常使用以下方法:

(1) 有效数字:指从左边第一位非零数起的全部数字。其中最后一位是估计值,其他都是准确值。在表示原始读数时,倒数第二位是仪器的最小刻度读数,倒数第一位是估计值,如 12.0、1.50×10^5 等。注意,12.0 与 12.00 是不同的,1.50×10^5 也不能写为 150000。

(2) 平均值加减标准差:如 3.78±0.65,前一个数字是统计上的估计值,常为平均值;后一个则是统计估值的标准差,如果前者是平均值,后者即为 $\sigma/\sqrt{n}$(或 $S/\sqrt{n}$)。

3. 误差控制

从以前介绍的统计方法可知,统计学的基本思想就是将我们要检测的差异与误差相比。如果差异明显大于误差,则承认差异存在;否则认为差异不存在。这样显然试验误差的大小就直接影响能否得到预期的试验结果。因此,在试验设计阶段就应该仔细考虑如何控制误差。一般来说,控制误差的方法主要有:

（1）保证试验材料的均一性及试验环境的稳定性。试验材料与试验环境的差异常常被归入随机误差,减小这种差异也就减小了误差。如果受到条件限制,这种均一性与稳定性不能满足,则可采用划分区组等方法将这些差异从随机误差中分离出来,具体方法将在后面介绍。

（2）统一操作程序,必要时事先对操作人员进行培训,达到统一要求再上岗工作。当必须有多人参加工作时,这一点非常重要,常常影响试验的成败。

（3）注意尽量消除系统误差,如使用同一批药品,增加仪器调校次数等。

9.1.4 试验设计的基本原则

1. 重复

重复(replication)指在一个处理中有 2 个或 2 个以的试验单位。它的作用主要在于为随机误差方差的估计提供可能。同一处理内试验单元间的差异是由随机误差造成的,如果在一个处理内没有重复,就观察不到这种差异,因而无法对随机误差方差进行估计。重复的另一个重要作用在于提高试验的精确度。处理平均数的标准误 $\delta_{\bar{x}} = \dfrac{\delta}{\sqrt{n}}$;因而随重复数 n 的增加,可以减小它的值,即提高了试验的精确度。

2. 随机化

我们一般都要求样本中的个体相互独立,这样它们的联合分布就会大大简化,也就简化了统计计算。前边介绍的统计方法都要求样本为简单随机样本,即样本中的个体都具有与总体相同的分布,且相互独立。这种独立性主要就是靠随机化来保证的。所谓随机化(randomization)就是试验材料的配置,处理的顺序等都要随机确定,如采用随机数表、计算机产生的随机数或抽签等方法决定。这样可有效地消除材料间的关联,并可减小某些系统误差,从而保证结果的可靠性。

3. 局部控制

在试验过程中,随机和重复往往也无法消除非处理因素如试验单元所带来的外源差异,因此需要选择一种能控制这种外源差异的试验设计。在试验中可利用局部控制(local control),即将整个试验环境分解成若干个相对一致的小环境,称为区组(block),再将区组内分别配置一套完整的处理,在局部对非处理因素进行控制。在田间试验中,先根据试验环境条件把试验田分成若干个区组(block),再根据处理数把每个区组分成若干个小区(plot),让各处理随机安排到各小区中。而在两个成对样本平均数的检验中所出现的配对设计(如半叶法)则是通过配对来使接受不同处理的两个试验单元具有最大的一致性。

§9.2 取样技术

将总体中的每个观察单位都进行调查,需要耗费大量的人力、物力和时间,因此进行调查研究时可以从总体中抽出一部分观察单位进行调查,即进行抽样调查。抽样调查要求从总体中抽出的观察单位要具有代表性。这就要求做到随机抽样,随机抽样一般是指每个总体单位都有同等被抽中的机会,但是在实际调查中,并不完全是这种情况。通常采用的抽样组织形式有随机抽样法、顺序抽样法、分层抽样法、随机群组抽样法和二级抽样法等。

9.2.1 完全随机抽样法

完全随机抽样(complete random sampling)又称简单随机抽样(simple random sampling),它是指对总体不作任何处理,不进行分类也不进行排除,而是完全随机的原则,直接从总体中抽取 n 个观察单位作为样本加以调查。从理论上说,完全随机抽样是最符合抽样调查的随机原则,随机抽样群抽样是抽样调查的最基本形式。具体方法为:

首先将有限总体内的所有调查单位全部编号,然后用抽签或随机数字按所需要数量,随机抽取若干调查单位作为样本进行观察、测定。完全随机抽样适用于调查单位均匀度较好的总体。

【例 9.1】 从 200 个调查单位中随机抽出 10 个调查单位进行试验。

(1)编号。将 200 个调查单位依次编号为 $1, 2, 3, \cdots, 200$。

(2)读取 10 个随机数字,由于总体有 200 个,是一位数至三位数,所以需要的随机数至少应该为三位数。这里采用 Excel 随机数函数 RANDBETWEEN(100,999)生成了 10 个三位数的随机数字,见表 9.1 的第一行。

表 9.1 随机数字法进行完全随机抽样的余数计算表

随机数字	709	816	848	553	117	231	406	431	915	693
除数	200	199	198	197	196	195	194	193	192	191
余数	109	20	56	159	117	36	18	45	147	120

(3)计算余数。分别用 $200, 199, 198, \cdots, 191$ 去除随机数字,得到随机数的余数,见表 9.1 第三行。

(4)抽取作为样本的调查单位。随机数字的余数为几,将总体中编号为这个余数的动物抽出。由表 9.1 可知,这个有 200 个调查单位的总体中,这次抽出来作为调查样本的动物编号为 $109, 20, 56, 159, 117, 36, 18, 45, 147, 120$。

9.2.2 顺序抽样法

顺序抽样(sequential sampling)也称系统抽样(systematic sampling)、机械抽样(mechanical sampling)或等距抽样。将总体的全部调查单位按自然状态或某一特性依次编号,根据调查所需的数量,将总体分成若干个间隔顺序,在第一个间隔顺序中随机抽取第一个调查单位,然后按照一个确定的间隔顺序抽出 n 个调查单位作为样本进行观察、测定。系统抽样适用于调查单位均匀度较好的总体。

【例 9.2】 从 500 个调查单位中顺序抽出 50 个调查单位作为样本进行调查。

(1)编号。将 500 个调查单位依次编号为 $1, 2, 3, \cdots, 500$。

(2)计算每个间隔顺序的调查单位数。用总体含量除以样本含量得到,500/50=10。

(3)从编号为 1~10 的调查单位中随机抽第 1 个调查单位。

采用随机数字法进行。读取一个两位数的随机数字。这里采用 Excel 随机数函数

RANDBETWEEN(10,99)生成了一个两位数的随机数字为 54,除以 10 的余数为 4,则将编号为 4 的调查单位抽出作为样本的第一个调查单位。即从编号为 1~10 的调查单位中随机抽出的第 1 个调查单位为 4 号。

（4）按间隔顺序抽取其余的调查单位。这里的间隔顺序为 10,所以依次序抽取第 2 个调查单位为 14 号,第 3 个调查单位为 24 号,…,第 50 个调查单位为 494 号。

9.2.3　分层抽样

分层抽样(stratified sampling)又称类型抽样或分类抽样。是先将总体各调查单位按主要特性加以分层。而后在各层中按随机的原则取若干调查单位,抽出的全部调查单位组成样本含量为 n 的一个样本。即先按主要特性将调查总体分为若干个亚总体或若干个组,然后在各亚总体或各组中随机抽出若干个调查单位,将抽出的全部 n 个调查单位进行观察、测定。分层抽样对总体划分层的基本要求是:第一,层与层之间不重叠,且总体中的任一调查单位只能属于某个层;第二,全部总体调查单位毫无遗漏,即总体中的任一单位必须属于某个层。用于分层抽样的层内变异度小,层间变异度大。对于总体分布不太均匀或调查单位差异较大的总体,分层抽样能有效地降低抽样误差。但分层不正确将影响抽样的精确性。

【例 9.3】　调查广东省连山县河滩枫杨时发现该县共有 5 个有枫杨的河滩,各河滩枫杨数所占比率如表 9.2 所示。现抽取 200 株作样本,则按比例从各河滩中分别抽取 100、40、30、20 和 10 株的枫杨。

表 9.2　5 个河滩枫杨数所占比率

河滩	A	B	C	D	E
枫杨株数所占比率(%)	50	20	15	10	5
抽查株数	100	40	30	20	10

9.2.4　随机群组抽样

将总体按其原有的自然状态划分为群组,然后随机抽取群组,并将所抽中的群组中的所有个体都归入样本即称为随机群组抽样(random cluster sampling)。注意在这里对群组的划分与分层抽样中对层次的划分是不同的,这里并不要求同组内的个体要有一致性,反之,要求组间变异尽可能地小,如果组内变异小于组间变异,则会增大抽样误差。随机群组抽样主要用于不能对总体中的全部个体编号,故而不能采用简单随机抽样或系统抽样。

9.2.5　二级随机抽样

这种方法实际上是随机群组抽样的变化形式,当每个群组中的个体数太多而无法将其中的所有个体纳入样本时,可在群组内进行简单随机抽样。二级随机抽样可扩展到多级随机抽样。

§9.3　样本含量的确定

确定样本含量首先必须搞清楚一个先决条件,即事先估计出我们能够接受的误差大小,了解一、二类错误的概率和变量标准差的大小,并根据试验和经验作出合理的估计。

9.3.1　平均数资料样本含量的确定

通常将样本平均数的 95% 的置信区间允许误差以 L 表示,$L = t_{0.05} S_{\overline{X}}$,即置信区间宽度的一半(置信半径),由于标准误 $S_{\overline{X}} = \dfrac{S}{\sqrt{n}}$,故:

$$L = \frac{t_{0.05} S}{\sqrt{n}} \tag{9.1}$$

式中,标准差 S 的大小在实际工作中很难确切预知,还有在 n 求出之前,自由度也是无法确定的,$t_{0.05}$ 值无法查得。这两个问题如何解决? 一般对于 S 的估计是依靠前人的工作经验所得的数值,或用小型试验所取得的标准差的大概估计。$t_{0.05}$ 的数值通常以 $df = \infty$ 代替,此时,$t_{0.05} = 1.96 \approx 2$。因此,求样本含量的公式可写为:

$$n = \frac{t_{0.05}^2 S^2}{L^2} = \frac{4 S^2}{L^2} \tag{9.2}$$

利用式(9.2)进行计算,如果得出 $n > 30$ 则不需要再计算;如果得出 $n < 30$,则用尝试法,将 $df = n - 1$ 的 t_α 值代入,直到计算出的 n 为一稳定数值时为止。

【例 9.4】　已知喷施某种有机磷农药后某昆虫胆碱酯酶(AChR)降低值的标准差为 $S = 2.6\mu g$,现希望以 95% 的把握检测出 $2\mu g$ 的变化,需要多大的样本含量 n?

解:先假设 $n > 30$,此时可取 $t_{0.05}(29) = 2.0$,代入式(9.1):

$$n = 4 \times 2.6^2 / 2^2 = 6.76 \approx 7$$

由于 7 与先前估计的 $n > 30$ 相差甚远,应重新计算。考虑到 n 减小后 $t_{0.05}$ 变大,可采用 $n = 8$ 或 $n = 9$ 进一步计算。取 $n = 9$,查表得 $t_{0.05}(8) = 2.306$,重新代入式(9.1):

$$n = 2.306^2 \times 2.6^2 / 4 = 8.987 \approx 9$$

需要至少调查 9 头昆虫喷药前后的胆碱酯酶差值才能以 95% 的把握检测出 $2\mu g$ 的变化。

9.3.2　频率资料样本含量的确定

对于以频率表示统计结果的资料,预测样本含量的大小,也可按照式(9.2)计算。因为以频率表示的标准误为 $S_p = \sqrt{\dfrac{pq}{n}}$,因此,其计算公式可改为:

$$n = \frac{4pq}{L^2} \tag{9.3}$$

式中,p 为某一事件预计的频率;$q = 1 - p$;L 为允许误差(单位与 p、q 一致)。

【例 9.5】　欲调查某批寄生蜂的质量,要求估计误差不超过 3%,根据以往经验,该种寄生蜂的寄生率一般在 30% 左右,如采用简单随机抽样方法,问至少需要调查多少头寄主?

解:寄生率 $p=30\%=0.3$,则 $q=1-0.3=0.7$,允许误差 $L=3\%=0.03$,由式(9.3)得:

$$n=\frac{4pq}{L^2}=\frac{4\times0.3\times0.7}{0.03^2}\approx933$$

因此,需要调查 933 头寄主才有 95% 的可靠性达到允许误差为 3% 的精确度。

9.3.3 成对资料和非成对资料样本含量的确定

1. 成对资料样本含量的确定

成对资料中样本含量的计算,可将式(9.2)改为

$$n=\frac{t_a^2S_d^2}{d^2} \tag{9.4}$$

式中,S_d^2 为试验所得各对间差异的方差,$\overline{d}$ 为各对间差异的平均数。在实际计算中,因自由度不好确定,故一般均用 $n>30$ 时计算,即 $t_{0.05}\approx2$,则:

$$n=\frac{t_{0.05}^2S_d^2}{d^2} \tag{9.5}$$

然后再用尝试法进行计算,求得比较稳定的 n 值。

【例 9.6】 进行两种病毒制剂对烟草叶片的致病力对比试验,以每株烟草的第二片叶子供试,一半叶片涂第一种病毒制剂,另一半叶片涂第二种病毒制剂。根据以往经验,观测病斑值差数的标准差为 $S_d=2.1$ 个。希望在平均差值达到 1.2 个时,以 $\alpha=0.05$ 进行配对,t 检验能够检测出差异性,问需要测定多少株烟草?

解:取 $\alpha=0.05$ 时的 t 值。初算时用 $n>30$,即 $t_{0.05}\approx2$,利用式(9.5)得:

$$n=\frac{t_{0.05}^2S_d^2}{d^2}=\frac{4\times2.1^2}{1.2^2}\approx12（株）$$

因为上面计算时,是按 $n>30$ 的 $t_{0.05}$ 计算所得,求出所需测定的烟草株数,而 12 片是否合适,这只是初步"尝试",还得以 $n=12$ 再作进一步计算,以取得一个稳定的 n 值。

当 $n=12$ 时,自由度 $df=n-1=11$,$t_{0.05}=2.201$,则:

$$n=\frac{t_{0.05}^2S_d^2}{d^2}=\frac{2.201^2\times2.1^2}{1.2^2}\approx15（株）$$

再以 $n=15$ 时,自由度 $df=n-1=14$,$t_{0.05}=2.145$,计算得:

$$n=\frac{t_{0.05}^2S_d^2}{d^2}=\frac{2.145^2\times2.1^2}{1.2^2}\approx14（株）$$

再以 $n=14$ 时,自由度 $df=n-1=13$,$t_{0.05}=2.160$,计算得:

$$n=\frac{t_{0.05}^2S_d^2}{d^2}=\frac{2.160^2\times2.1^2}{1.2^2}\approx14（株）$$

这时,n 已稳定为 14,无需继续计算。所以,共需要观测 14 株烟草才能满足试验要求。

2. 非成对资料样本含量的确定

当两总体标准差 σ_1、σ_2 已知时,其平均值之差的标准差为 $\sqrt{\dfrac{\sigma_1^2}{n_1}+\dfrac{\sigma_2^2}{n_2}}$。因此有:

$$L = z_{0.05} \sqrt{\frac{\sigma_1^2}{n_1} + \frac{\sigma_2^2}{n_2}}$$

令

$$\begin{cases} n_1 = \dfrac{\sigma_1}{\sigma_1 + \sigma_2} N \\ n_2 = \dfrac{\sigma_2}{\sigma_1 + \sigma_2} N \end{cases} \tag{9.6}$$

则有 $N = n_1 + n_2$,且

$$L = z_{0.05} \sqrt{\frac{\sigma_1^2(\sigma_1 + \sigma_2)}{\sigma_1 N} + \frac{\sigma_2^2(\sigma_1 + \sigma_2)}{\sigma_2 N}} = z_{0.05} \sqrt{\frac{1}{N}(\sigma_1 + \sigma_2)^2} \tag{9.7}$$

即:总样本容量 N 由式(9.3)决定,而两总体取样数 n_1 和 n_2 由式(9.2)决定。

当两总体标准差未知时,仍需先得到它们的估计值 S_1 和 S_2,经 F 检验后若相等,则可用 S 代替 σ,用 $t_{0.05}(N-2)$ 代替 $z_{0.975}$,并采用例 9.1 的方法代入公式(9.3)求得 N,再令 $n_1 = n_2 = N/2$ 即可。若 F 检验表明 $\sigma_1 \neq \sigma_2$,仍可用上法求得 N 后,再用 S 代替 σ,按式(9.2)求 n_1 和 n_2 即可。

【例 9.7】 从两总体各抽容量为 15 的预备样本,得 $S_1^2 = 10.6, S_2^2 = 3.5$,希望当两总体均值差异大于等于 3 时,能以 95% 的把握被检测出来,问各应抽取多大样本?

解:首先检验方差是否相等。

$H_0 : \sigma_1 = \sigma_2$; $H_1 : \sigma_1 \neq \sigma_2$

$$F = \frac{10.6}{3.5} = 3.029$$

查表 C4,得:$F_{0.975}(14,14) \approx F_{0.975}(15,14) = 2.95, F_{0.975} < F$,拒绝 H_0,应认为 $\sigma_1 \neq \sigma_2$。
设所需总样本含量为 $N \geq 30$,查表 C2 得 $t_{0.05}(28) = 2.048$,代入式(9.7),得:

$$N = \frac{(S_1 + S_2)^2 t_{0.05}^2}{L^2} = \frac{(\sqrt{10.6} + \sqrt{3.5})^2 \times 2.048^2}{3^2} = 12.25 \approx 13$$

由于所得的 13 与假设的 30 差异较大,应进一步计算。
设 $N = 13$,则 $df = 13 - 2 = 11$,查表 C2,$t_{0.05}(11) = 2.201$,代入式(9.3),得:

$$N = \frac{(3.257 + 1.871)^2 \times 2.201^2}{9} = 14.15$$

由于只是近似的估计,不必再进一步计算,取 $N = 14$ 或 $N = 15$ 均可。
取 $N = 14$,代入式(9.6),得:

$$n_1 = \frac{3.257 \times 14}{3.257 + 1.871} = \frac{45.598}{5.128} = 8.89 \approx 9$$

$$n_2 = N - n_1 = 14 - 9 = 5$$

因此,应从第一个总体抽 $n = 9$ 的样本,第二个总体抽 $n = 5$ 的样本。

§9.4 简单试验设计

9.4.1 成组比较法

这种方法可以在只有两个处理时采用。处理可以是类别因素,如两种不同的药物;也

可以是数量因素,如同一种药物的不同剂量。方法是把试验材料随机分成两组,各接受一种处理。数据统计方法为成组 t 检验。

这种试验设计方法看起来非常简单,但也有一些需要注意的问题,否则也不能取得好的效果。这些问题包括:

(1)材料的性质必须是均一的。在这种设计中试验材料的差异都被作为随机误差处理,而随机误差过大常常会掩盖处理引起的差异,使它检验不出来。因此如果材料均一性很差时,一般不能采用这种试验设计方法。

(2)一定要保证材料划分成两组的过程是随机的。建议使用随机数表。具体使用方法见完全随机化设计。

(3)两组样本容量应保持相同。一般来说,不同的处理不会影响试验数据的方差。在这种情况下,两组的样本含量应尽可能保持相同。这是因为最后作统计检验时是 t 检验,统计量为

$$t = \frac{\overline{X}_1 - \overline{X}_2}{\sqrt{S^2 \left(\frac{1}{n_1} + \frac{1}{n_2} \right)}}$$

其中,S^2 为合并的样本方差,是总体参数 σ^2 的估计值。显然在其他条件不变的情况下,n_1、n_2 的分配应使 $\frac{1}{n_1} + \frac{1}{n_2}$ 达到最小,这样才能检验出最小的差异。用微分的方法容易证明,在 $n_1 + n_2$ 为常数的条件下,只有 $n_1 = n_2$ 才能使 $\frac{1}{n_1} + \frac{1}{n_2}$ 达到极小。

(4)选择适当的样本含量。样本含量增加,各种检验和估计的精度都会提高,但也增加了人力物力的消耗。因此必须在这两者之间作一权衡。但应注意,如果 n 是试验的重复数,检验的精度是与 $\sqrt{n}$ 成正比的。因此,用增加样本含量 N 的方法提高检验精度在重复数 n 很小时还可以,在 n 较大时效率就很低了。

(5)尽量减小试验误差。试验误差主要来自试验材料的不均一、环境条件的变化、试验操作的不稳定性及仪器本身的误差等。这些因素在试验设计和操作过程中都应加以考虑。例如,为保证试验材料均一,应选择同性别、同年龄、同体重的试验动物;为减少环境的影响,应尽可能维持环境条件的恒定;为减少试验操作的差异,应尽量由 1 人操作,如必须由几人分别完成,则应统一标准,并经练习与检验,力求操作一致。总之应在条件许可范围内尽量减少试验误差。

9.4.2 配对比较试验

这种方法也用于只有两个处理的试验,主要是为了尽可能减小材料本身差异对试验结果带来的影响。一般来说,若试验材料需要量很大或可选择的范围较小,则保持材料的均一性会很困难。此时可采用配对的方法,即选用一对对尽可能一致的试验材料分别作两种不同的处理,然后用它们的差值来进行统计检验。这样就基本上消除了材料差异的影响。例如,若不能保证所有试验动物都是同性别、同年龄、同体重,则可选取一对对满足上述条件的动物分别作两种不同处理,然后对测量的数据进行统计;药物疗效试验中采用同一个人服药前后的数据差;等等。这种试验设计的详细统计方法见 §5.8。

9.4.3　完全随机化设计

这是成组比较的一般化,即相当于多组或多个处理水平相互比较的试验。这种方法适用于试验材料均一性很好的情况。试验设计很简单,主要原则就是保证样本的随机性。方法是:选取尽量一致的试验材料,然后利用随机数表或其他方法把它们分配到各处理中去。

使用随机数表的方法为:设要把材料分为 a 组。先把试验材料编好号,然后用铅笔在随机数表中随意一点,从点到的地方开始两位两位地读数字。把第一个数字用处理数 a 除,所得余数就决定了第一个材料分到哪个处理……这样重复下去,直到把全部材料分完。如果各处理材料数不符合要求,可以再用随机数表调整:假如第三处理材料数太多,就继续读数,并用第三处理目前的材料数去除这个数字,用余数决定哪个材料调出;如果只有一个处理材料数不够,则可以把调出的材料直接放入这个处理中;如果不只一个处理材料数不够,则再读一个随机数,并用需要调入材料的处理数来除,用余数来决定把材料放入哪个组中。这样反复进行,直到所有材料都被适当地分入各个组中。当然,如果材料太多或要分的组数太多,三位三位、甚至四位四位读随机数也是可以的。总之,这个过程中的一切事情都应由随机数来决定,不要由人主观决定,因为人的决定常常有意无意地受到某种考虑的影响,很难是真正随机的。另外,计算机甚至某些计算器也有产生随机数序列的能力,可用于类似的随机化过程。该方法也称为余数定位法。

由于这种方法的随机化是在全部试验材料之间进行,所以称为完全随机化试验设计。它主要适用于在全部试验材料中没有明显的、我们应加以考虑的差异的情况。数据统计方法采用单因素方差分析。

【例 9.8】　采用余数定位法把 20 个试验材料分为 4 组,每组 5 个。

解:把材料编好号,在随机数表中随意一点,并从点到的地方开始两位两位读数。设第一个数为 40,除以 4 余数为 0,因为第一个材料分入第 4 组。下一个数为 22,除以 4 余 2,所以第二个材料分入第 2 组。这样重复下去,20 个材料第一次分组情况如表 9.3 所示。

表 9.3　20 个材料第一次分组情况

组别			材料编号					
1	4	9	17	19				
2	2	5	5	7	11	12	15	16
3	3	8	10	13	14	18		
4	1	6	20					

由于一般我们都希望各组中材料个数相同,所以需要对上述结果作调整。第二、三组材料过多,第一、四组材料过少。继续读数,设下一个为 86。除以 4 余 2,从第二组调出。再把它除以第二组目前材料数 7,余 2。把第二组第二个材料,即第 5 号材料调出。读下个数字,为 56。除以 4 余 0,调入第 4 组。再读,为 70,除以 4 余 2,再从第二组调出。(如果这时的余数不符合要求,在本例中即不是 2 或 3,则这个随机数可舍弃不用,再读下一个,直到碰到符合要求的为止。)再把它除以 6,余 4。把目前的第二组第 4 个材料,即第 12 号材料调出。读下一个数,为 51。除以 4 余 3,不符合要求。再读下一个,为 29。除以 4 余 1,调入第一组。现在只有第三组还需要调一个材料到第四组,读下个数,为 21。除以第三组材料个

数 6,余 3。把第三个材料,即第 10 号材料调到第 4 组。调整结束。最后结果见表 9.4。

表 9.4　20 个材料调整结束后分组情况

组别	材料编号				
1	4	9	17	19	12
2	2	7	11	15	16
3	3	8	13	14	18
4	1	6	20	5	10

§9.5　随机化完全区组设计

9.5.1　原理

前述的完全随机化设计有一个重大缺点,就是它要求全部试验材料都具有严格的同一性。否则材料间的差异会使误差大大增加,甚至会掩盖了我们所要检验的处理间的差异。但要做到使材料性质严格一致是非常困难的,有时甚至是不可能的。这就限制了完全随机化设计方法的应用。为了解决这一问题,我们可以把试验材料按组内性质一致的原则分为几个组,每个这样的组就称为一个"区组"。随机化只在区组内进行,而不是全部材料之间进行。"完全"的意义是每个区组内均包含全部处理。每个区组内材料少了,相对来说均一性会得到更好的满足。同时,也可对区组间的差异作检验,从而为以后进行类似试验设计是否需要划分区组提供依据。例如,我们可选年龄、性别、体重、体长等特征相同的试验动物为一个区组。如果两个区组间只有年龄不同,其他均相同,而试验结果证明这两个区组间没有差异,这就说明下次进行类似试验设计时可以不考虑年龄的影响。当然,我们也可对性别、体重、体长等其他特征做类似的工作。划分区组的标准除材料本身的特性外,也可依照环境条件或不同仪器、操作者、试剂批号等其他因素来划分。例如,农业试验中土地的土质、朝向、离灌渠的远近等环境条件常难以保证完全一致,如果划分成几个区组则可保证区组内条件大致一致。再把区组划成试验小区,用随机数表来决定哪个小区接受哪一种处理。其他如不同操作者、不同仪器设备、不同试剂批号等都可能引起额外的误差,因此也都可以作为划分区组的标准。

9.5.2　设计方法

上节已介绍过这种试验设计中随机化只在区组内进行,可以采用抽签等方法,但最好采用随机数表。随机化的方法与上一节中介绍的方法相同,不再重复。需要注意的是这种随机化的过程要对每个区组进行一次,不能只进行一次就用于所有区组,否则难以消除编号时产生的系统误差。

9.5.3　试验数据的处理

把不同水平的处理作为一个因素 A,区组作为另一因素 B,按两因素方差分析进行统计检验。如果不能肯定 A 与 B 之间是否有交互作用,则应在区组内设置重复,即每个区组内至少应包括处理水平数2～3倍的试验材料。这样每个处理在一个区组中出现不只一次,从而可得到误差与交互作用的估计,使各种统计检验得以顺利进行。当然这样一来区组内包含的材料增多,保持材料均一性就变得相对困难,因此在确信无交互作用的前提下,区组内也可不设置重复。

试验的主要目的是检验 A 因素的各水平之间是否有显著差异。对 B 因素(区组间差异)也可进行检验,目的是要知道下次进行类似试验时是否有必要按同样标准划分区组。如果对 B 的检验结果是无差异,下次试验时就不必要按同样的标准划分区组。若没有其他需要考虑的划分区组标准,则可采用完全随机化的方法,这样可减少试验及数据分析的复杂性。

随机化完全区组设计的优点:与完全随机化方法相比,这种方法可把区组间差异的影响从误差中分离出来,从而提高了统计检验的灵敏度。这种方法对处理数和区组数也没有任何限制。

随机化完全区组设计的缺点:处理数多时,或怀疑处理与区组间有交互作用时,区组包含材料数仍然较多,区组内部的均一性仍然难以满足。如果没有交互作用,但区组容量不够或内部均一性不好,可考虑采用拉丁方或裂区设计等方法。另外,与完全随机化方法相比,随机化完全区组增加了一个因素,计算也相应复杂一些。

§9.6　拉丁方设计

设试验田东部和北部较肥沃,西部和南部较贫瘠。此时若采用随机完全区组设计,不管区组内的处理如何排列,都无法保证它们的肥力条件相同。但土地肥力一般是逐渐变化的,因此我们可以这样来安排试验:设试验共需要安排 n 个处理,则整块土地划分为 n 行 n 列,共 $n \times n$ 个小区。并使每种处理在每行每列上均出现一次,且只出现一次。这样,每一行每一列都相当于一个区组,全部小区组成一个方阵。n 称为拉丁方的阶数。这种方法称为拉丁方是因为常用拉丁字母来代表各个小区。

统计模型为:

$$x_{ijk} = \mu + \alpha_i + \beta_j + \gamma_k + \varepsilon_{ijk} \qquad (i,j,k = 1,2,\cdots,n)$$

其中,α_i 为行效应;β_j 为处理效应;γ_k 为列效应;$\varepsilon_{ijk} \sim N(0,\sigma^2)$ 为随机误差,且各效应间无交互作用。

试验的主要目的是检验处理效应 β_j。引入 α_i、γ_k,是为了控制两个方向上的外来影响,以便把它们排除。总变差及其自由度可分解为:

$$SST = SS \text{行} + SS \text{列} + SSA + SSE$$

自由度:　$n^2 - 1 = (n-1) + (n-1) + (n-1) + (n-2)(n-1)$

统计假设为:$H_0: \mu_1 = \mu_2 = \cdots = \mu_n$;$H_1$:至少某一对 μ 不等。

统计量为:$F = \dfrac{MSA}{MSE} \sim F[n-1,(n-2)(n-1)]$,上单尾检验。

拉丁方设计的统计方法是方差分析。此时一般不考虑因素间的交互作用,无重复,且常常只需对处理效应作统计检验,因此与正常的方差分析相比简单了许多;但计算与处理上并无特殊之处,故不再列出详细的计算公式。

　　由于要保证各处理在每行每列都出现一次,且只出现一次,而且假设条件是有规律地变化的,各处理在拉丁方内的位置已不能再随机排列。一般采用轮迴的方法,即下一行的排列顺序是把上一行第一个处理调到最后一个,其他各处理依次提前一个。

　　与随机化完全区组设计相比,拉丁方的优点是从两个方向上进行分组,使得两个方向上试验条件的不均一性都得到了弥补,检验灵敏度有所提高;缺点是行和列包含的小区数都要等于处理数 n,因此总共有 n^2 个小区。当处理数 n 很大时,试验的工作量可能大得无法接受,所以拉丁方阶数一般不超过 9。

　　【例 9.9】　用 5×5 拉丁方设计安排茄子品种比较试验,得到如表 9.5 所示结果。问五个茄子品种 A、B、C、D、E 的产量差异是否显著?

表 9.5　　5×5 拉丁方设计试验比较不同茄子品种产量

行 ＼ 列	1	2	3	4	5	$\bar{x}_{i..}$
1	A 53	B 44	C 45	D 49	E 40	46.2
2	B 52	C 51	D 44	E 42	A 50	47.8
3	C 50	D 46	E 43	A 54	B 47	48.0
4	D 45	E 49	A 54	B 44	C 40	46.4
5	E 43	A 60	B 45	C 43	D 44	47.0
$\bar{x}_{..k}$	48.6	50	46.2	46.4	44.2	

　　解:求出五个品种产量的平均值,列入表 9.6。

表 9.6　不同茄子品种产量的平均值

品种	A	B	C	D	E
平均值	54.2	46.4	45.8	45.6	43.4

　　把原始数据代入,得 $S^2 = 24.57667$,$SST = (n^2 - 1)S^2 = 589.84$

　　把行平均值 $\bar{x}_{i..}$ 代入,得 $S_{i..}^2 = 0.652$,SS 行 $= n(n - 1)S_{i..}^2 = 13.04$

　　把列平均值 $\bar{x}_{..k}$ 代入,得 $S_{..k}^2 = 5.092$,SS 列 $= n(n - 1)S_{..k}^2 = 101.84$

　　把品种平均值代入,得 $S_{.j.}^2 = 17.132$,$SSA = n(n - 1)S_{.j.}^2 = 342.64$

　　列方差分析表见表 9.7。

表 9.7　方差分析表

变差来源	平方和	自由度	均方	F	$F_{0.99}(4,12)$
品种	342.64	4	85.66	7.768	5.412
行	13.04	4	3.26		
列	101.84	4	25.46		
误差	132.32	12	11.027		
总和	589.84	24			

查表得，$F_{0.95}(4,12)=3.259$，$F_{0.99}(4,12)=5.412$，$F>F_{0.99}$，因此品种间差异极显著。

一般情况下，行效应和列效应都是我们希望排除的干扰，通常并不对它们进行检验；而品种间的差异才是我们所关心的，只需对它进行检验就可以了。

§9.7　平衡不完全区组设计

随机化完全区组设计对区组内的均一性有较高要求，当处理数较多时，满足这一要求会有困难。如果减小区组容量，均一性会得到较好满足，但又无法容纳全部处理。为解决这一矛盾，可采用平衡不完全区组设计的方法。它的基本思想是不要求每一区组包含全部处理，而是只包含一部分，但要满足以下几个条件：①每个处理在每一区组中至多出现一次；②每个处理在全部试验中出现的次数均相同；③任意两个处理都有机会出现于同一区组中，且在全部试验中，任意两个处理出现于同一区组中的次数 λ 均相同。

上述三个条件就是"平衡"的含意，而"不完全"则意味着在每个区组中不能包含全部处理。

设有 a 个处理，b 个区组，每个区组容量为 k，处理重复数为 r。由于是不完全区组，应有 $k<a$。由于是平衡的，应有：

$$\lambda = r \cdot \frac{k-1}{a-1} \tag{9.8}$$

式(9.8)可证明如下：考虑某一处理，由条件①、②，它应出现在 r 个区组中；这 r 个区组中除安排该处理外，还有 $r(k-1)$ 个试验安排其他 $a-1$ 个处理。由条件③，它们出现次数 λ 相同，因此式(9.8)成立。具体试验安排方法见附录 D。

平衡不完全区组设计的数据处理也是比较复杂的，这是因为每个区组不能包含全部处理，同时每个处理也不能出现在所有区组中。此时即使有 $\sum_i \alpha_i = \sum_j \beta_j = 0$，但 $x_{i.}$ 中求和时不能包含全部的 j，因此它仍包含有 β 的影响。同理 $x_{.j}$ 中也有 α 的影响。为了进行正确的统计分析，我们必须把这种混杂消除掉。下面我们来介绍具体的消除方法。

平衡不完全区组设计的统计模型为

$$x_{ij} = \mu + \alpha_i + \beta_j + \varepsilon_{ij} \qquad (i=1,2,\cdots,a; j=1,2,\cdots,b) \tag{9.9}$$

式中，α_i 为处理效应；β_j 为区组效应；μ 为总平均值；$\varepsilon_{ij} \sim N(0,\sigma^2)$ 为随机误差。注意，此时也不是一切 i、j 的组合都会出现在 x 的下标中。

总变差及自由度仍可作如下分解：
$$SST = SSA(调整的) + SSB + SSE$$
自由度
$$df = N - 1 = (a-1) + (b-1) + (N-a-b+1)$$
式中，$N = bk = ar$，为总试验次数。

区组平方和的计算公式仍为：
$$SSB = \frac{1}{k} \cdot \sum_{i=1}^{b} x_{\cdot j}^2 - \frac{x_{\cdot \cdot}^2}{N} \tag{9.10}$$

需要注意的是由于是不完全区组，区组内不能包括全部处理，因此 $x_{\cdot j}$ 中不仅有 β_j 项，也仍有 A 因素的影响。因此，SSB 严格说不是真正的区组平方和，这和下边处理平方和要进行调整的原因是相同的。一般不要求对区组的差异进行检验，因此没有对 SSB 作相应的调整。

处理平方和进行调整的目的是消除混杂在 $x_i.$ 中的 B 因素的影响。调整的方法是：
令
$$SSA(调整的) = k \cdot \sum_{i=1}^{a} \frac{Q_i^2}{\lambda a} \tag{9.11}$$
式中，Q_i 是调整的第 i 次处理的总和：
$$Q_i = x_i. - \frac{1}{k} \sum_{j=1}^{b} n_{ij} x_{\cdot j} \qquad (i = 1, 2, \cdots, a) \tag{9.12}$$
$$n_{ij} = \begin{cases} 1, & 当第 j 区组中包含第 i 处理时 \\ 0, & 其他 \end{cases}$$

这种调整之所以能消除混杂在 $x_i.$ 中的 B 因素的影响，是因为 $\frac{1}{k}\sum_{j=1}^{b} n_{ij} x_{\cdot j}$ 是所有包含第 i 个处理的区组总和的平均。由于设计是平衡的，在上述区组中除 i 之外的 $a-1$ 个处理出现的次数均为 λ。若暂时不考虑随机误差 ε_{ij}，则有：
$$\sum_{j=1}^{b} n_{ij} x_{\cdot j} = rk\mu + r\alpha_i + \lambda \sum_{i=1}^{a} \alpha_i + k \sum_{j=1}^{b} n_{ij} \beta_j$$
$$x_i. = \sum_{j=1}^{b} n_{ij} x_{ij}（实际上，n_{ij} = 0 时，x_{ij} 不存在，因此共有 r 项相加）$$
$$= r\mu + r\alpha_i + \sum_{j=1}^{b} n_{ij} \beta_j$$
因为 $\sum \alpha_i = 0, \lambda(a-1) = r(k-1)$，所以，
$$Q_i = x_i. - \frac{1}{k} \sum_{j=1}^{b} n_{ij} x_{\cdot j} = r\left(1 - \frac{1}{k}\right)\alpha_i - \frac{\lambda}{k} \sum_{i=1}^{a} \alpha_i$$
$$= \left[\frac{r(k-1)}{k} + \frac{\lambda}{k}\right]\alpha_i$$
$$= \frac{1}{k}[\lambda + \lambda(a-1)]\alpha_i$$
$$= \frac{\lambda a}{k}\alpha_i$$

即：α_i 的估计值为

$$\hat{\alpha}_i = \frac{k}{\lambda a} Q_i \tag{9.13}$$

因此，调整的处理平均值为

$$\bar{x}_i(调整的) = \bar{x}.. + \hat{\alpha}_i = \bar{x}.. + \frac{k}{\lambda a} Q_i \tag{9.14}$$

可以证明：

$$E[MSA(调整的)] = E\left(\frac{1}{a-1} \cdot \frac{k}{\lambda a} \sum_{i=1}^{a} Q_i^2\right) = \sigma^2 + \frac{\lambda a}{k(a-1)} \sum_{i=1}^{a} \alpha_i^2$$

因此，可用统计量

$$F = \frac{MSA(调整的)}{MSE} \sim F(a-1, N-a-b+1) \tag{9.15}$$

对 $H_0 : \alpha_i = 0 (i = 1, 2, \cdots, a)$ 进行统计检验。若差异显著，可进一步对式(9.14)算出的调整后的处理平均值作多重比较，其标准误差为：

$$S = \sqrt{\frac{k}{\lambda a} MSE} \tag{9.16}$$

总结上述分析与证明，平衡不完全区组数据分析过程为：

（1）计算总平方和：

$$SST = \sum \sum x^2 - \frac{x_{..}^2}{ar}$$

$$df = ar - 1$$

注意：x_{ij} 实际上没有 $a \times b$ 个，只有 ar 或 bk 个。

（2）计算区组平方和：

$$SSB = \frac{1}{k} \sum x_{.j}^2 - \frac{x_{..}^2}{bk}$$

$$df = b - 1$$

（3）计算调整的处理平方和：

$$Q_i = x_i. - \frac{1}{k} \sum_{j=1}^{b} n_{ij} x_{.j} \qquad (i = 1, 2, \cdots, a)$$

其中，

$$n_{ij} = \begin{cases} 1, & i \text{ 处理出现于 } j \text{ 区组中} \\ 0, & \text{其他} \end{cases}$$

$$SSA(调整的) = \frac{k}{\lambda a} \sum Q^2$$

$$df = a - 1$$

（4）计算误差平方和：

$$SSE = SST - SSB - SSA(调整的)$$

$$df = N - a - b + 1, N = ar = bk$$

（5）F 检验：

$H_0 : \mu_1 = \mu_2 = \cdots = \mu_a$ ；H_1 ：至少某一对 μ 不等

$$F = \frac{MSA(调整的)}{MSE}$$

$F \sim F(a-1, N-a-b+1)$，上单尾检验。

（6）计算调整的平均数：

$$\bar{x}_{i\cdot}(调整的) = \bar{x}.. + \frac{k}{\lambda a}Q_j$$

若 F 检验显著，可进一步进行多重比较。其标准误差为

$$S = \sqrt{\frac{k}{\lambda a}MSE}$$

几点说明：

（1）由于对区组未做调整，SSE 中包含着处理的效应。因此，不能直接用 $\frac{MSB}{MSE}$ 来检验区组效应是否显著。一般情况下我们不需要对区组效应进行检验，因此不必对区组平方和作复杂的调整。

（2）由于（1），SSE 也不是纯粹的误差平方和。但一般来说，它与纯粹的误差平方和差别不大，因此可用它代替误差平方作统计检验。

【例 9.10】 研究以 4 种植物为食料对越北腹露蝗若虫（蝗蝻）增重的影响。考虑到来自不同卵块的蝗蝻遗传上的不同，可能对结果产生影响，因此以卵块作为区组。从每个卵块中选取 2 头发育基本一致的蝗蝻供试。试验结果如表 9.8 所示，请进行统计分析。

表 9.8 4 种寄主植物对越北腹露蝗若虫增重的影响

处理（植物）	区组（卵块）						$\bar{x}_{i\cdot}$
	1	2	3	4	5	6	
1	14		16		12		14
2	11			9		8	9.3333
3		16	18			19	17.6667
4		19		21	20		20
$\bar{x}_{\cdot j}$	12.5	17.5	17	15	16	13.5	$\bar{x}.. = 15.25$

解：这是一个平衡不完全区组设计，$a=4, b=6, k=2, r=3, \lambda=1$。数据分析如下。

由原始数据得：$S^2 = 19.4773$，$SST = (N-1)S^2 = 214.25$。

由 $\bar{x}_{\cdot j}$ 得：$S_{\cdot j}^2 = 3.875$，$SSB = k(b-1)S_{\cdot j}^2 = 38.75$。

计算调整的处理总和：

$$Q_1 = 3 \times 14 - (12.5 + 17 + 16) = -3.5$$

$$Q_2 = 3 \times 9.3333 - (12.5 + 15 + 13.5) = -13.0$$

$$Q_3 = 3 \times 17.6667 - (17.5 + 17 + 13.5) = 5.0$$

$$Q_4 = 3 \times 20 - (17.5 + 15 + 16) = 11.5$$

$$SSA(调整的) = \frac{k}{\lambda a}\sum_{i=1}^{4}Q_i^2 = \frac{2}{1 \times 4} \times (3.5^2 + 13^2 + 5^2 + 11.5^2) = 169.25$$

$$SSE = 214.25 - 38.75 - 169.25 = 6.25$$

列方差分析表见表9.9。

表 9.9　方差分析表

变差来源	平方和	自由度	均方	F	$F_{0.95}(3,3)$
处理(调整的)	169.25	3	56.42	27.125	9.277
区组	38.75	5	7.75		
误差	6.25	3	2.08		
总和	214.25	11			

查表得：$F_{0.95}(3,3) = 9.277$，$F_{0.99}(3,3) = 29.46$，因此 $F_{0.95} < F < F_{0.99}$。

即：不同植物对增重影响的差异是显著的，但未达极显著水平。

§9.8　裂区设计

若在随机化完全区组设计的区组内部，由于某种原因全部处理不能完全随机排列，而是要受到一些条件限制时，这种试验设计称为裂区设计。

【**例 9.11**】　用3种方法从马缨丹(*Lantana camara*)中提取有效成份，按4种不同浓度加入培养基，观察该成分对某病菌的抑制作用。由于条件限制，1 d只能完成1个重复，3 d完成全部3个重复。另外，原料很稀有，因此把每天用3种方法提取的有效成份稀释成4个不同浓度进行试验。结果如表9.10所示。试进行统计分析。

表 9.10　不同提取方法和浓度对马缨丹有效成份抑菌活性的影响

天(区组，A)		I			II			III	
提取方法(B)	1	2	3	1	2	3	1	2	3
浓度 C　1	43	47	42	41	44	44	44	48	45
2	48	54	39	45	49	43	50	53	47
3	50	51	46	53	55	45	54	52	52
4	49	55	49	54	53	53	53	57	58

分析：若考虑到3 d之间可能有差异，可以把每天作为1个区组。每个区组内12个处理，本来应使用12批原料进行完全随机化，但原料珍贵，只能用3批分别采用3种方法提取，再各自稀释成4种不同浓度。这样一来，每个区组的12个处理不再是完全独立的，成为裂区设计。即每一区组先分成3种提取方法(主区)，这三种方法称为3种主处理；每个主区内再分4个浓度(次区)，称为4个次处理。随机化也相应进行两次：主区随机化，次区随机化。

这种方法节约了原料，但也引起了问题：若各批原料质量有差异或提取过程受到某种偶然因素影响，它的影响将不只存在于一个处理，而是混杂在全部4个浓度的试验之中，无法从主处理效应中分离出来归入误差。这样一来就降低了对主处理效应检验的准确性，但次处理不受影响。因此若可能的话应把较次要的因素放在主区，而把较重要的因素放在次区。

裂区设计的另一种适用情况是改变某一因素的水平时,需对试验设备作复杂的调整,而改变另一因素水平时则不需要。例如,催化剂种类为第一因素,反应温度为第二因素。此时改变第一因素可能需要拆开装置重新装填,而改变第二因素只需稍作调整。因此我们可把第一因素放在主区,第二因素放在次区。这样可减少调整设备的工作量,从而加快试验进度。

裂区设计的统计模型为:

$$x_{ijk} = \mu + \alpha_i + \beta_j + (\alpha\beta)_{ij} + \gamma_k + (\alpha\gamma)_{ik} + (\beta\gamma)_{jk} + (\alpha\beta\gamma)_{ijk}$$
$$(i=1,2,\cdots,a\,;j=1,2,\cdots,b\,;k=1,2,\cdots,c) \tag{9.17}$$

其中,α_i、β_j、$(\alpha\beta)_{ij}$描述主区,分别相应于区组(因素 A)、主处理(因素 B)和主区误差(AB);γ_k、$(\alpha\gamma)_{ik}$、$(\beta\gamma)_{jk}$、$(\alpha\beta\gamma)_{ijk}$描述次区,分别相应于次处理(因素 C),AC、BC 的交互作用和次区误差(ABC)。具体计算过程类似于无重复的三因素方差分析。由于一般无重复,不能将交互作用与随机误差分开,只能把 AB 和 ABC 作为主区与次区的误差项。具体计算公式与三因素方差分析相同,不再重复,可参见方差分析一章。

在通常情况下,裂区设计的区组效应为随机型,而主、次处理效应为固定型。它的方差分析见表9.11。

表 9.11 裂区试验设计方差分析表

变差来源	SS	df	均方	F
区组(A)	SSA	$a-1$	MSA	
主处理(B)	SSB	$b-1$	MSB	$\dfrac{MSB}{MSAB}$
主区误差(AB)	SSAB	$(a-1)(b-1)$	MSAB	
次处理(C)	SSC	$c-1$	MSC	$\dfrac{MSC}{MSAC}$
AC 交互	SSAC	$(a-1)(c-1)$	MSAC	
BC 交互	SSBC	$(b-1)(c-1)$	MSBC	$\dfrac{MSBC}{MSABC}$
次区误差(ABC)	SSABC	$(a-1)(b-1)(c-1)$	MSABC	

几点注意事项:

(1) 对 B、C、BC 的检验统计量分别为:

$$F_1 = \frac{MSB}{MSAB}, F_2 = \frac{MSC}{MSAC}, F_3 = \frac{MSBC}{MSABC}$$

它们的分母不相同,这与方差分析中的混合模型是一致的,因为现在区组是随机因素,而主、次区均为固定因素。

(2) 由于组内没有重复,无法分解出纯误差项,所以对区组 A 及 AB、AC、ABC 等交互效应均无法检验。

(3) 若因素多于 2,可以把次区再分,称为裂区-裂区设计,它的原理与二因素相同,但计算更复杂一些,我们不再介绍。

现在计算例 9.11:

解：由原始数据得 $S^2 = 23.5135$，

$$SST = (abc-1)S^2 = (36-1) \times 23.5135 = 822.97$$

计算平均数 $\bar{x}_{ij\cdot}$ 和 $\bar{x}_{\cdot j}$（表 9.12）：

表 9.12　例 9.8 数据的平均数 $\bar{x}_{ij\cdot}$ 和 $\bar{x}_{\cdot j}$

B	A			$\bar{x}_{\cdot j}$
	1	2	3	
1	47.50	48.25	50.25	48.67
2	51.75	50.25	52.50	51.50
3	44.00	46.25	50.50	46.92

计算平均数 $\bar{x}_{ik}$、$\bar{x}_{i\cdot}$ 和 $\bar{x}_{\cdot k}$（表 9.13）：

表 9.13　例 9.8 数据的平均数 $\bar{x}_{ik}$、$\bar{x}_{i\cdot}$ 和 $\bar{x}_{\cdot k}$

A	C				$\bar{x}_{i\cdot}$
	1	2	3	4	
1	44.00	47.00	49.00	51.00	47.75
2	43.00	45.67	51.00	53.33	48.25
3	45.67	50.00	52.67	56.00	51.08
$\bar{x}_{\cdot k}$	44.22	47.56	50.89	53.44	

计算平均数 $\bar{x}_{\cdot jk}$（表 9.14）：

表 9.14　例 9.8 数据的平均数 $\bar{x}_{\cdot jk}$

B	C			
	1	2	3	4
1	42.67	47.67	52.33	52.00
2	46.33	52.00	52.67	55.00
3	43.67	43.00	47.67	53.33

$S^2_{\bar{x}_{i\cdot\cdot}} = 3.2314$，所以，

$$SSA = bc(a-1)S^2_{\bar{x}_{i\cdot\cdot}} = 77.55$$

$S^2_{\bar{x}_{\cdot j\cdot}} = 5.3495$，所以，

$$SSB = ac(b-1)S^2_{\bar{x}_{\cdot j\cdot}} = 128.39$$

$S^2_{\bar{x}_{\cdot\cdot k}} = 16.0771$，所以，

$$SSC = ab(c-1)S^2_{\bar{x}_{\cdot\cdot k}} = 434.08$$

$S^2_{\bar{x}_{ij\cdot}} = 7.5694$，所以，

$$SSAB = c(ab-1)S^2_{\bar{x}_{ij\cdot}} - SSA - SSB = 242.222 - 77.55 - 128.39 = 36.28$$

把 $\bar{x}_{i\cdot k}$ 代入，得它们的方差为 $S^2_{\bar{x}_{i\cdot k}} = 16.1303$，所以，

$$SSAC = b(ac-1)S^2_{\bar{x}_{i\cdot k}} - SSA - SSC = 532.30 - 77.55 - 434.08 = 20.67$$

把 $\bar{x}_{.jk}$ 代入,得它们的方差为 $S_{\bar{x}_{.jk}}^2 = 19.3223$,所以,

$SSBC = a(bc-1)S_{\bar{x}_{.jk}}^2 - SSB - SSC = 637.64 - 128.39 - 434.08 = 75.17$

$SSABC = SST - SSA - SSB - SSC - SSAB - SSAC - SSBC$

$= 822.97 - 77.55 - 128.39 - 434.08 - 36.28 - 20.67 - 75.17 = 50.83$

列方差分析表(表 9.15)。

表 9.15 方差分析表

变差来源	平方和	自由度	均方	F	$F_{0.05}$
区组(A)	77.55	2	38.78		
提取方法(B)	128.39	2	64.20	$F_1 = 7.08$	6.944
AB(主区误差)	36.28	4	9.07		
浓度(C)	434.08	3	144.69	$F_2 = 41.94$	4.757
AC 互作	20.67	6	3.45		
BC 互作	75.17	6	12.53	$F_3 = 2.96$	2.996
ABC(次区误差)	50.83	12	4.24		
总和	822.97	35			

查表得:$F_{0.95}(2,4) = 6.944$,$F_{0.99}(2,4) = 18.00$,$F_{0.95}(3,6) = 4.757$,$F_{0.99}(3,6) = 9.780$,$F_{0.95}(6,12) = 2.996$,$F_{0.99}(6,12) = 4.821$。$F_{0.95}(2,4) < F_1 < F_{0.99}(2,4)$,即提取方法间差异显著,但未达极显著;$F_2 > F_{0.99}(3,6)$,即浓度间差异极显著;$F_3 < F_{0.95}(6,12)$,但已很接近,因此提取方法与浓度的交互作用也接近差异显著的水平。

§9.9　正交设计

我们前边所介绍的试验设计方法,大多只适用于一两个因素,那些方法均可称为全面试验的方法。即若 A 因素有三个水平,B 因素有四个水平,我们至少要做 $3 \times 4 = 12$ 次试验。如果再有重复,所需试验次数还要增加几倍。因此若因素有 3 个或更多,水平数也大于 2 的话,所需的试验次数常常是难以接受的。但实际问题常常要求同时考查多个因素,有时还要求判断这些因素中哪个主要,哪个次要;有时则要求在多个因素同时起作用的条件下,找出最优的各因素水平组合;等等。在这种情况下进行全面试验,所需工作量是无法承受的。解决这种问题的一个较好方法就是采用正交试验设计,它可以用数量较少的试验,获取尽可能多的信息。

9.9.1　正交设计方法

正交试验设计是采用专门的表实现的。实际上,若把一个希腊-拉丁方的行、列、拉丁字母、希腊字母分别用 A、B、C、D 表示(表 9.16),再把它改写成每个因素的水平占一列,每行代表一次试验的各因素水平组合,就变成了一张表(表 9.17)。这样的表有两个最重要的特点:

表 9.16　一个 3×3 希腊-拉丁方

	B_1	B_2	B_3
A_1	C_1D_1	C_2D_2	C_3D_3
A_2	C_2D_3	C_3D_1	C_1D_2
A_3	C_3D_2	C_1D_3	C_2D_1

表 9.17　从 3×3 希腊-拉丁方转化成的正交表

试验号	因素			
	A	B	C	D
1	1	1	1	1
2	1	2	2	2
3	1	3	3	3
4	2	1	2	3
5	2	2	3	1
6	2	3	1	2
7	3	1	3	2
8	3	2	1	3
9	3	3	2	1

（1）每列中各数字出现的次数相等。这意味着每个因素的各个水平在全部试验中出现的次数均相等。

（2）任取两列并把它们放在一起，它们的每行就成了一个有序数对，如（1,2），（2,1），（1,3），（1,1）……若共有 3 个水平，则这样的数对共有 $3^2 = 9$ 个。仔细考查一下，就会发现所有这样的数对出现的次数也相等。

具有这样特点的数表称为正交表。从上面的例子可见，所有正交拉丁方都可以化为正交表。因此正交表可视为正交拉丁方的推广。正交表去掉了正交拉丁方的许多限制，如试验次数必须是除 2 和 6 以外自然数的平方；因素间不能有交互作用；各因素水平数必须相等；等等。

每个正交表都有一个符号，一般表示为 $L_N(m^k)$ 的形式。其中，L 表示正交表；N 表示所需做的试验次数；k 为所能容纳的最多因素数；m 为每个因素的水平数。另有一些表示为 $L_N(m_1^{k_1} \times m_2^{k_2})$ 的形式，含义与上述相同，表示可安排 k_1 个具有 m_1 个水平的因素和 k_2 个具有 m_2 个水平的因素。N 仍为所需试验次数。使用正交表可以考虑因素间有交互作用，此时应查专门的交互作用表。若要查 i 列与 j 列的交互作用，只要找到此表中 i 行和 j 列的交点，该处的数字就是该交互作用所在的列号。这样的正交表有许多，本书末尾列出了最常用的几个作为例子（附录 E）。下面通过举例说明正交表的使用方法。

设我们准备做一个 3 因素 2 水平的试验。若已知不需考虑任何交互作用，也可用 $L_4(2^3)$ 表。但在这种情况下，误差项 SSE 分离不出来，无法作统计检验，只能直观比较哪个水平较好。这时只需做 4 次试验。若存在交互作用，它会迭加在其他列上，从而得到错误的结果。因此若不能排除存在交互作用的可能，则应利用 $L_8(2^7)$ 表（表9.18，表 9.19）。首先将因素 A、B 放在第 1、2 列上，查交互作用表，它们的交互作用在第 3 列, 因此 C 因素不能再放在第 3 列, 而应放在第 4 列上。此时可查出, AC 在第五列, BC 在第六列, ABC 在第 7 列。若 ABC 不存在, 则第 7 列可作为误差 E。这样就得到表头设计如表 9.20 所示:

表 9.18 正交表 $L_8(2^7)$

行号	列号						
	1	2	3	4	5	6	7
1	1	1	1	1	1	1	1
2	1	1	1	2	2	2	2
3	1	2	2	1	1	2	2
4	1	2	2	2	2	1	1
5	2	1	2	1	2	1	2
6	2	1	2	2	1	2	1
7	2	2	1	1	2	2	1
8	2	2	1	2	1	1	2

表 9.19 $L_8(2^7)$ 的两列间交互作用表

列号	1	2	3	4	5	6	7
1		3	2	5	4	7	6
2			1	6	7	4	5
3				7	6	5	4
4					1	2	3
5						3	2
6							1

表 9.20 表头设计

因素	A	B	AB	C	AC	BC	E
列号	1	2	3	4	5	6	7

如果已知有更多的交互作用不存在, 则可把这些列均当作误差列。一般来说, 用更多的列计算误差会提高误差估计精度, 从而也就提高了检验精度。在真正安排试验时用不着考虑交互作用列, 因此先忽略 $L_8(2^7)$ 中的 3、5、6、7 列, 只取各因素所在的 1、2、4 列组成试验设计表 (表 9.21), 然后就可按该表进行试验。即第一号试验采用各因素的第一水平; 第二号试验采用 A、B 因素的第一水平, C 因素的第二水平; 第三号试验采用 A、C 因素的第一水平, B 因素的第二水平……直到第八号试验采用各因素的第二水平。

表 9.21　三因素二水平试验设计表

试验号	因素		
	A	B	C
1	1	1	1
2	1	1	2
3	1	2	1
4	1	2	2
5	2	1	1
6	2	1	2
7	2	2	1
8	2	2	2

如果再加一个因素 D,可以把它放在第 7 列。但此时可查出,AB、CD 均在第 3 列,AC、BD 均在第 5 列,AD、BC 均在第 6 列,因此无法对这些交互作用进行分析。这种现象称为混杂。它产生的原因是我们只做了 8 次试验,而 4 因素 2 水平本应做 $2^4 = 16$ 次试验。由于试验次数减少,信息不够,不能将所有的交互作用分开。但如果已知某些交互作用不存在,上述混杂现象可以避免,则它是很好的试验设计,因为试验次数减少了,节约了人力物力。

9.9.2　正交设计的数据分析

正交试验设计的计算与以前的方差分析基本一样。对于正交表中的每一列来说,计算公式都是相同的;而计算结果的实际意义则由表头设计所决定,也就是说当初把什么效应放在了这一列上,该列的计算结果就代表这一效应。具体计算公式为:若某一列有 p 个水平,每个水平 r 次试验,用 $K_1, K_2, \cdots, K_P$ 分别代表各水平的 r 个数据之和,则该列平方和为:

$$SS = \frac{1}{r} \sum_{i=1}^{p} K_i^2 - \frac{K^2}{pr} \tag{9.18}$$

其中, $K = \sum K_i$ 。上述平方和的自由度 $df = p - 1$ 。

下面我们来仔细分析一下具体的例子,说明各列平方和的意义。设有 A、B、C、D 四个固定因素,2 水平,已知只有 AB 存在,其他交互作用不存在。表头设计如表 9.22 所示。

表 9.22　表头设计

因素	A	B	AB	C	e₁	e₂	D
列号	1	2	3	4	5	6	7

其统计模型为:

$$x_{ijkl} = \mu + \alpha_i + \beta_j + (\alpha\beta)_{ij} + \gamma_k + \delta_l + \varepsilon_{ijkl} \qquad (i, j, k, l = 1, 2) \tag{9.19}$$

其中, α 、 β 、 γ 、 δ 分别代表 A、B、C、D 的主效应; $(\alpha\beta)$ 代表 AB 的交互效应; ε_{ijkl} 为随机误差, $\varepsilon_{ijkl} \sim N(0, \sigma^2)$ 。它们应满足:

$$\sum_{i=1}^{2} \alpha_i = \sum_{j=1}^{2} \beta_j = \sum_{k=1}^{2} \gamma_k = \sum_{l=1}^{2} \delta_l = 0$$

$$\sum_{i=1}^{2} (\alpha\beta)_{ij} = \sum_{j=1}^{2} (\alpha\beta)_{ij} = 0$$

因为我们的试验设计不是全面试验,而是正交试验,所以不是一切下标组合 $ijkl$ 都出现在试验中。根据 $L_8(2^7)$,只有以下 8 个试验:

$$x_1 = x_{1111} = \mu + \alpha_1 + \beta_1 + (\alpha\beta)_{11} + \gamma_1 + \delta_1 + \varepsilon_1$$
$$x_2 = x_{1122} = \mu + \alpha_1 + \beta_1 + (\alpha\beta)_{11} + \gamma_2 + \delta_2 + \varepsilon_2$$
$$x_3 = x_{1212} = \mu + \alpha_1 + \beta_2 + (\alpha\beta)_{12} + \gamma_1 + \delta_2 + \varepsilon_3$$
$$x_4 = x_{1221} = \mu + \alpha_1 + \beta_2 + (\alpha\beta)_{12} + \gamma_1 + \delta_1 + \varepsilon_4$$
$$x_5 = x_{2112} = \mu + \alpha_2 + \beta_1 + (\alpha\beta)_{21} + \gamma_1 + \delta_2 + \varepsilon_5$$
$$x_6 = x_{2121} = \mu + \alpha_2 + \beta_1 + (\alpha\beta)_{21} + \gamma_2 + \delta_1 + \varepsilon_6$$
$$x_7 = x_{2211} = \mu + \alpha_2 + \beta_2 + (\alpha\beta)_{22} + \gamma_1 + \delta_1 + \varepsilon_7$$
$$x_8 = x_{2222} = \mu + \alpha_2 + \beta_2 + (\alpha\beta)_{22} + \gamma_2 + \delta_2 + \varepsilon_8$$

现在我们来证明第一列的平方和确实是 A 因素的主效应。因为 A 因素在第一列,所以第一列中数字 1 代表 A 因素取第一水平。由表 9.21 可知,前四个试验 A 因素都取第一水平。根据式(9.18),有:$K_1 = x_1 + x_2 + x_3 + x_4$。现在来考虑一下 K_1 中其他因素的影响。由正交表的第二个特点,第一列和任何其他列,如和第二列放在一起,每行所组成的有序数对共有 $2^2 = 4$ 种,且它们出现次数相同。在 K_1 中,数对的第一个数字为 1,因此只有 $(1,1)$、$(1,2)$ 两个数对。它们都出现两次。这意味着 K_1 中 β_1、β_2 各出现两次。由于 $\sum_{j=1}^{2} \beta_j = 0$,所以 K_1 中没有 β,即没有 B 因素的影响。正交表的上述特点对任意两列均成立,因此其他因素的影响也不会出现在 K_1 中。实际上,容易算出 $K_1 = 4\mu + 4\alpha_1 + \varepsilon_1 + \varepsilon_2 + \varepsilon_3 + \varepsilon_4$,同理 $K_2 = 4\mu + 4\alpha_2 + \varepsilon_5 + \varepsilon_6 + \varepsilon_7 + \varepsilon_8$,$K = 8\mu + \sum_{i=1}^{8} \varepsilon_i$。把上述结果代入式(9.17),得:

$$SS_1 = \frac{1}{4} \sum_{i=1}^{2} K_i^2 - \frac{1}{8} K^2$$

$$= 4(\mu + \alpha_1)^2 + 2(\mu + \alpha_1) \sum_{i=1}^{4} \varepsilon_i + 4(\mu + \alpha_2)^2 + 2(\mu + \alpha_2) \sum_{i=5}^{8} \varepsilon_i$$
$$+ \frac{1}{4} \left(\sum_{i=1}^{4} \varepsilon_i \right)^2 + \frac{1}{4} \left(\sum_{i=5}^{8} \varepsilon_i \right)^2 - 8\mu^2 - 2\mu \sum_{i=1}^{8} \varepsilon_i - \frac{1}{8} \left(\sum_{i=1}^{8} \varepsilon_i \right)^2$$
$$= 4\alpha_1^2 + 4\alpha_2^2 + 2\alpha_1 \sum_{i=1}^{4} \varepsilon_i + 2\alpha_2 \sum_{i=5}^{8} \varepsilon_i + \frac{1}{4} \left(\sum_{i=1}^{4} \varepsilon_i \right)^2 + \frac{1}{4} \left(\sum_{i=5}^{8} \varepsilon_i \right)^2 - \frac{1}{8} \left(\sum_{i=1}^{8} \varepsilon_i \right)^2$$

由于 $df = p - 1 = 2 - 1 = 1$,所以有:

$$E(MS_1) = E(SS_1)$$
$$= 4(\alpha_1^2 + \alpha_2^2) + \frac{1}{4} \times 4\sigma^2 + \frac{1}{4} \times 4\sigma^2 - \frac{1}{8} \times 8\sigma^2$$
$$= \sigma^2 + 4(\alpha_1^2 + \alpha_2^2)$$

类似可得:

$$E(MS_2) = \sigma^2 + 4(\beta_1^2 + \beta_2^2)$$
$$E(MS_3) = \sigma^2 + 4\left[(\alpha\beta)_{11}^2 + (\alpha\beta)_{12}^2 \right]$$

$$E(MS_4) = \sigma^2 + 4(\gamma_1^2 + \gamma_2^2)$$
$$E(MS_5) = \sigma^2$$
$$E(MS_6) = \sigma^2$$
$$E(MS_7) = \sigma^2 + 4(\delta_1^2 + \delta_2^2)$$

各平方和自由度分别为该列水平数减 1。在 $L_8(2^7)$ 表中,各列水平数均为 2,因此各列平方和自由度均为 1。两因素交互作用项自由度等于该两因素自由度乘积,当水平数为 2 时,各因素自由度均为 1,故交互作用自由度也为 1,交互作用在表达式中只占 1 列。若水平数为 3,则各列平方和自由度为 2,各因素自由度也为 2,两因素交互作用项自由度变为 $2 \times 2 = 4$,因此对 3 水平正交表每个因素的主效应只占 1 列,但交互作用则要占两列。一般来说,各因素主效应总是只占 1 列,但交互作用当水平数为 2 时占 1 列,水平数为 3 时占 2 列,水平数为 4 时占 3 列,依此类推。

从以上结果可看出,进行表头设计时把某因素放在第几列,该列的平方和就代表了这一因素的影响,而且交互作用也可以从指定的列中算出。若某列是空白的(即进行表头设计时没有把某一特定因素放在该列),则它的平方和是误差平方和。利用较多的列估计误差可以提高误差估计精度,从而也提高检验的灵敏度。另外,各列平方和的计算公式是相同的,这使编制计算机程序更为容易。总之,用正交设计得到的数据的统计分析是比较方便的,从这一分析中也能得到较多信息。

几点说明:

(1) 正交表的第二个特点,从试验设计的角度看,实际意味着对任意两因素来说,正交试验都是交叉分组的全面试验。也正是因为这一点,两因素的正交试验设计是没有意义的。

(2) 一般来说,正交表的总平方和等于各列的平方和之和。若各列均被因素或交互作用排满,则分解不出误差而无法进行统计检验。

(3) 分析中若发现某几列平方和很小,F 值在 1 左右,则可把它们都归到误差项中去。相应的自由度也加到误差自由度中。这样可提高检验灵敏度。

9.9.3　最优水平组合的选择

采用正交表设计的正交试验可完成以下任务:

(1) 利用正交试验可以区别因素的主次。在水平数相同的情况下,均方大(或 F 值大)的因素对总变差贡献也大,因此可认为它的重要性也大一些。按这样的原则可把各因素影响大小顺序排列出来。

(2) 正交试验也可以帮助选择最优水平组合。这种选择一般只在 F 检验为显著的因素中进行。方法是直接比较该因素所在列的各个 K_i 值,最优的 K_i 所对应的 i 水平就是该因素最优水平。对于交互作用,则应根据表头设计结果计算相应列的 K_i 值。注意,一个交互作用可能占不只一列。选定所有 F 检验显著的因素的最优水平后,把它们合在一起,就得到了所需的最优水平组合。

(3) 在完全没有交互作用时,上述方法选定的最优水平是可靠的。但若有交互作用,而我们没有考虑,或所选的水平组合没有出现在正交表中时,则应对这个最优水平组合进行验证试验,以确认它的最优性。

(4) 若因素的水平数大于 2,而最优水平为极大或极小水平,则一般应进一步补充试验。因为这可能意味着再增加或减少该因素也许是更优的水平。另外,如果因素水平变化过大,也可能使得到的最优水平组合不很理想。此时也可在选定的最优水平附近补充试验,以求找出更理想的水平组合。

(5)正交试验中考虑的因素常为固定因素,因此结果不能推广到没参加试验的水平上。如果是随机因素,这种最优水平的比较是没有意义的,因为该水平效应已不可能重现。

综上所述,正交试验设计可用较少的试验获取较多的信息,包括各因素及交互效应的检验、各因素影响大小的排序、最优水平组合的选择等。但若要求检验的交互作用很多,则必须用较大的正交表,此时正交设计所需试验次数少的优点就不明显了。实际上,若需考虑全部交互作用的话,正交设计就变成了全面试验设计。因此一般来说正交试验设计适用于所需考虑因素数较多,但没有或只有少数交互作用的场合。此时采用正交设计可大大减少工作量。

【例 9.12】 将中华微刺盲蝽人工饲料中的 3 种成份 A、B、C 各改变两个水平,判断它们对该盲蝽生长发育的影响,并需考虑 A、B 间和 A、C 间可能存在的交互作用。采用正交设计方法,利用 $L_8(2^7)$ 表,表头设计如表 9.23 所示:

表 9.23 表头设计

因素	A	B	AB	C	AC	e_1	e_2
列号	1	2	3	4	5	6	7

试验结果如表 9.24。进行统计分析。

表 9.24 中华微刺盲蝽饲养试验结果

试验号	A	B	AB	C	AC	e_1	e_2	结果(mg)
1	1	1	1	1	1	1	1	38
2	1	1	1	2	2	2	2	46
3	1	2	2	1	1	2	2	34
4	1	2	2	2	2	1	1	53
5	2	1	2	1	2	1	2	42
6	2	1	2	2	1	2	1	28
7	2	2	1	1	2	2	1	41
8	2	2	1	2	1	1	2	23
$\bar{K}_1$	42.75	38.50	37.00	38.75	30.75	39.00	40.00	
$\bar{K}_2$	33.50	37.75	39.25	37.50	45.50	37.25	36.25	

解:首先要求出各列两个水平的平均数 $\bar{K}_1$、$\bar{K}_2$,列入表 9.24 的最后两行。表中每列水平数 $p=2$,每水平重复数 $r=4$。利用各列两水平的平均数 $\bar{K}_1$、$\bar{K}_2$ 计算它们的子样方差 S_i^2,再用公式 $SS_i = r(p-1)S_i^2$ 计算各列平方和:

$S_1^2 = 42.78125$,$SS_1 = 171.125$;$S_2^2 = 0.28125$,$SS_2 = 1.125$;$S_3^2 = 2.53125$,$SS_3 = 10.125$;$S_4^2 = 0.78125$,$SS_4 = 3.125$;$S_5^2 = 108.78125$,$SS_5 = 435.125$;$S_6^2 = 1.53125$,$SS_6 = 6.125$;$S_7^2 = 7.03125$,$SS_7 = 28.125$。

根据表头设计确定各列所代表因素,列成方差分析表(表 9.25),其中 SSE 为第 6、7 列之和。

表 9.25 中华微刺盲蝽饲养试验方差分析表 I

变差来源	SS	df	MS	F	$F_{0.05}$
A	171.125	1	171.125	9.9927	18.51
B	1.125	1	1.125	0.0657	
C	3.125	1	3.125	0.1825	
AB	10.125	1	10.125	0.5912	
AC	435.125	1	435.125	25.4088	
误差	34.25	2	17.125		
总和	654.875				

查表得：$F_{0.95}(1,2) = 18.51$，$F_{0.99}(1,2) = 98.50$，所以只有 AC 的 F 值大于 $F_{0.95}$，但小于 $F_{0.99}$。即只有交互效应 AC 达显著水平，未达极显著水平。

但从上表中可见，B、C、AB 的 F 值均小于 1，可视为误差的估计值。为提高检验灵敏度，把它们合并到误差项中，重新列出方差分析表（表 9.26）。

表 9.26 中华微刺盲蝽饲养试验方差分析表 II

变差来源	SS	df	MS	F	$F_{0.01}$
A	171.125	1	171.125	17.596	16.3
AC	435.125	1	435.125	44.743	
误差	48.625	5	9.725		

查表得：$F_{0.95}(1,5) = 6.61$，$F_{0.99}(1,5) = 16.3$，A 和 AC 的 F 值均大于 $F_{0.99}$，均达极显著水平。比较两个方差分析表，可见由于方差分析表 II 中用了更多列估计误差，对误差估计得更准确了，从而提高了检验精度，使原来不显著的差异也变成了极显著。因此，当与误差相比的 F 值很接近 1 的时候，应把它归入误差项，并重新进行方差分析，以提高检验精度。

最优水平的选择：比较 A 因素的 $\bar{K}_1$ 和 $\bar{K}_2$，显然 $\bar{K}_1$ 优于 $\bar{K}_2$。说明 A 因素 1 水平较好。对于 AC 的各水平，需列出两向表，把 A 与 C 各水平组合的试验结果的平均值填入表 9.27。

表 9.27 A 与 C 各水平组合的试验结果的平均值

	C_1	C_2
A_1	36	49.5
A_2	41.5	25.5

显然，A_1C_2 为最优组合。这里 AC 交互作用与 A 因素水平选择无矛盾，都选择了 A 因素的 1 水平。如果存有矛盾，在本例中应选择 AC 交互作用的结果，因为它的 F 值比 A 因素大。

习 题

1. 有 6 个水稻品种 A、B、C、D、E、F，拟进行品种产量对比试验。已知试验地南部肥沃，北部较贫瘠。用什么试验设计方法较合理？为什么？怎样设计？

2. 若上述试验中不知地力情况,如何安排试验?

3. 有两种药剂 A 和 B,据说不同剂量配合使用,有杀虫效果。要了解其中哪种药物作用更重要以及哪种剂量配合最好,试验应如何设计? 若两种药分别使用,又应如何设计?

4. 什么情况下试验需分区组? 举出几种生物学试验中需划分区组的例子,并加以说明。

5. 要比较三种杀菌剂的抑菌作用。1 d 内可做 3 次处理,每天可能是引起变差的一个原因,安排一随机区组试验,结果如表 9.28 所示。分析并作出结论。

表 9.28　三种杀菌剂的抑菌效果

杀菌剂	天			
	1	2	3	4
1	13	22	18	39
2	16	24	17	44
3	5	4	1	22

参 考 文 献

李春喜,姜丽娜,邵云,王文林. 2005. 生物统计学. 北京:科学出版社.

李志辉,罗平. 2005. SPSS for Windows 统计分析教程. 北京:电子工业出版社.

卢纹岱,朱一力,沙捷,朱红兵. 1997. SPSS for Windows 从入门到精通. 北京:电子工业出版社.

吴伟坚,高泽正,余金咏,梁广文. 2005. 嗅觉和视觉在中华微刺盲蝽对马樱丹定向行为中的作用. 应用生态学报,16(5):1322-1325.

吴伟坚,梁广文. 1989. Holling 圆盘方程拟合方法概述. 昆虫天敌,11(2):96-100.

谢和芳. 2013. 生物试验设计. 2013. 重庆:西南师范大学出版社.

尹海洁,刘耳. 2003. 社会统计软件 SPSS for Windows 简明教程. 北京:社会科学文献出版社.

张勤. 2008. 生物统计学. 北京:中国农业大学出版社.

中山大学数学力学系. 1985. 概率论及数理统计. 1985. 北京:高等教育出版社.

Agresti A, Coull BA. 1998. Approximate is better than 'exact' for interval estimation of binomial proportions. The American Statistician, 52:119-126.

Chesher A. 1991. The effect of measurement error. Biometrika, 78:451-462.

Fabre F, Ryckewaert P, Duyck PF, et al. 2003. Comparison of the efficacy of different food attractants and their concentration for melon fly (Diptera: Tephritidae). Journal of Economic Entomology, 96(1):231-238.

Fleiss J. 1981. Statistical methods for rate and proportion. New York: John Wiley.

Gelman A. 2005. Analysis of variance? Why it is more important than ever. The Annals of Statistics, 33:1-53.

George EPB, William G, Hunter JS. 1978. Statistics for experimenters: An introduction to design, data analysis, and model building. New York: John Wiley & Sons.

Glover T, Mitchell K. 2001. An introduction to biostatistics. New York: McGraw-Hill Companies, Inc.

Henry LA, Edward BR. 1976. Introduction to probability and statistics. San Francisco: WM Freeman and Company.

Loukas S, Kemp CD. 1986. The index of dispersion test for the bivariate Poisson distribution. Biometrics, 42:941-948.

Lukacs E, King EP. 1954. A property of normal distribution. The Annals of Mathematical Statistics, 25:389-394.

Matthew DG, Lawrence MH. 2005. Role of host plant volatiles in male location. Journal of Chemical Ecology, 31(1):213-217.

Narayanan US, Nadarajan L. 2005. Evidence for a male-produced sex pheromone in sesame leaf webber, *Antigastra catalaunalis* Duponchel (Pyraustidae, Lepidoptera). Current Science, 88(4):631-634.

Shoemaker LH. 2003. Fixing the F test for equal variances. The American Statistician, 57:105-114.

Snedecor GW. 1966. Statistical methods applied to experiments in agriculture and biology. Ames: Iowa State College Press.

Sokal RR, Rohlf FJ. 1995. Biometry. 3rd edition. New York: WH Freeman

Tao FL, Min SF, Wu WJ, et al. 2008. Estimating index of population trend by re-sampling techniques (jackknife and bootstrap) and its application to the life table study of rice leaf roller, *Cnaphalocrocis medinalis* (Lepidoptera: Pyralidae). Insect Science, 15(2):153-161.

Thoresen M, Laake P. 2007. On the simple linear regression model with correlated measurement errors. Journal of Statistical Planning and Inference, 137:68-78.

Tooker J, Crumrin AL, Hanks LM. 2005. Plant volatiles are behavioral cues for adult females of the gall wasp *Antistrophus rufus*. Chemoecology, 15:85-88.

Wilkinson L. 1999. Statistical methods in psychology journals: Guidelines and explanations. American Psychologist, 54:594-604.

Xu LL,Zhou CM,Xiao Y,et al. 2012. Insect oviposition plasticity in response to host availability:the case of the tephritid fruit fly *Bactrocera dorsalis*. Ecological Entomology,37:446-452.

Xu YJ,Huang J,Zhou AM,et al. 2012. Prevalence of *Solenopsis invicta* (Hymenoptera:Formicidae) venom allergic reactions in mainland China. Florida Entomologist,95(4):961-965.

Zheng LX,Wu WJ,Liang GW,et al. 2013. 3,3-Dimethyl-1-butanol,a parakairomone component to *Aleurodicus dispersus* (Hemiptera:Aleyrodidae). Arthropod-Plant Interactions,7:423-429.

Zheng LX,Zheng Y,Wu WJ,et al. 2014. Field evaluation of different wavelengths light-emitting diodes as attractant for adult *Aleurodicus dispersus* (Hemiptera:Aleyrodidae). Neotropical Entomology,43:409-414.

Zhou AM,Lu YY,Zeng L,et al. 2013. Effect of host plants on the honeydew production of an invasive mealybug,*Phenacoccus solenopsis* (Hemiptera:Pseudococcidae). Journal of Insect Behavior,26(2):191-199.

Zhou H,Wu WJ,Zhang FP,et al. 2013. Scanning electron microscopy studies of antennal sensilla of *Metaphycus parasaissetiae* Zhang & Huang (Hymenoptera:Encyrtidae). Neotropical Entomology,42:278-287.

附录 A　Excel 电子表格统计功能简介

一、概述

Microsoft excel(以下简称 Excel)电子表格(以 2010 版本为例)具有强大的统计分析功能,利用电子表格可以解决常规试验和实际工作中的常见统计分析问题。其统计分析过程主要通过函数和内置的"分析工具库"来实现。

1. Excel 常见统计函数

AVEDEV	返回数据点与其平均值的绝对偏差的平均值
AVERAGE	返回参数的平均值
AVERAGEA	返回参数的平均值,包括数字、文本和逻辑值
BETADIST	返回 Beta 累积分布函数
BETAINV	返回指定 Beta 分布的累积分布函数的反函数
BINOMDIST	返回一元二项式分布概率
CHIDIST	返回 Chi 平方分布的单尾概率
CHIINV	返回 Chi 平方分布的反单尾概率
CHITEST	返回独立性检验值
CONFIDENCE	返回总体平均值的置信区间
CORREL	返回两个数据集之间的相关系数
COUNT	计算参数列表中数字的个数
COUNTA	计算参数列表中值的个数
COUNTBLANK	计算区间内的空白单元格个数
COUNTIF	计算满足给定标准的区间内的非空单元格的个数
COVAR	返回协方差,即成对偏移乘积的平均数
CRITBINOM	返回使累积二项式分布小于等于临界值的最小值
DEVSQ	返回偏差的平方和
EXPONDIST	返回指数分布
FDIST	返回 F 概率分布
FINV	返回反 F 概率分布
FISHER	返回 Fisher 变换
FISHERINV	返回反 Fisher 变换
FORECAST	根据线性趋势返回值
FREQUENCY	以向量数组的形式返回频率分布
FTEST	返回 F 检验的结果
GAMMADIST	返回 gamma 分布

GAMMAINV	返回反 gamma 累积分布
GAMMALN	返回 gamma 函数的自然对数，$\Gamma(x)$
GEOMEAN	返回几何平均值
GROWTH	根据指数趋势返回值
HARMEAN	返回调和平均值
HYPGEOMDIST	返回超几何分布
INTERCEPT	返回线性回归线截距
KURT	返回数据集的峰值
LARGE	返回数据集中第 k 个最大值
LINEST	返回线性趋势的参数
LOGEST	返回指数趋势的参数
LOGINV	返回反对数正态分布
LOGNORMDIST	返回累积对数正态分布函数
MAX	返回参数列表中的最大值
MAXA	返回参数列表中的最大值，包括数字、文本和逻辑值
MEDIAN	返回给定数字的中值
MIN	返回参数列表中的最小值
MINA	返回参数列表中的最小值，包括数字、文本和逻辑值
MODE	返回数据集中出现最多的值
NEGBINOMDIST	返回负二项式分布
NORMDIST	返回正态累积分布
NORMINV	返回反正态累积分布
NORMSDIST	返回标准正态累积分布
NORMSINV	返回反标准正态累积分布
PEARSON	返回 Pearson 乘积矩相关系数
PERCENTILE	返回区域中的第 k 个百分位值
PERCENTRANK	返回数据集中值的百分比排位
PERMUT	返回给定数目对象的排列数
POISSON	返回 Poisson 分布
PROB	返回区域中的值在上下限之间的概率
QUARTILE	返回数据集的四分位数
RANK	返回某数在数字列表中的排位
RSQ	返回 Pearson 乘积矩相关系数的平方
SKEW	返回分布的偏斜度
SLOPE	返回线性回归直线的斜率
SMALL	返回数据集中的第 k 个最小值
STANDARDIZE	返回正态化数值
STDEV	基于样本估算标准偏差
STDEVA	基于样本估算标准偏差，包括数字、文本和逻辑值

STDEVP	计算基于整个样本总体的标准偏差
STDEVPA	计算整个样本总体的标准偏差,包括数字、文本和逻辑值
STEYX	返回通过线性回归法预测每个 x 的 y 值时所产生的标准误差
TDIST	返回学生的 t 分布
TINV	返回学生的 t 分布的反分布
TREND	返回沿线性趋势的值
TRIMMEAN	返回数据集的内部平均值
TTEST	返回与学生的 t 检验相关的概率
VAR	基于样本估算方差
VARA	基于样本估算方差,包括数字、文本和逻辑值
VARP	基于整个样本总体计算方差
VARPA	基于整个样本总体计算方差,包括数字、文本和逻辑值
WEIBULL	返回 Weibull 分布
ZTEST	返回 z 检验的单尾概率值

2. 分析工具库的安装与调用

分析工具库可通过以下步骤安装调用,即菜单"文件"→"选项"→"加载项"→"excel 加载项"→"分析工具库"。

在勾选"分析工具库"后,就可以在菜单"数据"下面找到"数据分析"条目,单击它就可以进行相关的统计分析。

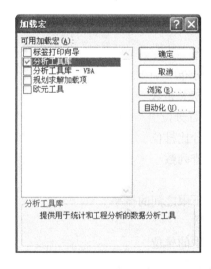

二、利用 Excel 生成频率分布表

【例 A1】以组值分组:调查 45 片菜叶中小菜蛾幼虫的数量的原始调查资料如下:

0	0	0	0	0	0	0	0	0	0
0	0	0	0	0	0	0	0	0	1
1	1	1	1	1	1	1	1	1	1
1	1	1	2	2	2	2	2	2	2
2	2	2	3	3					

(1) 在单元格 A1:A45 中输入上述数据,如下图。

(2) 通过"数据→排序"对数据进行排序后,可知组值为 0、1、2、3,并输入到 C5:C8,如下图。

(3) 选择"数据"选项卡中的"数据分析",单击后选择"直方图"并确定(下图左),同时将原始数据区域设置为"输入区域",组值区域设置为"接收区域",E5 为输出区域(下图右)。

（4）单击"确定"，输出如下图的结果。

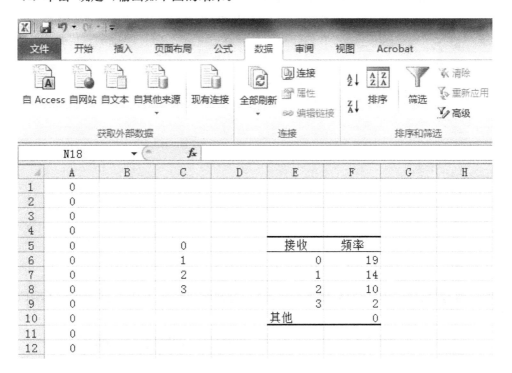

三、用 Excel 计算统计量及置信区间

【例 A2】　20 头越冬三化螟幼虫体重（mg）资料为

| 55.3 | 34.7 | 63.3 | 42.6 | 30.4 | 33.6 | 54.3 | 71.6 | 60.7 | 30.4 |
| 36.6 | 24.6 | 25.4 | 38.6 | 39.6 | 37.5 | 47.0 | 45.5 | 22.2 | 28.5 |

（1）将数据录入到 Excel 工作作中 A1:A20 区域，如下图。

（2）在"数据"选项卡中选择"数据分析"，单击后选择"描述统计"并确定（下图左），同时勾选"汇总统计"和"平均数置信度"，B6 为输出区域（下图右）。

（3）单击"确定"，输出如下图的结果。

（4）利用上图结果中平均值与置信度即可求出 95％置信区间。

平均	41.12
标准误差	3.095902
中位数	38.05
众数	30.4
标准差	13.8453
方差	191.6922
峰度	-0.30476
偏度	0.697984
区域	49.4
最小值	22.2
最大值	71.6
求和	822.4
观测数	20
置信度(95.0%)	6.479798

四、用 Excel 进行一个样本平均数的假设检验

【例 A3】　施用化肥时，已知某种芒果成熟时平均果重为 $\mu_0=300\text{g}$。现改施有机肥，芒果成熟时随机抽取 9 个果实，重量（g）分别为：308，305，311，298，315，300，321，294，320。问施用有机肥对芒果重量是否有影响？

（1）利用前面的方法，可以求出统计量及置信区间。

平均	308
标准误差	3.20589734
中位数	308
众数	#N/A
标准差	9.61769203
方差	92.5
峰度	-1.3040175
偏度	0.00216782
区域	27
最小值	294
最大值	321
求和	2772
观测数	9
置信度(95.0%)	7.39281253

（2）根据上图，可以求出 9 个果实重的 95％置信区间为[300.6，315.4]，该区间不包含 300，表明差异显著，即施用有机肥对芒果重量有影响。

五、两个独立样本平均数的检验

【例 A4】　在 16℃ 和 23℃ 饲养蓟马（*Thrips imaginis*）雌虫 10 d，统计存活的雌虫产卵量，得每头雌虫平均每天的产卵量。设该蓟马的产卵量符合正态分布，问这两个温度处理的蓟马平均产卵量的差异是否显著？

温度/℃	试验雌虫数(n)	每头雌虫每天平均产卵量/粒
16	10	5.8,4.1,3.6,4.2,5.4,5.3,3.9,6.2,4.7,4.8
23	8	8.7,7.6,6.6,8.9,8.7,11.2,8.5,11.0

（1）在 A1：A10 中输入 16℃ 时的数据；B1：B8 中输入 23℃ 时的数据，如下图所示。

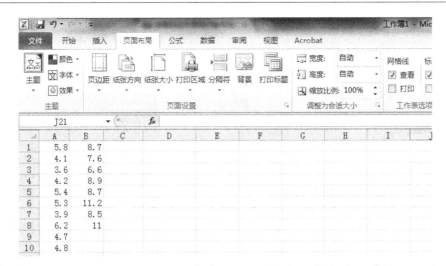

（2）在"数据"选项卡中选择"数据分析"，单击后选择"F 检验-双样本方差"并确定，进行方差的同质性检验（下图左），选择两变量的区域后，将 D1 设为输出区域（下图右）。

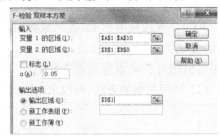

（3）单击"确定"，输出如下图的结果，其中 $P>0.05$，说明方差同质。

	A	B	C	D	E	F
1	5.8	8.7		F-检验 双样本方差分析		
2	4.1	7.6				
3	3.6	6.6			变量 1	变量 2
4	4.2	8.9		平均	4.8	8.9
5	5.4	8.7		方差	0.742222	2.417143
6	5.3	11.2		观测值	10	8
7	3.9	8.5		df	9	7
8	6.2	11		F	0.307066	
9	4.7			P(F<=f) 单尾	0.051514	
10	4.8			F 单尾临界	0.303698	
11						

（4）在"数据"选项卡中选择"数据分析"，单击后选择"F 检验-双样本方差"并确定（下图左）；再选择"数据分析"，单击后选择"t-检验：双样本等方差假设"并确定，选择两变量的区域后，将 D12 设为输出区域（下图右）。

（5）单击"确定"，输出如下图的结果，其中 $t=-7.117$，P（双尾）$=2.44\times10^{-6}$，所以差

异显著。

六、两个成对样本平均数的检验

【例 A5】　用两种病毒制剂对烟草叶片的致病力进行比较。试验方法是以半叶法配对：以每株烟草的第二片叶子供试，一半叶片涂第一种病毒制剂，另一半叶片涂第二种病毒制剂。是同一叶子，条件一致，属于成对法比较。现共处理 8 株烟草，以接种病毒后每半片叶子上出现的病斑数判断致病力的大小，试验数据记录如下表。试检验这两种病毒制剂对烟草致病力是否有显著差异？

t-检验：双样本等方差假设

	变量 1	变量 2
平均	4.8	8.9
方差	0.7422222	2.417143
观测值	10	8
合并方差	1.475	
假设平均差	0	
df	16	
t Stat	-7.116994	
P(T<=t) 单尾	1.221E-06	
t 单尾临界	1.7458837	
P(T<=t) 双尾	2.443E-06	
t 双尾临界	2.1199053	

烟草株编号	1	2	3	4	5	6	7	8
第一种病毒(x_1)	9	17	31	18	7	8	20	20
第二种病毒(x_2)	10	11	18	14	6	7	17	15

（1）在数据输入区域 A1:B8 输入需要进行平均数假设检验的数据，如下图所示。

（2）在"数据"选项卡中选择"数据分析"，单击后选择"t-检验：平均值成对二样本分析"并确定（下图左），选择两变量的输入区域后，将 D3 设为输出区域（下图右）。

t-检验：成对双样本均值分析

	变量 1	变量 2
平均	16.25	12.25
方差	65.07143	19.92857
观测值	8	8
泊松相关系数	0.922341	
假设平均差	0	
df	7	
t Stat	2.62532	
P(T<=t) 单尾	0.017072	
t 单尾临界	1.894579	
P(T<=t) 双尾	0.034144	
t 双尾临界	2.364624	

（3）单击"确定"，输出如下图的结果，其中 $t = 2.625$，P（双尾）$= 0.034$，所以差异显著。

七、单向方差分析

【例 A6】 一位老年医学的专家研究正常体重是否可延长寿命。她随机安排三种食量中的一种给新生的老鼠：①不限量的食物；②90%的正常食量；③80%的正常食量。保持 3 种食量终身喂饲供试老鼠并记录它们的寿命（年）。在该研究中不同的食量对老鼠的寿命是否有显著的影响？

不限量	90%食量	80%食量
2.5	2.7	3.1
3.1	3.1	2.9
2.3	2.9	3.8
1.9	3.7	3.9
2.4	3.5	4.0

（1）在数据输入区域输入需要进行单向方差分析的数据，如下图所示。

	A	B	C	D	E	F
1	Unlimited	90%diet	80%diet			
2	2.5	2.7	3.1			
3	3.1	3.1	2.9			
4	2.3	2.9	3.8			
5	1.9	3.7	3.9			
6	2.4	3.5	4			
7						

（2）在"数据"选项卡中选择"数据分析"，单击后选择"方差分析：单因素方差分析"并确定（下图左），选择两变量的输入区域后，勾选"标志位于第一行"，将 D3 设为输出区域（下图右）。

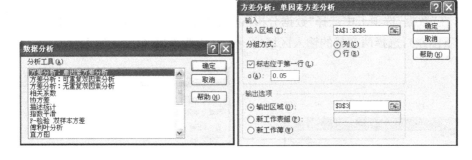

（3）单击"确定"，输出如下图的结果，其中 $F = 7.697$，$P = 0.007$，差异显著，需要进一步进行多重比较。

方差分析: 单因素方差分析

SUMMARY

组	观测数	求和	平均	方差
Unlimited	5	12.2	2.44	0.188
90%diet	5	15.9	3.18	0.172
80%diet	5	17.7	3.54	0.253

方差分析

差异源	SS	df	MS	F	P-value	F crit
组间	3.145333	2	1.572667	7.696574	0.007067	3.885294
组内	2.452	12	0.204333			
总计	5.597333	14				

八、随机化完全区组双向方差分析

【**例 A7**】 在中华微刺盲蝽(*Campylomma chinensis*)产卵选择性试验中,将 1 对(♂♀)刚羽化的中华微刺盲蝽接入栽种 3 种不同植物[马樱丹(*Lantana camara*)、三叶鬼针草(*Bidens pilosa*)、胜红蓟(*Ageratum conyzoides*),每种植物放置 1 株,植株大小相似]的养虫笼,一共观察 6 对,6 个养虫笼内的 3 种植物随机排列。试验后 2 d 镜检卵量,数据如下(单位:粒)。请比较中华微刺盲蝽在三种植物上产卵量的差异。

中华微刺盲蝽	马樱丹	三叶鬼针草	胜红蓟
1	13	18	8
2	9	19	12
3	17	12	10
4	10	16	11
5	13	17	12
6	11	14	12

(1)在数据输入区域 A1:D7 输入处理、区组和实验数据,见下图。

	A	B	C	D	E	F	G	H
1	中华微刺盲蝽	马樱丹	三叶鬼针草	胜红蓟				
2	1	13	18	8				
3	2	9	19	12				
4	3	17	12	10				
5	4	10	16	11				
6	5	13	17	12				
7	6	11	14	12				
8								

(2)在"数据"选项卡中选择"数据分析",单击后选择"分析:无重复双因素分析"并确定(下图左),选择输入区域后,勾选"标志位于第一行",将 A9 设为输出区域(下图右)。

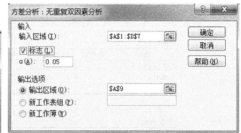

(3) 单击"确定",输出如下图的结果。其中,盲蝽间无差异,而寄主间 $F = 5.286, P = 0.027$,差异显著,需要进一步进行多重比较。

	SUMMARY	观测数	求和	平均	方差
12	1	3	39	13	25
13	2	3	40	13.33333	26.33333
14	3	3	39	13	13
15	4	3	37	12.33333	10.33333
16	5	3	42	14	7
17	6	3	37	12.33333	2.333333
19	马缨丹（L	6	73	12.16667	8.166667
20	三叶鬼针草	6	96	16	6.8
21	胜红蓟（A	6	65	10.83333	2.566667

方差分析

差异源	SS	df	MS	F	P-value	F crit
行	6	5	1.2	0.146939	0.97644	3.325835
列	86.33333	2	43.16667	5.285714	0.027144	4.102821
误差	81.66667	10	8.166667			
总计	174	17				

九、用 SPSS 作简单线性回归

【例 A8】 狗的填充细胞体长度（X,单位:mm）和红细胞数（Y,单位:百万个）的关系数据见下表。试推导红细胞数 Y 与填充细胞体长度 X 之间的回归方程。

序号	1	2	3	4	5	6	7	8	9	10
填充细胞体长度（x_i）	45	42	56	48	42	35	58	40	39	50
红细胞数（y_i）	6.53	6.30	9.52	7.50	6.99	5.90	9.49	8.20	6.55	8.72

（1）在数据输入区域输入上表数据,见下图。

	A	B 填充细胞体长度x_i	C 红细胞数y_i	D	E	F	G
1	序号	填充细胞体长度x_i	红细胞数y_i				
2	1	45	6.53				
3	2	42	6.3				
4	3	56	9.52				
5	4	48	7.5				
6	5	42	6.99				
7	6	35	5.9				
8	7	58	9.49				
9	8	40	8.2				
10	9	39	6.55				
11	10	50	8.72				
12							

（2）在"数据"选项卡中选择"数据分析"，单击后选择"回归"并确定（下图左），选择两变量的输入区域后，勾选"标志位于第一行"，将 D3 设为输出区域（下图右）。

（3）单击"确定"，输出如下图的结果，它包括 3 个表。回归统计表中，各行依次为复相关系数、决定系数、校正复相关系数、标准误差和观测值（样本含量）。在方差分析表中，$F=22.8$，$P=0.0014$，差异极显著，即该回归方程成立。第三个表是截距和回归系数的估计值和显著性检验，以及置信区间。因此，所求回归方程为：

$$\hat{y} = 0.555 + 0.154x$$

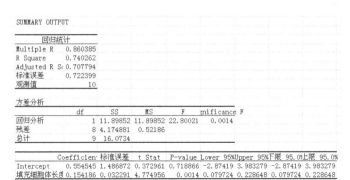

附录 B　SPSS 统计分析实例

一、SPSS 简介

SPSS 是软件英文名称的首字母缩写,原意为 Statistical Package for the Social Sciences,即"社会科学统计软件包"。最近,伴随 SPSS 产品服务领域的扩大和服务深度的增加,SPSS 公司已决定将软件的英文全称更改为 Statistical Product and Service Solutions,意为"统计产品与服务解决方案",标志着 SPSS 的战略方向正在作出重大调整。

1968 年,美国斯坦福大学的 3 位研究生研制开发了最早的统计分析软件 SPSS,同时成立了 SPSS 公司,并于 1975 年在芝加哥组建了 SPSS 总部。1984 年 SPSS 总部首先推出了世界第一个统计分析软件微机版本 SPSS/PC+,开创了 SPSS 微机系列产品的开发方向,极大地拓展了它的应用范围,并使其能很快地应用于自然科学和社会科学的各个领域,世界上许多有影响的报刊杂志纷纷就 SPSS 的自动统计绘图、数据的深入分析、使用方便、功能齐全等方面给予了高度的评价与称赞。迄今 SPSS 软件已有 40 余年的成长历史,全球约有 25 万用户。SPSS 广泛应用于生物统计、市场研究、电讯、卫生保健、银行、财务金融、保险、制造业、零售等领域。

SPSS 最突出的特点就是操作界面极为友好,输出结果美观漂亮。它使用 Windows 的窗口方式展示各种管理和分析数据方法的功能,使用对话框展示出各种功能选择项,只要掌握一定的 Windows 操作技能,掌握统计分析原理,就可以使用该软件为特定的科研工作服务,是非专业统计人员的首选统计软件。在众多用户对国际常用统计软件包括 SAS、BMDP、GLIM、GENSTAT、EPILOG、MiniTab 等的总体印象分的统计中,SPSS 诸项功能均获得最高分。SPSS 采用类似 EXCEL 表格的方式输入与管理数据,数据接口较为通用,能方便地从其他数据库中读入数据。其统计过程包括了常用的、较为成熟的统计过程,完全可以满足非统计专业人士的工作需要。对于熟悉老版本编程运行方式的用户,SPSS 还特别设计了语法生成窗口,用户只需在菜单中选好各个选项,然后按"粘贴"按钮就可以自动生成标准的 SPSS 程序,极大地方便了中、高级用户。

从战略的观点来看,SPSS 显然是把相当多的精力放在了用户界面的开发上。友好的界面掩盖了他的许多弱点。由于所采用战略的不同,SPSS 在最新统计方法的纳入上,比如多水平统计模型、神经网络、GEEs 等,不是直接纳入,而是为之发展一些专门软件,因此它们在 SPSS 中均难觅芳踪;另外,由于 SPSS 采用 VB 编制,计算速度也远远慢于其他统计软件;其输出结果虽然漂亮,但不能和 WORD 等常用文字处理软件直接兼容。这些都可以说是 SPSS 的缺点。

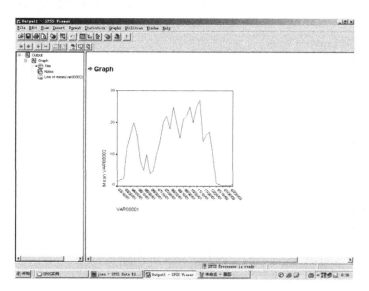

这里以本书相关章节中的例题为例子,介绍 SPSS 常用统计分析方法的操作步骤。

二、用 SPSS 创建频数分布表

【例 B1】　以组值分组:调查 200 丛水稻遗株,每丛内越冬三化螟幼虫的原始调查资料如下:

1,1,0,0,2,0,0,1,0,2,1,0,1,1,0,1,0,0,3,0,2,1,0,0,1,0,1,0,0,1,0,1,0,1,0,0,
0,0,5,0,1,0,0,0,0,4,2,0,0,3,0,4,1,3,1,4,0,1,2,6,0,3,2,1,0,2,0,0,1,1,0,0,0,0,
0,0,0,0,2,0,1,0,0,0,0,0,0,0,0,0,0,0,0,0,0,0,0,0,0,0,0,0,0,0,0,0,0,0,0,0,0,0,
2,0,1,0,1,0,0,0,0,0,0,0,0,0,0,0,1,0,0,1,1,1,0,0,0,0,1,1,1,0,
0,1,1,1,0,1,0,0,0,0,1,1,0,0,0,0,0,0,1,0,1,0,1,1,1,0,0,0,0,0,0,0,1,1,0,0,0,0,1,0,0,0,0,
0,1,0,1,1,0,0,0,0,0,0,1,0

（1）在数据输入区域输入需要进行描述性统计分析的数据，如下图所示。

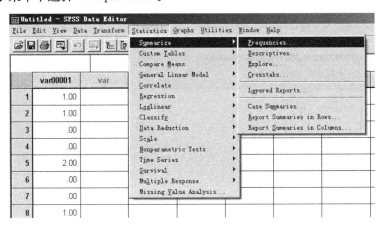

（2）选择"Statistics"下拉菜单（较高版本为"Analyze"，下同）。

（3）选择"Summarize"选项（较高版本为"Descriptive Statistics"，下同）。

（4）在子菜单中选择"Frequencies"。

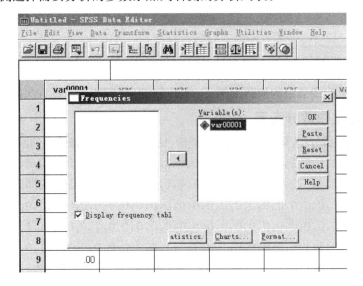

（5）在左侧选择需要分析的参数添加到右侧的分析列表。

（6）点击"OK"，SPSS 输出的结果与例 2.1 的结果一致。

VAR00001

		Frequency	Percent	Valid Percent	Cumulative Percent
Valid	.00	134	67.0	67.0	67.0
	1.00	48	24.0	24.0	91.0
	2.00	9	4.5	4.5	95.5
	3.00	4	2.0	2.0	97.5
	4.00	3	1.5	1.5	99.0
	5.00	1	.5	.5	99.5
	6.00	1	.5	.5	100.0
	Total	200	100.0	100.0	

三、用 SPSS 计算统计量及置信区间

【例 B2】　20 头越冬三化螟幼虫体重资料（单位：mg）：
　　55.3　34.7　63.3　42.6　30.4　33.6　54.3　71.6　60.7　30.4
　　60.7　30.4　36.6　24.6　25.4　38.6　39.6　37.5　22.2　28.5
（1）在数据输入区域输入需要进行描述性统计分析的数据，如下图所示。

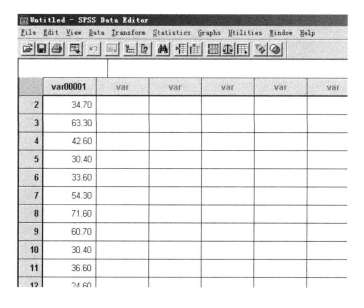

（2）选择"Statistics"下拉菜单。
（3）选择"Summarize"选项。
（4）在子菜单中选择"Explore"。

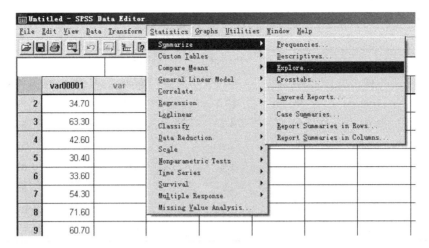

（5）在左侧选择需要分析的参数添加到右侧的分析列表。

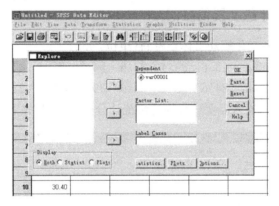

（6）点击"OK"，SPSS 输出的结果与例 2.5 例 2.8 等计算结果一致。

Descriptives

			Statistic	⑧Std. Error
VAR00001	①Mean		41.1200	3.0959
	95% Confidence Interval for Mean	②Lower Bound	34.6402	
		③Upper Bound	47.5998	
	5% Trimmed Mean		40.4778	
	④Median		38.0500	
	⑤Variance		191.692	
	⑥Std. Deviation		13.8453	
	Minimum		22.20	
	Maximum		71.60	
	⑦Range		49.40	
	Interquartile Range		22.0750	
	Skewness		.698	.512
	Kurtosis		−.305	.992

①样本平均数；②95%置信区间下限；③95%置信区间上限；④中位数；⑤方差；⑥标准差；⑦极差；⑧标准误

四、用 SPSS 进行一个样本平均数的假设检验

【例 B3】　施用化肥时,某种芒果成熟时平均果重为 $\mu_0 = 300$g。现改施有机肥,芒果成熟时随机抽取 9 个果实,重量(g)分别为:308,305,311,298,315,300,321,294,320。问施用有机肥对芒果重量是否有影响?

（1）在数据输入区域输入需要进行平均数假设检验的数据,如下图所示。

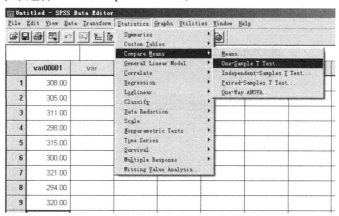

（2）选择"Statistics"下拉菜单。

（3）选择"Compare Means"选项。

（4）在子菜单中选择"One-Sample T Test"。

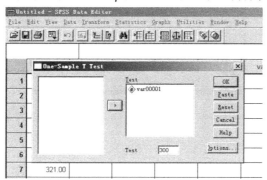

（5）在左侧选择需要分析的变量后和 $\mu_0 = 300$ 一起添加到右侧的分析列表。

（6）点击"OK"，SPSS 输出的结果与例 5.4 基本一致，不同的是例 5.4 的总体方差已知而采用 z 检验，本例总体方差未知，用 S 估计 σ，采用 t 检验。

One-Sample Test

	Test Value = 300				95% Confidence Interval of the Difference	
	t	df	Sig. (2—tailed)	Mean Difference	Lower	Upper
VAR00001	2.495	8	.037	8.0000	.6072	15.3928

五、两个独立样本平均数的检验

【例 B4】 在 16℃ 和 23℃ 饲养蓟马（*Thrips imaginis*）雌虫 10 d，统计存活的雌虫产卵量，得每头雌虫平均每天的产卵量。设该蓟马的产卵量符合正态分布，问这两个温度处理的蓟马平均产卵量的差异是否显著？

温度/℃	试验雌虫数(n)	每头雌虫每天平均产卵量/粒
16	10	5.8,4.1,3.6,4.2,5.4,5.3,3.9,6.2,4.7,4.8
23	8	8.7,7.6,6.6,8.9,8.7,11.2,8.5,11.0

（1）在数据输入区域输入需要进行平均数假设检验的数据，以"1"代表 16℃；"2"代表 23℃，如下图所示。

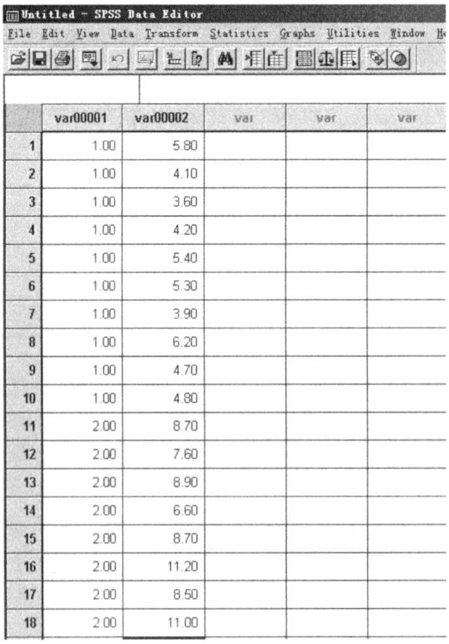

（2）选择"Statistics"下拉菜单。

（3）选择"Compare Means"选项。

（4）在子菜单中选择"Independent-Samples T Test"。

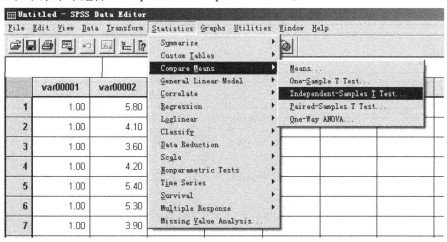

（5）在左侧选择"Var00002"添加进"Test"框，分组变量"Var00001"添加进"Grouping"框，如下图所示。

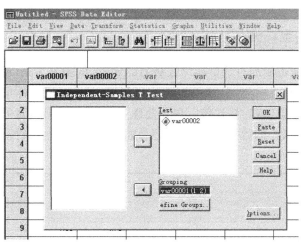

（6）点击"Define Groups"，在两个空白框中分别填入"1"和"2"。

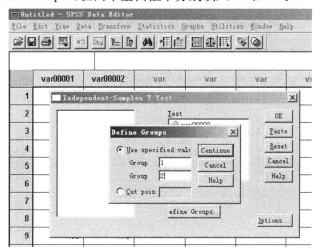

（7）点击"OK"，SPSS 输出结果。

Group Statistics

	VAR00001	N	Mean	Std. Deviation	Std. Error Mean
VAR00002	1.00	10	4.8000	.8615	.2724
	2.00	8	8.9000	1.5547	.5497

Independent Samples Test

		① Test for Equality of Variances		②t-test for Equality of Means				
		F	Sig.	t	df	Sig. (2-tailed)	Mean Difference	Std. Error Difference
VAR00002	③Equal variances assumed	3.122	.278	−7.117	16	.000	−4.1000	.5761
	④Equal variances not assumed			−6.683	10.375	.000	−4.1000	.6135

①方差同质性检验；②两个独立样本的 t 检验；③方差相等的情况；④方差不相等的情况

　　从方差同质性检验的结果可知，两方差具同质性（$P=0.278>0.05$），因此采用③的结果，与例 5.12 的结果一致。

六、两个成对样本平均数的检验

　　【例 B5】　两种病毒制剂对烟草叶片致病力的比较，试验方法是以半叶法配对：以每株烟草的第二片叶子供试，一半叶片涂第一种病毒制剂，另一半叶片涂第二种病毒制剂。是同一叶子，条件一致，属于成对法比较。现共处理 8 株烟草，以接病毒后每半片叶子上出现的病斑数作为致病力大小的数据，试验数据记录如下。试检验这两种病毒制剂对烟草致病力是否有显著性差异？

烟草株编号	1	2	3	4	5	6	7	8
第一种病毒（x_1）	9	17	31	18	7	8	20	20
第二种病毒（x_2）	10	11	18	14	6	7	17	15

　　（1）在数据输入区域输入需要进行平均数假设检验的数据，如下图所示。

（2）选择"Statistics"下拉菜单。

（3）选择"Compare Means"选项。

（4）在子菜单中选择"Paired-Samples T Test"。

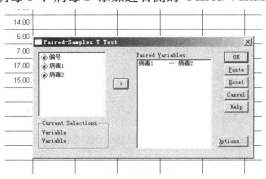

（5）在左侧选择"病毒 1"、"病毒 2"添加进右侧的"Paired Variables"框。

（6）点击"OK"，SPSS 输出结果与例 5.14 结果一致。

Paired Samples Test

		Mean	Std. Deviation	Std. Error Mean	t	df	Sig. (2-tailed)
Pair 1	病毒 1 - 病毒 2	4.0000	4.3095	1.5236	2.625	7	.034

七、单向方差分析

【例 B6】　一位老年医学的专家研究正常体重是否可延长寿命。她随机安排三种食量中的一种给新生的老鼠：①不限量的食物；②90％的正常食量；③80％的正常食量。保持 3 种食量终身喂饲供试老鼠并记录它们的寿命（年）。在该研究中不同的食量对老鼠的寿命是否有显著的影响？

不限量	90％食量	80％食量
2.5	2.7	3.1
3.1	3.1	2.9
2.3	2.9	3.8
1.9	3.7	3.9
2.4	3.5	4.0

（1）在数据输入区域输入需要进行单向方差分析的数据，以"1"代表"不限量"、"2"代表"90% 食量"、"3"代表"80% 食量"，如下图所示。

	var00001	var00002	var	var
1	1.00	2.50		
2	1.00	3.10		
3	1.00	2.30		
4	1.00	1.90		
5	1.00	2.40		
6	2.00	2.70		
7	2.00	3.10		
8	2.00	2.90		
9	2.00	3.70		
10	2.00	3.50		
11	3.00	3.10		
12	3.00	2.90		
13	3.00	3.80		
14	3.00	3.90		
15	3.00	4.00		

（2）选择"Statistics"下拉菜单。

（3）选择"Compare Means"选项。

（4）在子菜单中选择"One-Way ANOVA"。

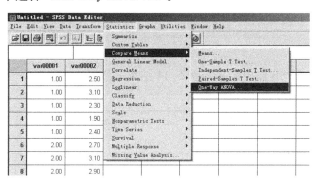

（5）在左侧选择"Var00002"添加进"Dependet List"框，分组变量"Var00001"添加进"Factor"框，如下图所示。

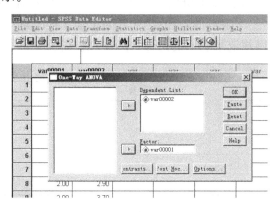

（6）点击"Post Hoc"，选择多重比较的方法（本例选 Ducan），见下图：

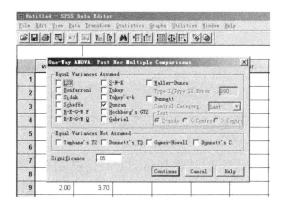

（7）点击"OK"，SPSS 输出结果与例 6.1 结果一致。

ANOVA

VAR00002

	Sum of Squares	df	Mean Square	F	Sig.
Between Groups	3.145	2	1.573	7.697	.007
Within Groups	2.452	12	.204		
Total	5.597	14			

VAR00002

Duncan

	N	Subset for alpha =.05	
VAR00001		1	2
1.00	5	2.4400	
2.00	5		3.1800
3.00	5		3.5400
Sig.		1.000	.232

Means for groups in homogeneous subsets are displayed

a   Uses Harmonic Mean Sample Size = 5.000.

八、随机化完全区组双向方差分析

【例 B7】 在中华微刺盲蝽（*Campylomma chinensis*）产卵选择性试验中，将 1 对（♂♀）刚羽化的中华微刺盲蝽接入栽种 3 种不同植物［马樱丹（*Lantana camara*）、三叶鬼针草（*Bidens pilosa*）、胜红蓟（*Ageratum conyzoides*），每植物放置 1 株，植株大小相似］的养虫笼，一共观察 6 对，6 个养虫笼内的 3 种植物随机排列。试验后 2 d 镜检卵量，数据如下（单位：粒）。请比较中华微刺盲蝽在三种植物上产卵量的差异。

中华微刺盲蝽	马樱丹(Lc)	三叶鬼针草(Bp)	胜红蓟(Ac)
1	13	18	8
2	9	19	12
3	17	12	10
4	10	16	11
5	13	17	12
6	11	14	12

试作方差分析和多重比较。

(1) 在数据输入区域输入处理(植物 Plant,以"1"代表马樱丹,"2"代表三爷鬼针草,"3"代表胜红蓟)、区组(盲蝽 Mirid,分别以 1~6 代表盲蝽)和实验数据 x,见下图。

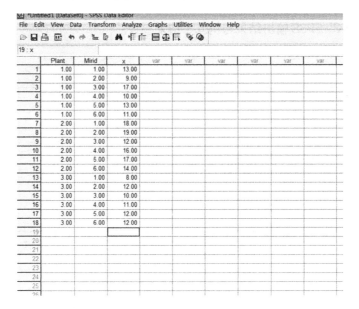

(2) 选择"Analyze"下拉菜单(SPSS 8.0 以下版本为"Statistics")。

(3) 选择"General Linear Model"。

(4) 在子菜单中选择"Univariate(单变量)"。

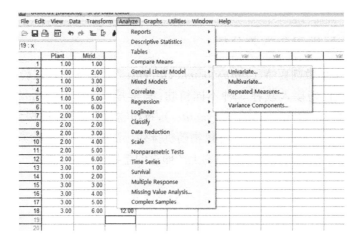

（5）在左侧选择 x 添加进右侧的"Dependet Variable"框，把 Plant 和 Mirid 分别单独添加进"Fix Factor(s)"框中，如下图所示。

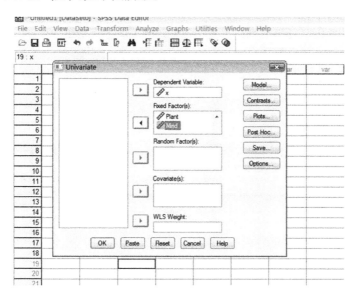

（6）点击"Model"按钮，选择 Custom(用户自定义)，把左侧的 Plant(F) 和 Mirid(F) 分别单独添加进右侧的"Model"框后点击"Continue"，如下图。

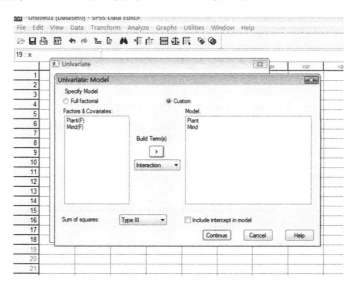

（7）点击"Post Hoc"，把 Plant 添加进右侧的对话框，选择多重比较的方法(本例选 Ducan)后点击"Continue"，见下图。

（8）点击"OK"，SPSS 输出结果。

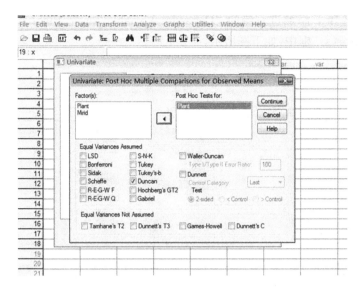

Dependent Variable：x

Source	Type III Sum of Squares	df	Mean Square	F	Sig.
Model	3134.333(a)	8	391.792	47.974	.000
Plant	86.333	2	43.167	5.286	.027
Mirid	6.000	5	1.200	.147	.976
Error	81.667	10	8.167		
Total	3216.000	18			

　　a　R Squared ＝.975(Adjusted R Squared ＝.954)(与例6.3结果一致)

Duncan

Plant	N	Subset	
		1	2
3.00	6	10.8333	
1.00	6	12.1667	
2.00	6		16.0000
Sig.		.438	1.000

　　a　Uses Harmonic Mean Sample Size ＝ 6.000

　　b　Alpha ＝.05.(与例6.5结果一致)

九、用 SPSS 作简单线性回归

　　【例 B8】 狗的红细胞数(Y,单位:百万个)和填充细胞体长度(X,单位:mm)的关系数据见下表。试推导红细胞数 Y 与填充细胞体长度 X 之间的回归方程。

序号	1	2	3	4	5	6	7	8	9	10
填充细胞体长度(x_i)	45	42	56	48	42	35	58	40	39	50
红细胞数(y_i)	6.53	6.30	9.52	7.50	6.99	5.90	9.49	8.20	6.55	8.72

　　(1)在数据输入区域输入填充细胞体长度(x_i)和红细胞数(y_i),见下图。

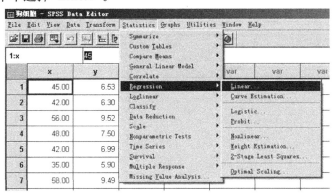

（2）选择"Statistics"下拉菜单。

（3）选择"Regression"选项。

（4）在子菜单中选择"Linear"。

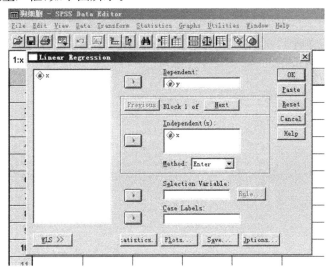

（5）在左侧选择"y"添加进右侧的"Dependent（因变量）"框，选择"x"添加进"Independent(s)（自变量）"框，如下图所示。

（6）点击"OK"，SPSS 输出结果。①与例 7.4 一致；②与例 7.1、例 7.2 一致；③与例 7.7 一致。

①ANOVA

Model		Sum of Squares	df	Mean Square	F	Sig.
1	Regression	15.580	1	15.580	75.300	.000
	Residual	1.655	8	.207		
	Total	17.235	9			

a　Predictors：(Constant)，X

b　Dependent Variable：Y

②Coefficients

Model		Unstandardized Coefficients		Standardized Coefficients	t	Sig.
		B	Std. Error	Beta		
1	(Constant)	−.655	.936		−.699	.504
	X	.176	.020	.951	8.678	.000

a　Dependent Variable：Y

③Model Summary

Model	R	R Square	Adjusted R Square	Std. Error of the Estimate
1	.951	.904	.892	.4549

a　Predictors：(Constant)，X

附录 C 分布函数与临界值表

表 C1 标准正态分布函数表

	面积									
z	0.00	0.01	0.02	0.03	0.04	0.05	0.06	0.07	0.08	0.09
−3.0	0.0013	0.0013	0.0013	0.0012	0.0012	0.0011	0.0011	0.0011	0.0010	0.0010
−2.9	0.0019	0.0018	0.0018	0.0017	0.0016	0.0016	0.0015	0.0015	0.0014	0.0014
−2.8	0.0026	0.0025	0.0024	0.0023	0.0023	0.0022	0.0021	0.0021	0.0020	0.0019
−2.7	0.0035	0.0034	0.0033	0.0032	0.0031	0.0030	0.0029	0.0028	0.0027	0.0026
−2.6	0.0047	0.0045	0.0044	0.0043	0.0041	0.0040	0.0039	0.0038	0.0037	0.0036
−2.5	0.0062	0.0060	0.0059	0.0057	0.0055	0.0054	0.0052	0.0051	0.0049	0.0048
−2.4	0.0082	0.0080	0.0078	0.0075	0.0073	0.0071	0.0069	0.0068	0.0066	0.0064
−2.3	0.0107	0.0104	0.0102	0.0099	0.0096	0.0094	0.0091	0.0089	0.0087	0.0084
−2.2	0.0139	0.0136	0.0132	0.0129	0.0125	0.0122	0.0119	0.0116	0.0113	0.0110
−2.1	0.0179	0.0174	0.0170	0.0166	0.0162	0.0158	0.0154	0.0150	0.0146	0.0143
−2.0	0.0228	0.0222	0.0217	0.0212	0.0207	0.0202	0.0197	0.0192	0.0188	0.0183
−1.9	0.0287	0.0281	0.0274	0.0268	0.0262	0.0256	0.0250	0.0244	0.0239	0.0233
−1.8	0.0359	0.0351	0.0344	0.0336	0.0329	0.0322	0.0314	0.0307	0.0301	0.0294
−1.7	0.0446	0.0436	0.0427	0.0418	0.0409	0.0401	0.0392	0.0384	0.0375	0.0367
−1.6	0.0548	0.0537	0.0526	0.0516	0.0505	0.0495	0.0485	0.0475	0.0465	0.0455
−1.5	0.0668	0.0655	0.0643	0.0630	0.0618	0.0606	0.0594	0.0582	0.0571	0.0559
−1.4	0.0808	0.0793	0.0778	0.0764	0.0749	0.0735	0.0721	0.0708	0.0694	0.0681
−1.3	0.0968	0.0951	0.0934	0.0918	0.0901	0.0885	0.0869	0.0853	0.0838	0.0823
−1.2	0.1151	0.1131	0.1112	0.1093	0.1075	0.1056	0.1038	0.1020	0.1003	0.0985
−1.1	0.1357	0.1335	0.1314	0.1292	0.1271	0.1251	0.1230	0.1210	0.1190	0.1170
−1.0	0.1587	0.1562	0.1539	0.1515	0.1492	0.1469	0.1446	0.1423	0.1401	0.1379
−0.9	0.1841	0.1814	0.1788	0.1762	0.1736	0.1711	0.1685	0.1660	0.1635	0.1611
−0.8	0.2119	0.2090	0.2061	0.2033	0.2005	0.1977	0.1949	0.1922	0.1894	0.1867
−0.7	0.2420	0.2389	0.2358	0.2327	0.2296	0.2266	0.2236	0.2206	0.2177	0.2148
−0.6	0.2743	0.2709	0.2676	0.2643	0.2611	0.2578	0.2546	0.2514	0.2483	0.2451
−0.5	0.3085	0.3050	0.3015	0.2981	0.2946	0.2912	0.2877	0.2843	0.2810	0.2776
−0.4	0.3446	0.3409	0.3372	0.3336	0.3300	0.3264	0.3228	0.3192	0.3156	0.3121

面积										
z	0.00	0.01	0.02	0.03	0.04	0.05	0.06	0.07	0.08	0.09
-0.3	0.3821	0.3783	0.3745	0.3707	0.3669	0.3632	0.3594	0.3557	0.3520	0.3483
-0.2	0.4207	0.4168	0.4129	0.4090	0.4052	0.4013	0.3974	0.3936	0.3897	0.3859
-0.1	0.4602	0.4562	0.4522	0.4483	0.4443	0.4404	0.4364	0.4325	0.4286	0.4247
0.0	0.5000	0.4960	0.4920	0.4880	0.4840	0.4801	0.4761	0.4721	0.4681	0.4641
0.0	0.5000	0.5040	0.5080	0.5120	0.5160	0.5199	0.5239	0.5279	0.5319	0.5359
0.1	0.5398	0.5438	0.5478	0.5517	0.5557	0.5596	0.5636	0.5675	0.5714	0.5753
0.2	0.5793	0.5832	0.5871	0.5910	0.5948	0.5987	0.6026	0.6064	0.6103	0.6141
0.3	0.6179	0.6217	0.6255	0.6293	0.6331	0.6368	0.6406	0.6443	0.6480	0.6517
0.4	0.6554	0.6591	0.6628	0.6664	0.6700	0.6736	0.6772	0.6808	0.6844	0.6879
0.5	0.6915	0.6950	0.6985	0.7019	0.7054	0.7088	0.7123	0.7157	0.7190	0.7224
0.6	0.7257	0.7291	0.7324	0.7357	0.7389	0.7422	0.7454	0.7486	0.7517	0.7549
0.7	0.7580	0.7611	0.7642	0.7673	0.7704	0.7734	0.7764	0.7794	0.7823	0.7852
0.8	0.7881	0.7910	0.7939	0.7967	0.7995	0.8023	0.8051	0.8078	0.8106	0.8133
0.9	0.8159	0.8186	0.8212	0.8238	0.8264	0.8289	0.8315	0.8340	0.8365	0.8389
1.0	0.8413	0.8438	0.8461	0.8485	0.8508	0.8531	0.8554	0.8577	0.8599	0.8621
1.1	0.8643	0.8665	0.8686	0.8708	0.8729	0.8749	0.8770	0.8790	0.8810	0.8830
1.2	0.8849	0.8869	0.8888	0.8907	0.8925	0.8944	0.8962	0.8980	0.8997	0.9015
1.3	0.9032	0.9049	0.9066	0.9082	0.9099	0.9115	0.9131	0.9147	0.9162	0.9177
1.4	0.9192	0.9207	0.9222	0.9236	0.9251	0.9265	0.9279	0.9292	0.9306	0.9319
1.5	0.9332	0.9345	0.9357	0.9370	0.9382	0.9394	0.9406	0.9418	0.9429	0.9441
1.6	0.9452	0.9463	0.9474	0.9484	0.9495	0.9505	0.9515	0.9525	0.9535	0.9545
1.7	0.9554	0.9564	0.9573	0.9582	0.9591	0.9599	0.9608	0.9616	0.9625	0.9633
1.8	0.9641	0.9649	0.9656	0.9664	0.9671	0.9678	0.9686	0.9693	0.9699	0.9706
1.9	0.9713	0.9719	0.9726	0.9732	0.9738	0.9744	0.9750	0.9756	0.9761	0.9767
2.0	0.9772	0.9778	0.9783	0.9788	0.9793	0.9798	0.9803	0.9808	0.9812	0.9817
2.1	0.9821	0.9826	0.9830	0.9834	0.9838	0.9842	0.9846	0.9850	0.9854	0.9857
2.2	0.9861	0.9864	0.9868	0.9871	0.9875	0.9878	0.9881	0.9884	0.9887	0.9890
2.3	0.9893	0.9896	0.9898	0.9901	0.9904	0.9906	0.9909	0.9911	0.9913	0.9916
2.4	0.9918	0.9920	0.9922	0.9925	0.9927	0.9929	0.9931	0.9932	0.9934	0.9936
2.5	0.9938	0.9940	0.9941	0.9943	0.9945	0.9946	0.9948	0.9949	0.9951	0.9952
2.6	0.9953	0.9955	0.9956	0.9957	0.9959	0.9960	0.9961	0.9962	0.9963	0.9964
2.7	0.9965	0.9966	0.9967	0.9968	0.9969	0.9970	0.9971	0.9972	0.9973	0.9974
2.8	0.9974	0.9975	0.9976	0.9977	0.9977	0.9978	0.9979	0.9979	0.9980	0.9981
2.9	0.9981	0.9982	0.9982	0.9983	0.9984	0.9984	0.9985	0.9985	0.9986	0.9986
3.0	0.9987	0.9987	0.9987	0.9988	0.9988	0.9989	0.9989	0.9989	0.9990	0.9990

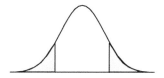

表 C2 t 分布 t 值表(双尾)

df	α								
	0.5	0.4	0.3	0.2	0.1	0.05	0.02	0.01	0.001
1	1.000	1.376	1.963	3.078	6.314	12.706	31.821	63.657	636.619
2	0.816	1.061	1.386	1.886	2.920	4.303	6.965	9.925	31.598
3	0.765	0.978	1.250	1.638	2.353	3.182	4.541	5.841	12.924
4	0.741	0.941	1.191	1.533	2.132	2.776	3.747	4.604	8.610
5	0.727	0.920	1.156	1.476	2.015	2.571	3.365	4.032	6.959
6	0.718	0.906	1.134	1.440	1.943	2.447	3.143	3.707	5.959
7	0.711	0.896	1.119	1.415	1.895	2.365	2.998	3.499	5.405
8	0.706	0.889	1.108	1.397	1.860	2.306	2.896	3.355	5.041
9	0.703	0.883	1.100	1.383	1.833	2.262	2.821	3.250	4.781
10	0.700	0.879	1.093	1.372	1.812	2.228	2.764	3.196	4.587
11	0.697	0.876	1.088	1.363	1.796	2.201	2.718	3.106	4.437
12	0.695	0.873	1.083	1.356	1.782	2.179	2.681	3.055	4.318
13	0.694	0.870	1.079	1.350	1.771	2.160	2.650	3.012	4.221
14	0.692	0.868	1.076	1.345	1.761	2.145	2.624	2.977	4.140
15	0.691	0.866	1.074	1.341	1.753	2.131	2.602	2.947	4.073
16	0.690	0.865	1.071	1.337	1.746	2.120	2.583	2.921	4.015
17	0.689	0.863	1.069	1.333	1.740	2.110	2.567	2.898	3.965
18	0.688	0.802	1.067	1.330	1.734	2.101	2.552	2.878	3.922
19	0.688	0.861	1.066	1.328	1.729	2.093	2.539	2.861	3.883
20	0.687	0.860	1.064	1.325	1.725	2.086	2.528	2.845	3.850
21	0.686	0.859	1.063	1.323	1.721	2.080	2.518	2.831	3.819
22	0.686	0.858	1.061	1.321	1.717	2.074	2.508	2.819	3.792
23	0.685	0.858	1.060	1.319	1.714	2.069	2.500	2.807	3.767
24	0.685	0.857	1.059	1.318	1.711	2.064	2.492	2.797	3.745
25	0.684	0.856	1.058	1.316	1.708	2.060	2.485	2.787	3.725
26	0.684	0.856	1.058	1.315	1.706	2.056	2.479	2.779	3.707
27	0.684	0.855	1.057	1.314	1.703	2.052	2.473	2.771	3.690
28	0.683	0.855	1.056	1.313	1.701	2.048	2.465	2.763	3.674
29	0.683	0.854	1.055	1.311	1.699	2.045	2.462	2.756	3.659
30	0.683	0.854	1.055	1.310	1.697	2.042	2.457	2.750	3.646
40	0.681	0.851	1.050	1.303	1.684	2.021	2.423	2.704	3.551
60	0.679	0.848	1.046	1.296	1.671	2.000	2.390	2.660	3.460
120	0.677	0.845	1.041	1.289	1.658	1.980	2.358	2.617	3.373
∞	0.674	0.842	1.036	1.282	1.645	1.960	2.326	2.576	3.291

表C3　χ^2 值表

df	0.01	0.025	0.05	0.10	0.90	0.95	0.975	0.99	0.995
1	—	—	—	—	2.71	3.84	5.02	6.63	7.88
2	0.0201	0.0506	0.103	0.211	4.61	5.99	7.38	9.21	10.60
3	0.115	0.216	0.352	0.584	6.25	7.81	9.35	11.30	12.80
4	0.297	0.484	0.711	1.06	7.78	9.49	11.10	13.30	14.90
5	0.554	0.831	1.15	1.61	9.24	11.10	12.80	15.10	16.70
6	0.872	1.24	1.64	2.20	10.60	12.60	14.40	16.80	18.50
7	1.24	1.69	2.17	2.83	12.00	14.10	16.00	18.50	20.30
8	1.65	2.18	2.73	3.49	13.40	15.50	17.50	20.10	22.00
9	2.09	2.70	3.33	4.17	14.70	16.90	19.00	21.70	23.60
10	2.56	3.25	3.94	4.87	16.00	18.30	20.50	23.20	25.20
11	3.05	3.82	4.57	5.58	17.30	19.70	21.90	24.70	26.80
12	3.57	4.40	5.23	6.30	18.50	21.00	23.30	26.20	28.30
13	4.11	5.01	5.89	7.04	19.80	22.40	24.70	27.70	29.80
14	4.66	5.63	6.57	7.79	21.10	23.70	26.10	29.10	31.30
15	5.23	6.26	7.26	8.55	322.30	25.00	27.50	30.60	32.80
16	5.81	6.91	7.96	9.31	23.50	26.30	28.80	32.00	34.30
17	6.41	7.56	8.67	10.10	24.80	27.60	30.20	33.40	35.70
18	7.01	8.23	9.39	10.90	26.00	28.90	31.50	34.80	37.20
19	7.63	8.91	10.10	11.70	27.20	30.10	32.90	36.20	38.60
20	8.26	9.59	10.90	12.40	28.40	31.40	34.20	37.60	40.00
21	8.90	10.30	11.60	13.20	29.60	32.70	35.50	38.90	41.40
22	9.54	11.00	12.30	14.00	30.80	33.90	36.80	40.30	42.80
23	10.20	11.70	13.10	14.80	32.00	35.20	38.10	41.60	44.20
24	10.90	12.40	13.80	15.70	33.20	36.40	39.40	43.00	45.60
25	11.50	13.10	14.60	16.50	34.40	37.70	40.60	44.30	46.90
26	12.20	13.80	15.40	17.30	35.60	38.90	41.90	45.60	48.30
27	12.90	14.60	16.20	18.10	36.70	40.10	43.20	47.00	49.60
28	13.60	15.30	16.90	18.90	37.90	41.30	44.50	48.30	51.00
29	14.30	16.00	17.70	19.80	39.10	42.60	45.70	49.60	52.30
30	15.00	16.80	18.50	20.60	40.30	43.80	47.00	50.90	53.70

表 C4　F 分布函数表

						$P[F(df_1, df_2)] \leqslant 0.95$							
df_2 \ df_1	1	2	3	4	5	6	7	8	9	10	12	15
1	161.00	200.00	216.00	225.00	230.00	234.00	237.00	239.00	241.00	242.00	244.00	246.00
2	18.50	19.00	19.20	19.20	19.30	19.30	19.40	19.40	19.40	19.40	19.40	19.40
3	10.10	9.55	9.28	9.12	9.01	8.94	8.89	8.85	8.81	8.79	8.74	8.70
4	7.71	6.94	6.59	6.39	6.26	6.16	6.09	6.04	6.00	5.96	5.91	5.86
5	6.61	5.79	5.41	5.19	5.05	4.95	4.88	4.82	4.77	4.74	4.68	4.62
6	5.99	5.14	4.76	4.53	4.39	4.28	4.21	4.15	4.10	4.06	4.00	3.94
7	5.59	4.74	4.35	4.12	3.97	3.87	3.79	3.73	3.68	3.64	3.57	3.51
8	5.32	4.46	4.07	3.84	3.69	3.58	3.50	3.44	3.39	3.35	3.28	3.22
9	5.12	4.26	3.86	3.63	3.48	3.37	3.29	3.23	3.18	3.14	3.07	3.01
10	4.96	4.10	3.71	3.48	3.33	3.22	3.14	3.07	3.02	2.98	2.91	2.85
11	4.84	3.98	3.59	3.36	3.20	3.09	3.01	2.95	2.90	2.85	2.79	2.72
12	4.75	3.89	3.49	3.26	3.11	3.00	2.91	2.85	2.80	2.75	2.69	2.62
13	4.67	3.81	3.41	3.18	3.03	2.92	2.83	2.77	2.71	2.67	2.60	2.53
14	4.60	3.74	3.34	3.11	2.96	2.85	2.76	2.70	2.65	2.60	2.53	2.46
15	4.54	3.68	3.29	3.06	2.90	2.79	2.71	2.64	2.59	2.54	2.48	2.40
16	4.49	3.63	3.24	3.01	2.85	2.74	2.66	2.59	2.54	2.49	2.42	2.35
17	4.45	3.59	3.20	2.96	2.81	2.70	2.61	2.55	2.49	2.45	2.38	2.31
18	4.41	3.55	3.16	2.93	2.77	2.66	2.58	2.51	2.46	2.41	2.34	2.27
19	4.38	3.52	3.13	2.90	2.74	2.63	2.54	2.48	2.42	2.38	2.31	2.23
20	4.35	3.49	3.10	2.87	2.71	2.60	2.51	2.45	2.39	2.35	2.28	2.20
100	3.94	3.09	2.70	2.46	2.31	2.19	2.10	2.03	1.97	1.93	1.85	1.77
∞	3.84	3.00	2.60	2.37	2.21	2.10	2.01	1.94	1.88	1.83	1.75	1.67

						$P[F(df_1, df_2)] \leqslant 0.95$					
df_2 \ df_1	18	20	24	25	30	40	50	60	90	120	∞
1	247.00	248.00	249.00	249.00	250.00	251.00	252.00	252.00	253.00	253.00	254.00
2	19.40	19.50	19.50	19.50	19.50	19.50	19.50	19.50	19.50	19.50	19.50
3	8.67	8.66	8.64	8.63	8.62	8.59	8.58	8.57	8.66	8.55	8.53
4	5.82	5.80	5.77	5.77	5.75	5.72	5.70	5.69	5.67	5.66	5.63
5	4.58	4.56	4.53	4.52	4.50	4.46	4.44	4.43	4.41	4.40	4.37
6	3.90	3.87	3.84	3.83	3.81	3.77	3.75	3.74	3.72	3.70	3.67
7	3.47	3.44	3.41	3.40	3.38	3.34	3.32	3.30	3.28	3.27	3.23
8	3.17	3.15	3.12	3.11	3.08	3.04	3.02	3.01	2.98	2.97	2.93

$P[F(df_1,df_2)]\leqslant 0.95$

df_2 \ df_1	18	20	24	25	30	40	50	60	90	120	∞
9	2.96	2.94	2.90	2.89	2.86	2.83	2.80	2.79	2.76	2.75	2.71
10	2.80	2.77	2.74	2.73	2.70	2.66	2.64	2.62	2.59	2.58	2.54
11	2.67	2.65	2.61	2.60	2.57	2.53	2.51	2.49	2.46	2.45	2.40
12	2.57	2.54	2.51	2.50	2.47	2.43	2.40	2.38	2.36	2.34	2.30
13	2.48	2.46	2.42	2.41	2.38	2.34	2.31	2.30	2.27	2.25	2.21
14	2.41	2.39	2.35	2.34	2.31	2.27	2.24	2.22	2.19	2.18	2.13
15	2.35	2.33	2.29	2.28	2.25	2.20	2.18	2.16	2.13	2.11	2.07
16	2.30	2.28	2.24	2.23	2.19	2.15	2.12	2.11	2.07	2.06	2.01
17	2.26	2.23	2.19	2.18	2.15	2.10	2.08	2.06	2.03	2.01	1.96
18	2.22	2.19	2.15	2.14	2.11	2.06	2.04	2.02	1.98	1.97	1.92
19	2.18	2.16	2.11	2.11	2.07	2.03	2.00	1.98	1.95	1.93	1.88
20	2.15	2.12	2.08	2.07	2.04	1.99	1.97	1.95	1.91	1.90	1.84
100	1.71	1.68	1.63	1.62	1.57	1.52	1.48	1.45	1.40	1.38	1.28
∞	1.60	1.57	1.52	1.51	1.46	1.39	1.35	1.32	1.26	1.22	1.00

$P[F(df_1,df_2)]\leqslant 0.975$

df_2 \ df_1	1	2	3	4	5	6	7	8	9	10	12	15
1	648.00	800.00	864.00	900.00	922.00	937.00	948.00	956.00	963.00	969.00	977.00	985.00
2	38.50	39.00	39.20	39.30	39.30	39.30	39.40	39.40	39.40	39.40	39.40	39.40
3	17.40	16.00	15.40	15.10	14.90	14.70	14.60	14.50	14.50	14.40	14.30	14.30
4	12.20	10.70	9.98	9.60	9.36	9.20	9.07	8.98	8.90	8.84	8.75	8.66
5	10.00	8.43	7.76	7.39	7.15	6.98	6.85	6.76	6.68	6.62	6.52	6.43
6	8.81	7.26	6.60	6.23	5.99	5.82	5.70	5.60	5.52	5.46	5.37	5.27
7	8.07	6.54	5.89	5.52	5.29	5.12	4.99	4.90	4.82	4.76	4.67	4.57
8	7.57	6.06	5.42	5.05	4.82	4.65	4.53	4.43	4.36	4.30	4.20	4.10
9	7.21	5.71	5.08	4.72	4.48	4.32	4.20	4.10	4.03	3.96	3.87	3.77
10	6.94	5.46	4.83	4.47	4.24	4.07	3.95	3.85	3.78	3.72	3.62	3.52
11	6.72	5.26	4.63	4.28	4.04	3.88	3.76	3.66	3.59	3.53	3.43	3.33
12	6.55	5.10	4.47	4.12	3.89	3.73	3.61	3.51	3.44	3.37	3.28	3.18
13	6.41	4.97	4.35	4.00	3.77	3.60	3.48	3.39	3.31	3.25	3.15	3.05
14	6.30	4.86	4.24	3.89	3.66	3.50	3.38	3.29	3.21	3.15	3.05	2.95
15	6.20	4.77	4.15	3.80	3.58	3.41	3.29	3.20	3.12	3.06	2.96	2.86
16	6.12	4.69	4.08	3.73	3.50	3.34	3.22	3.12	3.05	2.99	2.89	2.79
17	6.04	4.62	4.01	3.66	3.44	3.28	3.16	3.06	2.98	2.92	2.82	2.72
18	5.98	4.56	3.95	3.61	3.38	3.22	3.10	3.01	2.93	2.87	2.77	2.67
19	5.92	4.51	3.90	3.56	3.33	3.17	3.05	2.96	2.88	2.82	2.72	2.62
20	5.87	4.46	3.86	3.51	3.29	3.13	3.01	2.91	2.84	2.77	2.68	2.57
100	5.18	3.83	3.25	2.92	2.70	2.54	2.42	2.32	2.24	2.18	2.08	1.97
∞	5.02	3.69	3.12	2.79	2.57	2.41	2.29	2.19	2.11	2.05	1.94	1.83

$P[F(df_1, df_2)] \leqslant 0.975$											
df_2 \ df_1	18	20	24	25	30	40	50	60	90	120	∞
1	990.30	993.10	997.30	998.10	1001.00	1006.00	1008.00	1010.00	1013.00	1014.00	1018.00
2	39.44	39.45	39.46	39.46	39.46	39.47	39.48	39.48	39.49	39.49	39.50
3	14.20	14.17	14.12	14.12	14.08	14.04	14.01	13.99	13.96	13.95	13.90
4	8.59	8.56	8.51	8.50	8.46	8.41	8.38	8.36	8.33	8.31	8.26
5	6.36	6.33	6.28	6.27	6.23	6.18	6.14	6.12	6.09	6.07	6.02
6	5.20	5.17	5.12	5.11	5.07	5.01	4.98	4.96	4.92	4.90	4.85
7	4.50	4.47	4.41	4.40	4.36	4.31	4.28	4.25	4.22	4.20	4.14
8	4.03	4.00	3.95	3.94	3.89	3.84	3.81	3.78	3.75	3.73	3.67
9	3.70	3.67	3.61	3.60	3.56	3.51	3.47	3.45	3.41	3.39	3.33
10	3.45	3.42	3.37	3.35	3.31	3.26	3.22	3.20	3.16	3.14	3.08
11	3.26	3.23	3.17	3.16	3.12	3.06	3.03	3.00	2.96	2.94	2.88
12	3.11	3.07	3.02	3.01	2.96	2.91	2.87	2.85	2.81	2.79	2.72
13	2.98	2.95	2.89	2.88	2.84	2.78	2.74	2.72	2.68	2.66	2.60
14	2.88	2.84	2.79	2.78	2.73	2.67	2.64	2.61	2.57	2.55	2.49
15	2.79	2.76	2.70	2.69	2.64	2.59	2.55	2.52	2.48	2.46	2.40
16	2.72	2.68	2.63	2.61	2.57	2.51	2.47	2.45	2.40	2.38	2.32
17	2.65	2.62	2.56	2.55	2.50	2.44	2.41	2.38	2.34	2.32	2.25
18	2.60	2.56	2.50	2.49	2.44	2.38	2.35	2.32	2.28	2.26	2.19
19	2.55	2.51	2.45	2.44	2.39	2.33	2.30	2.27	2.23	2.20	2.13
20	2.50	2.46	2.41	2.40	2.35	2.29	2.25	2.22	2.18	2.16	2.09
100	1.89	1.85	1.78	1.77	1.71	1.64	1.59	1.56	1.50	1.46	1.35
∞	1.75	1.71	1.64	1.63	1.57	1.48	1.43	1.39	1.31	1.27	1.00

$P[F(df_1, df)_2] \leqslant 0.99$											
df_2 \ df_1	1	2	3	4	5	6	7	8	9	10	12	15
1	4052.00	4999.00	5404.00	5624.00	5764.00	5859.00	5928.00	5981.00	6022.00	6056.00	6107.00	6157.00
2	98.50	99.00	99.20	99.20	99.30	99.30	99.40	99.40	99.40	99.40	99.40	99.40
3	34.10	30.80	29.50	28.70	28.20	27.90	27.70	27.50	27.30	27.20	27.10	26.90
4	21.20	18.00	16.70	16.00	15.50	15.20	15.00	14.80	14.70	14.50	14.40	14.20
5	16.30	13.30	12.10	11.40	11.00	10.70	10.50	10.30	10.20	10.10	9.89	9.72
6	13.70	10.90	9.78	9.15	8.75	8.47	8.26	8.10	7.98	7.87	7.72	7.56
7	12.20	9.55	8.45	7.85	7.46	7.19	6.99	6.84	6.72	6.62	6.47	6.31
8	11.30	8.65	7.59	7.01	6.63	6.37	6.18	6.03	5.91	5.81	5.67	5.52
9	10.60	8.02	6.99	6.42	6.06	5.80	5.61	5.47	5.35	5.26	5.11	4.96

$P[F(df_1,df_2)]\leqslant0.99$											

df_2 \ df_1	1	2	3	4	5	6	7	8	9	10	12	15
10	10.00	7.56	6.55	5.99	5.64	5.39	5.20	5.06	4.94	4.85	4.71	4.56
11	9.65	7.21	6.22	5.67	5.32	5.07	4.89	4.74	4.63	4.54	4.40	4.25
12	9.33	6.93	5.95	5.41	5.06	4.82	4.64	4.50	4.39	4.30	4.16	4.01
13	9.07	6.70	5.74	5.21	4.86	4.62	4.44	4.30	4.19	4.10	3.96	3.82
14	8.86	6.51	5.56	5.04	4.70	4.46	4.28	4.14	4.03	3.94	3.80	3.66
15	8.68	6.36	5.42	4.89	4.56	4.32	4.14	4.00	3.89	3.80	3.67	3.52
16	8.53	6.23	5.29	4.77	4.44	4.20	4.03	3.89	3.78	3.69	3.55	3.41
17	8.40	6.11	5.18	4.67	4.34	4.10	3.93	3.79	3.68	3.59	3.46	3.31
18	8.29	6.01	5.09	4.58	4.25	4.01	3.84	3.71	3.60	3.51	3.37	3.23
19	8.18	5.93	5.01	4.50	4.17	3.94	3.77	3.63	3.52	3.43	3.30	3.15
20	8.10	5.85	4.94	4.43	4.10	3.87	3.70	3.56	3.46	3.37	3.23	3.09
100	6.90	4.82	3.98	3.51	3.21	2.99	2.82	2.69	1.59	1.50	3.37	2.22
∞	6.63	4.61	3.78	3.32	3.02	2.80	2.64	2.51	2.41	2.32	2.18	2.04

$P[F(df_1,df_2)]\leqslant0.99$											

df_2 \ df_1	18	20	24	25	30	40	50	60	90	120	∞
1	6191	6209	6234	6240	6260	6286	6302	6313	6331	6340	6366
2	99.44	99.45	99.46	99.47	99.48	99.48	99.48	99.49	99.49	99.49	99.50
3	26.75	26.69	26.60	26.58	26.50	26.41	26.35	26.32	26.25	26.22	26.13
4	14.08	14.02	13.93	13.91	13.84	13.75	13.69	13.65	13.59	13.56	13.46
5	9.61	9.55	9.47	9.45	9.38	9.29	9.24	9.20	9.14	9.11	9.02
6	7.45	7.40	7.31	7.30	7.23	7.14	7.09	7.06	7.00	6.97	6.88
7	6.21	6.16	6.07	6.06	5.99	5.91	5.86	5.82	5.77	5.74	5.65
8	5.41	5.36	5.28	5.26	5.20	5.12	5.07	5.03	4.97	4.95	4.86
9	4.86	4.81	4.73	4.71	4.65	4.57	4.52	4.48	4.43	4.40	4.31
10	4.46	4.41	4.33	4.31	4.25	4.17	4.12	4.08	4.03	4.00	3.91
11	4.15	4.10	4.02	4.01	3.94	3.86	3.81	3.78	3.72	3.69	3.60
12	3.91	3.86	3.78	3.76	3.70	3.62	3.57	3.54	3.48	3.45	3.36
13	3.72	3.66	3.59	3.57	3.51	3.43	3.38	3.34	3.28	3.25	3.17
14	3.56	3.51	3.43	3.41	3.35	3.27	3.22	3.18	3.12	3.09	3.00
15	3.42	3.37	3.29	3.28	3.21	3.13	3.08	3.05	2.99	2.96	2.87
16	3.31	3.26	3.18	3.16	3.10	3.02	2.97	2.93	2.87	2.84	2.75
17	3.21	3.16	3.08	3.07	3.00	3.92	2.87	2.83	2.78	2.75	2.65
18	3.13	3.08	3.00	2.98	2.92	2.84	2.78	2.75	2.69	2.66	2.57
19	3.05	3.00	2.92	2.91	2.84	2.76	2.71	2.67	2.61	2.58	2.49
20	2.99	2.94	2.86	2.84	2.78	2.69	2.64	2.61	2.55	2.52	2.42
100	2.12	2.07	1.98	1.97	1.89	1.80	1.74	1.69	1.61	1.57	1.43
∞	1.93	1.88	1.79	1.77	1.70	1.59	1.52	1.47	1.38	1.32	1.00

表 C5 邓肯氏复极差检验临界值表

df	α	P										
		2	3	4	5	6	7	8	9	10	12	14
1	0.05	18.00	18.00	18.00	18.00	18.00	18.00	18.00	18.00	18.00	18.00	18.00
	0.01	90.00	90.00	90.00	90.00	90.00	90.00	90.00	90.00	90.00	90.00	90.00
2	0.05	6.09	6.09	6.09	6.09	6.09	6.09	6.09	6.09	6.09	6.09	6.09
	0.01	14.00	14.00	14.00	14.00	14.00	14.00	14.00	14.00	14.00	14.00	14.00
3	0.05	4.50	4.50	4.50	4.50	4.50	4.50	4.50	4.50	4.50	4.50	4.50
	0.01	8.26	8.50	8.60	8.70	8.80	8.90	8.90	9.00	9.00	9.00	9.10
4	0.05	3.93	4.01	4.02	4.02	4.02	4.02	4.02	4.02	4.02	4.02	4.02
	0.01	6.51	6.80	6.90	7.00	7.10	7.10	7.20	7.20	7.30	7.30	7.40
5	0.05	3.64	3.74	3.79	3.83	3.83	3.83	3.83	3.83	3.83	3.83	3.83
	0.01	5.70	5.96	6.11	6.18	6.26	6.33	6.40	6.44	6.50	6.60	6.60
6	0.05	3.46	3.58	3.64	3.68	3.68	3.68	3.68	3.68	3.68	3.68	3.68
	0.01	5.24	5.51	5.65	5.73	5.81	5.88	6.95	6.00	6.00	6.10	6.20
7	0.05	3.35	3.47	3.54	3.58	3.60	3.61	3.61	3.61	3.61	3.61	3.61
	0.01	4.95	5.22	5.37	5.45	5.53	5.61	5.69	5.73	5.80	5.80	5.90
8	0.05	3.23	3.39	3.47	3.52	3.55	3.56	3.56	3.56	3.56	3.56	3.56
	0.01	4.74	5.00	5.14	5.23	5.23	5.40	5.47	5.51	5.60	5.60	5.70
9	0.05	3.20	3.32	3.41	3.50	3.52	3.52	3.52	3.52	3.52	3.52	3.52
	0.01	4.50	4.88	4.99	5.08	5.17	5.26	5.32	5.36	5.40	5.50	5.50
10	0.05	3.15	3.30	3.37	3.43	3.46	3.47	3.47	3.47	3.47	3.47	3.47
	0.01	4.48	4.73	4.88	4.96	5.06	5.13	5.20	5.24	5.28	5.36	5.42
11	0.05	3.11	3.27	3.35	3.39	3.43	3.44	3.45	3.46	3.46	3.46	3.46
	0.01	4.39	4.63	4.77	4.86	4.94	5.01	5.06	5.12	5.15	5.24	5.28
12	0.05	3.08	3.23	3.33	3.36	3.40	3.42	3.44	3.44	3.45	3.46	3.46
	0.01	4.32	4.55	4.68	4.76	4.84	4.92	4.96	5.02	5.07	5.13	5.17
13	0.05	3.06	3.21	3.30	3.35	3.38	3.41	3.42	3.44	3.45	3.45	3.46
	0.01	4.26	4.48	4.62	4.69	4.74	4.84	4.88	4.94	4.98	5.04	5.08
14	0.05	3.03	3.18	3.27	3.33	3.37	3.39	3.41	3.42	3.44	3.45	3.46
	0.01	4.21	4.42	4.55	4.63	4.70	4.78	4.83	4.87	4.91	4.96	5.00
15	0.05	3.01	3.16	3.26	3.31	3.36	3.38	3.40	3.42	3.43	3.44	3.45
	0.01	4.17	4.37	4.50	4.58	4.64	4.72	4.77	4.81	4.84	4.90	4.94
16	0.05	3.00	3.15	3.23	3.30	3.34	3.37	3.39	3.41	3.43	3.44	3.45
	0.01	4.13	4.34	4.45	4.54	4.60	4.67	4.72	4.76	4.79	4.84	4.88
17	0.05	2.98	3.13	3.22	3.28	3.33	3.36	3.38	3.40	3.42	3.44	3.45
	0.01	4.10	4.30	4.41	4.50	4.56	4.63	4.68	4.72	4.75	4.80	4.83

续表

df	α	P										
		2	3	4	5	6	7	8	9	10	12	14
18	0.05	2.97	3.12	3.21	3.27	3.32	3.35	3.37	3.39	3.41	3.43	3.45
	0.01	4.07	4.27	4.38	4.46	4.53	4.59	4.64	4.68	4.71	4.76	4.79
19	0.05	2.96	3.11	3.19	3.26	3.31	3.35	3.37	3.39	3.41	3.43	3.44
	0.01	4.05	4.24	4.35	4.43	4.50	4.56	4.61	4.64	4.67	4.72	4.76
20	0.05	2.95	3.18	3.18	3.25	3.30	3.34	3.36	3.38	3.40	3.43	3.44
	0.01	4.02	4.22	4.33	4.40	4.47	4.53	4.58	4.61	4.65	4.69	4.73
22	0.05	2.93	3.08	3.17	3.24	3.29	3.32	3.35	3.37	3.39	3.42	3.44
	0.01	4.49	4.17	4.28	4.36	4.42	4.48	4.53	4.57	4.60	4.65	4.68
24	0.05	2.92	3.07	3.15	3.22	3.28	3.31	3.34	3.37	3.38	3.41	3.44
	0.01	3.96	4.14	4.24	4.33	4.39	4.44	4.49	4.53	4.57	4.62	4.64
26	0.05	2.91	3.06	3.14	3.21	3.27	3.30	3.34	3.36	3.38	3.41	3.43
	0.01	3.93	4.11	4.21	4.30	4.36	4.41	4.46	4.50	4.53	4.58	4.62
28	0.05	2.93	3.04	3.13	3.20	3.26	3.30	3.33	3.35	3.37	3.40	3.43
	0.01	3.91	4.08	4.18	4.28	4.34	4.39	4.43	4.47	4.51	4.56	4.60
30	0.05	2.89	3.04	3.12	3.20	3.25	3.29	3.32	3.35	3.37	3.40	3.43
	0.01	3.89	4.06	4.16	4.22	4.32	4.32	4.41	4.45	4.48	4.54	4.58
40	0.05	2.86	3.01	3.10	3.17	3.22	3.27	3.30	3.33	3.35	3.39	3.42
	0.01	3.82	3.99	4.10	4.17	4.24	4.30	4.34	4.37	4.41	4.46	4.51
60	0.05	2.83	2.98	3.08	3.14	3.20	3.24	3.28	3.31	3.33	3.37	3.40
	0.01	3.76	3.92	4.03	4.12	4.17	4.23	4.27	4.31	4.34	4.39	4.44
100	0.05	2.80	2.95	3.05	3.12	3.18	3.22	3.26	3.29	3.32	3.36	3.40
	0.01	3.71	3.86	3.98	4.06	4.11	4.17	4.21	4.25	4.29	4.35	4.36
∞	0.05	2.77	2.92	3.02	3.09	3.15	3.19	3.23	3.26	3.29	3.34	3.38
	0.01	3.64	3.80	3.90	3.96	4.04	4.09	4.14	4.17	4.20	4.26	4.31

表 C6 相关系数显著性检验表

自由度 df	α	变量的数目				自由度 df	α	变量的数目			
		2	3	4	5			2	3	4	5
1	0.05	0.997	0.999	0.999	0.999	19	0.05	0.433	0.520	0.575	0.615
	0.01	1.000	1.000	1.000	1.000		0.01	0.549	0.620	0.665	0.698
2	0.05	0.950	0.957	0.983	0.987	20	0.05	0.423	0.509	0.563	0.604
	0.01	0.990	0.995	0.997	0.998		0.01	0.537	0.608	0.652	0.685
3	0.05	0.878	0.930	0.950	0.961	21	0.05	0.413	0.493	0.522	0.592
	0.01	0.959	0.976	0.983	0.987		0.01	0.526	0.596	0.641	0.674
4	0.05	0.811	0.881	0.912	0.930	22	0.05	0.404	0.488	0.542	0.582
	0.01	0.917	0.949	0.962	0.970		0.01	0.515	0.585	0.630	0.663
5	0.05	0.754	0.836	0.874	0.898	23	0.05	0.396	0.479	0.532	0.572
	0.01	0.875	0.917	0.937	0.949		0.01	0.505	0.574	0.619	0.652
6	0.05	0.707	0.795	0.839	0.867	24	0.05	0.388	0.470	0.523	0.562
	0.01	0.834	0.886	0.911	0.927		0.01	0.496	0.565	0.609	0.642
7	0.05	0.666	0.758	0.807	0.838	25	0.05	0.381	0.462	0.541	0.553
	0.01	0.798	0.855	0.885	0.904		0.01	0.487	0.555	0.600	0.633
8	0.05	0.632	0.726	0.777	0.811	26	0.05	0.374	0.454	0.506	0.545
	0.01	0.765	0.827	0.860	0.882		0.01	0.478	0.546	0.590	0.624
9	0.05	0.602	0.697	0.750	0.786	27	0.05	0.367	0.446	0.498	0.536
	0.01	0.735	0.800	0.836	0.861		0.01	0.470	0.538	0.582	0.615
10	0.05	0.576	0.671	0.726	0.763	28	0.05	0.361	0.439	0.490	0.529
	0.01	0.708	0.776	0.814	0.840		0.01	0.463	0.530	0.573	0.606
11	0.05	0.553	0.648	0.703	0.741	29	0.05	0.355	0.432	0.482	0.521
	0.01	0.684	0.753	0.793	0.821		0.01	0.456	0.522	0.565	0.598
12	0.05	0.532	0.627	0.683	0.722	30	0.05	0.349	0.426	0.476	0.514
	0.01	0.661	0.732	0.773	0.802		0.01	0.449	0.514	0.558	0.591
13	0.05	0.514	0.608	0.664	0.703	35	0.05	0.325	0.397	0.445	0.482
	0.01	0.614	0.712	0.755	0.785		0.01	0.418	0.431	0.532	0.556
14	0.05	0.497	0.590	0.646	0.686	40	0.05	0.304	0.373	0.419	0.455
	0.01	0.623	0.694	0.737	0.768		0.01	0.393	0.454	0.494	0.526
15	0.05	0.482	0.574	0.630	0.670	45	0.05	0.288	0.353	0.397	0.432
	0.01	0.606	0.677	0.721	0.752		0.01	0.372	0.430	0.470	0.501
16	0.05	0.468	0.559	0.615	0.655	50	0.05	0.273	0.336	0.379	0.412
	0.01	0.590	0.662	0.706	0.738		0.01	0.354	0.410	0.449	0.479
17	0.05	0.456	0.545	0.601	0.641	60	0.05	0.250	0.308	0.348	0.380
	0.01	0.575	0.647	0.691	0.724		0.01	0.325	0.377	0.414	0.442
18	0.05	0.444	0.532	0.587	0.628	70	0.05	0.514	0.608	0.664	0.703
	0.01	0.561	0.633	0.678	0.710		0.01	0.614	0.712	0.755	0.785

续表

自由度 df	α	变量的数目				自由度 df	α	变量的数目			
		2	3	4	5			2	3	4	5
80	0.05	0.217	0.269	0.304	0.332	200	0.05	0.133	0.172	0.196	0.215
	0.01	0.283	0.230	0.362	0.389		0.01	0.181	0.010	0.212	0.234
90	0.05	0.205	0.254	0.288	0.315	300	0.05	0.113	0.141	0.160	0.176
	0.01	0.207	0.312	0.343	0.368		0.01	0.148	0.174	0.192	0.208
100	0.05	0.195	0.241	0.274	0.300	400	0.05	0.098	0.122	0.139	0.153
	0.01	0.254	0.297	0.327	0.351		0.01	0.128	0.151	0.167	0.180
125	0.05	0.174	0.216	0.246	0.269	500	0.05	0.088	0.109	0.124	0.137
	0.01	0.228	0.266	0.294	0.316		0.01	0.115	0.135	0.150	0.162
150	0.05	0.159	0.198	0.255	0.247	1000	0.05	0.020	0.077	0.088	0.097
	0.01	0.208	0.244	0.270	0.290		0.01	0.081	0.096	0.106	0.115

附录 D　平衡不完全区组设计表

设计 1　$v=4$, $k=2$, $r=3$, $b=6$, $\lambda=1$

I	II	III
1 2	1 3	1 4
3 4	2 4	2 3

设计 3　$v=5$, $k=2$, $r=4$, $b=10$, $\lambda=1$

I II	III IV
1 2	1 3
2 3	2 4
3 4	3 5
4 5	4 1
5 1	5 2

设计 4　$v=5$, $k=3$, $r=6$, $b=10$, $\lambda=3$

I II III	IV V VI
1 2 3	1 2 4
2 3 4	2 3 5
3 4 5	3 4 1
4 5 1	4 5 2
5 1 2	5 1 3

设计 6　$v=6$, $k=2$, $r=5$, $b=15$, $\lambda=1$

I	II	III	IV	V
1 2	1 3	1 4	1 5	1 6
3 4	2 5	2 6	2 4	2 3
5 6	4 6	3 5	3 6	4 5

设计 7　$v=6$, $k=3$, $r=5$, $b=10$, $\lambda=2$

1 2 5	2 3 4
1 2 6	2 3 5
1 3 4	2 4 6
1 3 6	3 5 6
1 4 5	4 5 6

设计 8　$v=6$, $k=3$, $r=10$, $b=20$, $\lambda=4$

I	II	III	IV	V
1 2 3	1 2 4	1 2 5	1 2 6	1 3 4
4 5 6	3 5 6	3 4 6	3 4 5	2 5 6

VI	VII	VIII	IX	X
1 3 5	1 3 6	1 4 5	1 4 6	1 5 6
2 4 6	2 4 5	2 3 6	2 3 5	2 3 4

设计 11　$v=7$, $k=2$, $r=6$, $b=21$, $\lambda=1$

I II	III IV	V VI
1 2	1 3	1 4
2 3	2 4	2 5
3 4	3 5	3 6
4 5	4 6	4 7
5 6	5 7	5 1
6 7	6 1	6 2
7 1	7 2	7 3

设计 12　$v=7$, $k=3$, $r=3$, $b=7$, $\lambda=1$

1	2	4
2	3	5
3	4	6
5	6	1
6	7	2
7	1	3

设计 13　$v=7$, $k=4$, $r=4$, $b=7$, $\lambda=2$

1	2	3	6
2	3	4	7
3	4	5	1
4	5	6	2
5	6	7	3
6	7	1	4
7	1	2	5

设计 15　$v=8$, $k=2$, $r=7$, $b=28$, $\lambda=1$

I	II	III	IV
1 2	1 3	1 4	1 5
3 4	2 8	2 7	2 3
5 6	4 5	3 6	4 7
7 8	6 7	5 8	6 8

V	VI	VII
1 6	1 7	1 8
2 4	2 6	2 5
3 8	3 5	3 7
5 7	4 8	4 6

续表

设计 8 $v=6$, $k=4$, $r=10$, $b=15$, $\lambda=6$

I，II	III，IV	V，VI	VII，VIII	IX，X
1 2 3 4	1 2 3 5	1 2 3 6	1 2 4 5	1 2 5 6
1 4 5 6	1 2 4 6	1 3 4 5	1 3 5 6	1 3 4 6
2 3 5 6	3 4 5 6	2 4 5 6	2 3 4 6	2 3 4 5

设计 16 $v=8$, $k=4$, $r=7$, $b=14$, $\lambda=3$

I	II	III	IV
1 2 3 4	1 2 5 6	1 2 7 8	1 3 5 7
5 6 7 8	3 4 7 8	3 4 5 6	2 4 6 8

V	VI	VII
1 3 6 8	1 4 5 8	1 4 6 7
2 4 5 7	2 3 6 7	2 3 5 8

设计 18 $v=9$, $k=2$, $r=8$, $b=36$, $\lambda=1$

I II	III IV	V VI	VII VIII
1 2	1 3	1 4	1 5
2 3	2 4	2 5	2 6
3 4	3 5	3 6	3 7
4 5	4 6	4 7	4 8
5 6	5 7	5 8	5 9
6 7	6 8	6 9	6 1
7 8	7 9	7 1	7 2
8 9	8 1	8 2	8 3
9 1	9 2	9 3	9 4

设计 24 $v=10$, $k=2$, $r=9$, $b=45$, $\lambda=1$

I	II	III	IV	V
1 2	1 3	1 4	1 5	1 6
3 4	2 7	2 10	2 8	2 9
5 6	4 8	3 7	3 10	3 8
7 8	5 9	5 8	4 9	4 10
9 10	6 10	6 9	6 7	5 7

VI	VII	VIII	IX
1 7	1 8	1 9	1 10
2 6	2 3	2 4	2 5
3 9	4 6	3 5	3 6
4 5	5 10	6 8	4 7
8 10	7 9	7 10	8 9

设计 19 $v=9$, $k=3$, $r=4$, $b=12$, $\lambda=1$

I	II	III	IV
1 2 3	1 4 7	1 5 9	1 6 8
4 5 6	2 5 8	2 6 7	2 4 9
7 8 9	3 6 9	3 4 8	3 5 7

设计 25 $v=10$, $k=3$, $r=9$, $b=30$, $\lambda=2$

I，II，III	IV，V，VI	VII，VIII，IX
1 2 3	1 2 4	1 3 5
1 4 6	1 5 7	1 6 8
1 7 9	1 8 10	1 9 10
2 5 8	2 3 6	2 4 10
2 8 10	2 5 9	2 6 7
3 4 7	3 4 8	2 7 9
3 9 10	3 7 10	3 5 6
4 6 9	4 5 9	3 8 9
5 6 10	6 7 10	4 5 10
5 7 8	6 8 9	4 7 8

设计 20 $v=9$, $k=4$, $r=8$, $b=18$, $\lambda=3$

I，II，III，IV	V，VI，VII，VIII
1 2 3 5	1 4 5 8
2 3 4 6	2 5 6 9
3 4 5 7	3 6 7 1
4 5 6 8	4 7 8 2
5 6 7 9	5 8 9 3
6 7 8 1	6 9 1 4
7 8 9 2	7 1 2 5
8 9 1 3	8 2 3 6
9 1 2 4	9 3 4 7

续表

设计 21　$v=9$, $k=5$, $r=10$, $b=18$, $\lambda=5$

I	II	III	IV	V
1	2	3	4	8
2	3	4	5	9
3	4	5	6	1
4	5	6	7	2
5	6	7	8	3
6	7	8	9	4
7	8	9	1	5
8	9	1	2	6
9	1	2	3	7

VI	VII	VIII	IX	X
1	2	4	6	7
2	3	5	7	8
3	4	6	8	9
4	5	7	9	1
5	6	8	1	2
6	7	9	2	3
7	8	1	3	4
8	9	2	4	5
9	1	3	5	6

设计 22　$v=9$, $k=6$, $r=8$, $b=12$, $\lambda=5$

I, II					
1	2	3	4	5	6
1	2	3	7	8	9
4	5	6	7	8	9

III, IV					
1	2	4	5	7	8
1	3	4	6	7	9
2	3	5	6	8	9

V, VI					
1	2	4	6	8	9
1	3	5	6	7	8
2	3	4	5	7	9

VII, VIII					
1	2	5	6	7	9
1	3	4	5	8	9
2	3	4	6	7	8

设计 26　$v=10$, $k=4$, $r=6$, $b=15$, $\lambda=2$

I				II				III			
1	2	3	4	1	6	8	10	3	4	5	8
1	2	5	6	2	3	6	9	3	5	9	10
1	3	7	8	2	4	7	10	3	6	7	10
1	4	9	10	2	5	8	10	4	5	6	7
1	5	7	9	2	7	8	9	4	6	8	9

设计 27　$v=10$, $k=5$, $r=9$, $b=18$, $\lambda=4$

I					II					III				
1	2	3	4	5	1	4	5	6	10	2	5	6	8	10
1	2	3	6	7	1	4	8	9	10	2	6	7	9	10
1	2	4	6	9	1	5	7	9	10	3	4	5	7	9
1	2	5	7	8	2	3	4	8	10	3	4	6	7	10
1	3	6	8	9	2	3	5	9	10	3	5	6	8	9
1	3	7	8	10	2	4	7	8	9	4	5	6	7	8

设计 28　$v=10$, $k=6$, $r=9$, $b=15$, $\lambda=5$

I						II						III					
1	2	3	5	7	10	1	3	4	5	6	10	2	3	4	6	8	10
1	2	3	8	9	10	1	3	4	6	7	9	2	3	5	6	7	8
1	2	4	5	8	9	1	3	5	6	8	9	2	4	5	6	9	10
1	2	4	6	7	8	1	4	5	7	8	10	3	4	7	8	9	10
1	2	6	7	9	10	2	3	4	5	7	9	5	6	7	8	9	10

阿拉伯数字表示处理，行表示区组，罗马数字表示重复

附录 E 正 交 表

(1) $m=2$ 的情形

$L_4(2^3)$

列号 试验号	1	2	3
1	1	1	1
2	1	2	2
3	2	1	2
4	2	2	1

注:任意二列间的交互作用出现于另一列

$L_8(2^7)$

列号 试验号	1	2	3	4	5	6	7
1	1	1	1	1	1	1	1
2	1	1	1	2	2	2	2
3	1	2	2	1	1	2	2
4	1	2	2	2	2	1	1
5	2	1	2	1	2	1	2
6	2	1	2	2	1	2	1
7	2	2	1	1	2	2	1
8	2	2	1	2	1	1	2

$L_8(2^7)$,二列间的交互作用表

列号 列号	1	2	3	4	5	6	7
	(1)	3	2	5	4	7	6
		(2)	1	6	7	4	5
			(3)	7	6	5	4
				(4)	1	2	3
					(5)	3	2
						(6)	1

$L_8(2^7)$,主效应不与交互作用混杂的设计表

实施数	因素 列号	1	2	3	4	5	6	7	定义对比
3	1	A	B	A B	C	A C	B C		—
4	1/2	A	B	A B ‖ C D	C	A C ‖ B D	B C ‖ A D	D	1＝ABCD

$L_{12}(2^{11})$

列号 试验号	1	2	3	4	5	6	7	8	9	10	11
1	1	1	1	1	1	1	1	1	1	1	1
2	1	1	1	1	1	2	2	2	2	2	2
3	1	1	2	2	2	1	1	1	2	2	2
4	1	2	1	2	2	1	2	2	1	1	2
5	1	2	2	1	2	2	1	2	1	2	1
6	1	2	2	2	1	2	2	1	2	1	1
7	2	1	2	2	1	1	2	2	1	2	1
8	2	1	2	1	2	2	2	1	1	1	2
9	2	1	1	2	2	2	1	2	2	1	1
10	2	2	2	1	1	1	1	2	2	1	2
11	2	2	1	2	1	2	1	1	1	2	2
12	2	2	1	1	2	1	2	1	2	2	1

$L_{16}(2^{15})$

列号 试验号	1	2	3	4	5	6	7	8	9	10	11	12	13	14	15
1	1	1	1	1	1	1	1	1	1	1	1	1	1	1	1
2	1	1	1	1	1	1	1	2	2	2	2	2	2	2	2
3	1	1	1	2	2	2	2	1	1	1	1	2	2	2	2
4	1	1	1	2	2	2	2	2	2	2	2	1	1	1	1
5	1	2	2	1	1	2	2	1	1	2	2	1	1	2	2
6	1	2	2	1	1	2	2	2	2	1	1	2	2	1	1
7	1	2	2	2	2	1	1	1	1	2	2	2	2	1	1
8	1	2	2	2	2	1	1	2	2	1	1	1	1	2	2
9	2	1	2	1	2	1	2	1	2	1	2	1	2	1	2
10	2	1	2	1	2	1	2	2	1	2	1	2	1	2	1
11	2	1	2	2	1	2	1	1	2	1	2	2	1	2	1
12	2	1	2	2	1	2	1	2	1	2	1	1	2	1	2
13	2	2	1	1	2	2	1	1	2	2	1	1	2	2	1
14	2	2	1	1	2	2	1	2	1	1	2	2	1	1	2
15	2	2	1	2	1	1	2	1	2	2	1	2	1	1	2
16	2	2	1	2	1	1	2	2	1	1	2	1	2	2	1

$L_{16}(2^{15})$，二列间的交互作用表

列号 试验号	1	2	3	4	5	6	7	8	9	10	11	12	13	14	15
	(1)	3	2	5	4	7	6	9	8	11	10	13	12	15	14
		(2)	1	6	7	4	5	10	11	8	9	14	15	12	13
			(3)	7	6	5	4	11	10	9	8	15	14	13	12
				(4)	1	2	3	12	13	14	15	8	9	10	11
					(5)	3	2	13	12	15	14	9	8	11	10
						(6)	1	14	15	12	13	10	11	8	9

续表

列号＼试验号	1	2	3	4	5	6	7	8	9	10	11	12	13	14	15
							(7)	15	14	13	12	11	10	9	8
								(8)	1	2	3	4	5	6	7
									(9)	3	2	5	4	7	6
										(10)	1	6	7	4	5
											(11)	7	6	5	4
												(12)	1	2	3
													(13)	3	2
														(14)	1

$L_{16}(2^{15})$，主效应不与交互作用混杂的设计表

实施数	因素列号	1	2	3	4	5	6	7	8	9	10	11	12	13	14	15	定义对比
4	1	A	B	A B	C	A C	B C		D	A D	B D		C D				—
5	1/2	A	B	A B	C	A C	B C		D	A D	B D	C E	C D	B E	A E	E	1=ABCDE
6	1/4	A	B	A B ‖ D E	C	A C ‖ D F	B C ‖ E F		D	A D ‖ B E ‖ C F	B D ‖ A E	E	C D ‖ A F		F	C E ‖ B F	1=ABDE =ACDF
7	1/8	A	B	A B ‖ D E ‖ F G	C	A C ‖ D F ‖ E G	B C ‖ E F ‖ D G		D	A D ‖ B E ‖ C F	B D ‖ A E ‖ C G	E	C D ‖ A F ‖ B G	F	G	C E ‖ B F ‖ A G	1=ABDE =ACDF =BCDG
8	1/16	A	B	A B ‖ D E ‖ F G ‖ C H	C	A C ‖ D F ‖ E G ‖ B H	B C ‖ E F ‖ D G ‖ A H	H	D	A D ‖ B E ‖ C F ‖ G H	B D ‖ A E ‖ C G ‖ F H	E	C D ‖ A F ‖ B G ‖ E H	F	G	C E ‖ B F ‖ A G ‖ D H	1=ABDE =ACDF =BCDE =ABCH

（2）$m=3$ 的情形

$L_9(3^4)$

列号\试验号	1	2	3	4
1	1	1	1	1
2	1	2	2	2
3	1	3	3	3
4	2	1	2	3
5	2	2	3	1
6	2	3	1	2
7	3	1	3	2
8	3	2	1	3
9	3	3	2	1

注:任意二列间的交互作用出现于另外二列

$L_{18}(3^7)$

列号\试验号	1	2	3	4	5	6	7	$1'$
1	1	1	1	1	1	1	1	1
2	1	2	2	2	2	2	2	1
3	1	3	3	3	3	3	3	1
4	2	1	1	2	2	3	3	1
5	2	2	2	3	3	1	1	1
6	2	3	3	1	1	2	2	1
7	3	1	2	1	3	2	3	1
8	3	2	3	2	1	3	1	1
9	3	3	1	3	2	1	2	1
10	1	1	3	3	2	2	1	2
11	1	2	1	1	3	3	2	2
12	1	3	2	2	1	1	3	2
13	2	1	2	3	1	3	2	2
14	2	2	3	1	2	1	3	2
15	2	3	1	2	3	2	1	2
16	3	1	3	2	3	1	2	2
17	3	2	1	3	1	2	3	2
18	3	3	2	1	2	3	1	2

注:把两水平的列 $1'$ 排进 $L_{18}(2^7)$,便得混合型 $L_{18}(2^1\times 3^7)$,交互作用 $1'\times 1$ 可从两列的二元表求出,在任 $L_{18}(2^1\times 3^7)$ 中把列 $1'$ 和列 1 组合 11、12、13、21、22、23 分别换成 1、2、3、4、5、6,便得混合型 $L_{18}(6^1\times 3^6)$

$L_{27}(3^{13})$

列号\试验号	1	2	3	4	5	6	7	8	9	10	11	12	13
1	1	1	1	1	1	1	1	1	1	1	1	1	1
2	1	1	1	1	2	2	2	2	2	2	2	2	2
3	1	1	1	1	3	3	3	3	3	3	3	3	3

列号 试验号	1	2	3	4	5	6	7	8	9	10	11	12	13
4	1	2	2	2	1	1	1	2	2	2	3	3	3
5	1	2	2	2	2	2	2	3	3	3	1	1	1
6	1	2	2	2	3	3	3	1	1	1	2	2	2
7	1	3	3	3	1	1	1	3	3	3	2	2	2
8	1	3	3	3	2	2	2	1	1	1	3	3	3
9	1	3	3	3	3	3	3	2	2	2	1	1	1
10	2	1	2	3	1	2	3	1	2	3	1	2	3
11	2	1	2	3	2	3	1	2	3	1	2	3	1
12	2	1	2	3	3	1	2	3	1	2	3	1	2
13	2	2	3	1	1	2	3	2	3	1	3	1	2
14	2	2	3	1	2	3	1	3	1	2	1	2	3
15	2	2	3	1	3	1	2	1	2	3	2	3	1
16	2	3	1	2	1	2	3	3	1	2	2	3	1
17	2	3	1	2	2	3	1	1	2	3	3	1	2
18	2	3	1	2	3	1	2	2	3	1	1	2	3
19	3	1	3	2	1	3	2	1	3	2	1	3	2
20	3	1	3	2	2	1	3	2	1	3	2	1	3
21	3	1	3	2	3	2	1	3	2	1	3	2	1
22	3	2	1	3	1	3	2	2	1	3	3	2	1
23	3	2	1	3	2	1	3	3	2	1	1	3	2
24	3	2	1	3	3	2	1	1	3	2	2	1	3
25	3	3	2	1	1	3	2	3	2	1	2	1	3
26	3	3	2	1	2	1	3	1	3	2	3	2	1
27	3	3	2	1	3	2	1	2	1	3	1	3	2

$L_{27}(3^{13})$，二列间的交互作用表

列号 试验号	1	2	3	4	5	6	7	8	9	10	11	12	13
	(1)	3 4	2 4	2 3	6 7	5 7	5 6	9 10	8 10	8 9	12 13	11 13	11 12
		(2)	1 4	1 3	8 11	9 12	10 13	5 11	6 12	7 13	5 8	6 9	7 10
			(3)	1 2	9 13	10 11	8 12	7 12	5 13	6 11	6 10	7 8	5 9
				(4)	10 12	8 13	9 11	6 13	7 11	5 12	7 9	5 10	6 8
					(5)	1 7	1 6	2 11	3 13	4 12	2 8	4 10	3 9
						(6)	1 5	4 13	2 12	3 11	3 10	2 9	4 8
							(7)	3 12	4 11	2 13	4 9	3 8	2 10
								(8)	1 10	1 9	2 5	3 7	4 6

续表

列号 试验号	1	2	3	4	5	6	7	8	9	10	11	12	13
									(9)	1	4	2	3
										8	7	6	5
										(10)	3	4	2
											6	5	7
											(11)	1	1
												13	12
												(12)	1
													11

L₂₇(3¹³)，主效应不与交互作用混杂的设计表

列号 因素 实施数	1	2	3	4	5	6	7	8	9	10	11	12	13	定义 对比
3　　1	A	B	A B A	A² B	C	A C A	A² C	B C B			B² C			−
4　　1/3	A	B	B ‖ C²D	A² B	C	C ‖ A²D	A² C	C ‖ A² D	D	A D	B² C	B D	C D	1=ABCD²

（3）m＝4 的情形

L₁₆(4⁵)

列号 试验号	1	2	3	4	5
1	1	1	1	1	1
2	1	2	2	2	2
3	1	3	3	3	3
4	1	4	4	4	4
5	2	1	2	3	4
6	2	2	1	4	3
7	2	3	4	1	2
8	2	4	3	2	1
9	3	1	3	4	2
10	3	2	4	3	1
11	3	3	1	2	4
12	3	4	2	1	3
13	4	1	4	2	3
14	4	2	3	1	4
15	4	3	2	4	1
16	4	4	1	3	2

注:任意二列间的交互作用出现于其他三列

（4）$m=5$ 的情形

$L_{25}(5^6)$

列号 试验号	1	2	3	4	5	6
1	1	1	1	1	1	1
2	1	2	2	2	2	2
3	1	3	3	3	3	3
4	1	4	4	4	4	4
5	1	5	5	5	5	5
6	2	1	2	3	4	5
7	2	2	3	4	5	1
8	2	3	4	5	1	2
9	2	4	5	1	2	3
10	2	5	1	2	3	4
11	3	1	3	5	2	4
12	3	2	4	1	3	5
13	3	3	5	2	4	1
14	3	4	1	3	5	2
15	3	5	2	4	1	3
16	4	1	4	2	5	3
17	4	2	5	3	1	4
18	4	3	1	4	2	5
19	4	4	2	5	3	1
20	4	5	3	1	4	2
21	5	1	5	4	3	2
22	5	2	1	5	4	3
23	5	3	2	1	5	4
24	5	4	3	2	1	5
25	5	5	4	3	2	1

注：任意二列间的交互作用出现于其他四列